大数据技术丛书

Python 机器学习与可视化分析实战

王晓华 著

清華大學出版社
北 京

内 容 简 介

使用机器学习进行数据可视化分析是近年来研究的热点内容之一。本书使用最新的 Python 作为机器学习的基本语言和工具，从搭建环境开始，逐步深入到理论、代码、应用实践中去，从而使初学者能够独立使用机器学习完成数据分析。本书配套示例代码、PPT 课件和答疑服务。

本书分为 10 章，内容包括：机器学习与 Python 开发环境、用于数据处理及可视化展示的 Python 类库、NBA 赛季数据可视化分析、聚类算法与可视化实战、线性回归与可视化实战、逻辑回归与可视化实战、决策树算法与可视化实战、基于深度学习的酒店评论情感分类实战、基于深度学习的手写体图像识别实战、TensorFlow Datasets 和 TensorBoard 训练可视化。

本书内容详尽、示例丰富，是机器学习初学者的入门书和必备的参考书，也可作为高等院校计算机及大数据相关专业的教材使用。

图书在版编目（CIP）数据

Python 机器学习与可视化分析实战/王晓华著. —北京：清华大学出版社，2022.8
（大数据技术丛书）
ISBN 978-7-302-61617-7

Ⅰ. ①P… Ⅱ. ①王… Ⅲ. ①软件工具—程序设计 ②机器学习 Ⅳ. ①TP311.561②TP181

中国版本图书馆 CIP 数据核字（2022）第 147706 号

责任编辑：夏毓彦
封面设计：王　翔
责任校对：闫秀华
责任印制：宋　林

出版发行：清华大学出版社
　　网　　址：http://www.tup.com.cn，http://www.wqbook.com
　　地　　址：北京清华大学学研大厦 A 座　　**邮　　编：**100084
　　社 总 机：010-83470000　　**邮　　购：**010-62786544
　　投稿与读者服务：010-62776969，c-service@tup.tsinghua.edu.cn
　　质量反馈：010-62772015，zhiliang@tup.tsinghua.edu.cn
印 装 者：三河市天利华印刷装订有限公司
经　　销：全国新华书店
开　　本：190mm×260mm　　**印　　张：**15　　**字　　数：**165 千字
版　　次：2022 年 9 月第 1 版　　**印　　次：**2022 年 9 月第 1 次印刷
定　　价：69.00 元

产品编号：094774-01

前　言

机器学习无疑是当前数据挖掘领域的一个热点内容，其理论和方法已经广泛应用于解决工程应用的复杂问题之中，很多人在日常工作中都或多或少地用到了机器学习的算法。

但是长期以来，由于从业者的知识能力储备不同和具体复杂的业务环境，机器学习技术并没有被广泛地应用。究其原因是机器学习主要是针对数字以及以数字为基础的矩阵进行模拟计算，而无论是在训练过程还是在结果的导出上，大多数都是单纯地使用数字进行结果呈现，无法直接对事件的走势或具体内容做一个直观可视化的展示，因此这极大地限制了机器学习在具体项目中落地和实现。

本书通过机器学习与可视化组件相结合的方式，系统地介绍机器学习与可视化分析相关技术，并通过实战项目讲解机器学习中最常用的数据挖掘相关知识，例如聚类、线性回归、逻辑回归以及决策树算法。特别是为了满足部分学者的需求，本书详细介绍了深度学习的两个基础算法——图像识别与文本分类算法。

可视化组件的加入，可以很容易地让使用者或者审阅者更直接地对机器学习过程和结果进行可视化分析，而 Python 本身也提供了多种多样的可视化分析模块，可以从不同角度对数据结果进行直接分析，从而降低了学习和理解的难度。

本书以 Python 为基础编程语言进行编写，循序渐进地教会读者使用机器学习算法切实地解决现实中遇到的各种问题，并通过多种图表、趋势线与分布图的形式进行展示。本书从基本的常用数据分析开始，到最终使用各种高性能机器学习库，包括利用 Sklearn、TensorFlow 进行深度学习程序设计和实战分析，全面介绍使用机器学习技术进行数据项目分析的核心内容和相关知识，内容全面而翔实。

同时，本书对机器学习的核心算法和理论进行深入分析，重点和难点内容均结合代码进行实战讲解，围绕机器学习原理介绍了大量实战案例，读者通过这些实例可以深入掌握机器学习的内容，加强对机器学习的理解。

本书是一本面向初级和中级读者的优秀教程。通过本书的学习，读者能够掌握机器学习的基本内容，并能结合可视化分析技术构建完整的数据分析方法，以及掌握代码编写的具体应用技巧。

本书特色

（1）易入门、可视化。本书通过可视化方法完整详细地介绍机器学习的多个具体案例，从理论基础到代码编写，从训练过程到结果呈现，都做到讲解详细、描述清晰、直观生动，可视化展现效果强烈。

（2）作者经验丰富，代码编写细腻。作者是长期奋战在科研和工业界的一线算法设计和程序编写人员，实战经验丰富，对代码中可能会出现的各种问题和“坑”有丰富的处理经验，使得读者能够少走很多弯路。

（3）理论扎实，深入浅出。在代码设计的基础上，本书还深入浅出地介绍了机器学习需要掌握的一些基本理论知识，通过大量的公式与图示结合的方式对理论进行介绍，是一本难得的好书。

（4）逐步加强，有所深入。本书在讲解机器学习的同时，也对部分深度学习的常用的内容进行实战讲解，并提供了一些最新实现某些功能的深度学习解决方案，可以引导感兴趣的读者在深度学习领域加强学习。

本书内容及知识体系

本书主要内容如下：

第 1~2 章是本书的起始部分，详细介绍 Python 的基本安装方法与多个类库的使用情况，结合数据处理初步讲解一些机器学习所涉及的基本理论分析算法，并通过实战项目演示数据分析算法的代码编写，用可视化手段对相关数据进行展示。

第 3 章开始进入机器学习的讲解，详细介绍使用机器学习进行项目实战的方法和过程，通过一个贯穿始终的数据分析实战项目，循序渐进地向读者展示数据分析的一些基本算法和思想、常用的数据可视化方法，以及从个体向整体偏移的数据分析思路。

第 4 章主要介绍是数据分析中最常用的聚类算法。本章按理论基础与实际项目的结合和划分情况，向读者介绍多种聚类算法，例如常用的 K-means 算法、基于密度的 BBSCAN 算法以及 Agglomerative 算法等。通过实战项目可视化演示算法的运行结果，并对其优缺点进行比较。

第 5 章主要内容是线性回归。线性回归是机器学习最常用也是最经典的算法。本章向读者介绍线性回归的基本理论和最为核心的梯度下降算法，通过多个图示的方式向读者展示梯度下降是如何一步步地修正结果的。同时，本章还讲解了部分提高内容，将一元线性回归广义地推广到多元线性回归，使得读者能够使用线性回归应对现实生活中更广泛的实际项目，并通过一个实战项目完整地展示如何使用多元线性回归。

第 6 章主要内容是逻辑回归。从名称上看逻辑回归是线性回归的姊妹篇，然而逻辑回归与线性回归有着本质的区别。相对于线性回归的连续的线性回归任务，逻辑回归执行的是离散分类任务。本章还将进一步地讲解梯度下降算法，通过可视化方法向读者演示了反向传播算法在模型训练过程中的误差传递情况。本章实战项目的演示也是为了帮助读者增强实际代码编写的能力。

第 7 章主要内容是决策树算法。本章以一个传统的“把戏”为开篇，介绍决策树算法的主要内容和算法基础。通过可视化实战分类与回归树，演示决策树的应用与数据分析方法。随后还对单一的决策树算法进行升级，介绍随机森林的理论与实战，帮助读者更好地了解随机森林与单一决策树之间的关系和应用场景。

第 8 章开始进入深度学习的学习。自然语言处理是机器学习一般无法涉及的内容。本章向读者介绍采用深度学习进行文本分类的一般方法和步骤，并通过一个实战项目演示采用 TensorFlow

进行文本分类的方法和过程。这一章内容比较简单，但是可以引导读者将兴趣从传统机器学习平移到机器学习中最新的深度学习领域。

第 9 章介绍使用深度学习进行图像识别和分类的基本方法，以及深度学习中比较重要的卷积、池化、激活函数、dropout 等相关内容，并通过实战项目演示采用机器学习中的深度学习进行图像识别的方法。

第 10 章是深度学习模型与训练过程可视化部分，介绍基于 Python 的在线数据集 TensorFlow Datasets 的使用方法，这部分的内容能够帮助读者掌握机器学习中数据集的获取方法。而对于训练模型与过程可视化部分，还介绍了 TensorBoard，这是一种对训练过程进行可视化观察的组件，熟练掌握 TensorBoard 能够帮助读者加深对机器学习运行机制的理解。

本书所有的内容都有翔实的理论介绍与完整的程序实现，在数据分析部分都提供了详尽的可视化讲解，旨在帮助读者解决在使用机器学习进行实践时可能遇到的各种问题。

配套示例源码、PPT 课件下载

本书配套示例源码、PPT 课件，需要使用微信扫描下面二维码获取，可按扫描后的页面提示填写你的邮箱，把下载链接转发到邮箱中下载。如果发现问题或疑问，请发送电子邮件联系 booksaga@163.com，邮件主题为“Python 机器学习与可视化分析实战”。

适合阅读本书的读者

- 机器学习入门读者
- 数据分析入门读者
- 深度学习入门读者
- 数据可视化分析入门读者
- 高等院校人工智能、大数据专业的学生
- 培训机构的学员
- 其他对智能化、自动化感兴趣的开发者

勘误和支持

由于作者的水平有限，加之编写本书的时间跨度较长，同时机器学习技术的演进较快，在本书编写过程中难免会出现疏漏或者不准确的地方，恳请读者来信批评指正。

感谢清华大学出版社的老师们，在本书编写过程中提供了无私的帮助和宝贵的建议，正是由于他们的耐心和支持才让本书得以顺利出版。感谢我的家人对我的支持和理解，他们给予我莫大的动力，让我的努力更加有意义。

著 者

2022 年 7 月

目　　录

第 1 章

机器学习与 Python 开发环境

机器学习（Machine Learning，ML）是人工智能及模式识别领域的共同研究热点，其理论和方法已被广泛应用于解决工程应用和科学领域的复杂问题。机器学习是研究怎样使用计算机模拟或实现人类学习活动的科学，是人工智能中最具智能特征、最前沿的研究领域之一。

Python是人工智能的主要编程语言之一。“人生苦短，何不用Python。”Python让其用户专注于业务逻辑和算法本身，而无须纠结一些技术细节。Python作为机器学习和TensorFlow深度学习框架的主要编程语言，更需要读者深入掌握。

1.1 机器学习概述

机器学习是一门多学科交叉专业，涵盖概率论知识、统计学知识、近似理论知识和复杂算法知识。它使用计算机作为工具并致力于模拟或实现人类的学习方式，以获取新的知识或技能，并重新组织已有的知识结构使之不断改善自身的性能。

一般来说机器学习有下面几种定义：

- 机器学习是一门人工智能的科学，该领域的主要研究对象是人工智能，特别是如何在经验学习中改善具体算法的性能。
- 机器学习是对能通过经验自动改进的计算机算法的研究。
- 机器学习是用数据或以往的经验来优化计算机程序的性能标准。

1.1.1 机器学习的前世今生

机器学习是人工智能及模式识别领域的共同研究热点，其理论和方法已被广泛应用于解决工程应用和科学领域的复杂问题。2010年的图灵奖获得者为哈佛大学的Leslie Valiant教授，其获奖原因之一是建立了概率近似正确（Probably Approximately Correct，PAC）学习理论；2011年的图灵奖获得者为加州大学洛杉矶分校的Judea Pearll教授，其主要贡献建立了以概率统计为理论基础的人工智能方法。这些研究成果都促进了机器学习的发展和繁荣。

机器学习是研究怎样使用计算机模拟或实现人类学习活动的科学，是人工智能中最具智能特征、最前沿的研究领域之一。自20世纪80年代以来，机器学习作为实现人工智能的途径，在人工智能界引起了广泛的兴趣，特别是近十几年来，机器学习领域的研究工作发展很快，它已成为人工智能的重要课题之一。机器学习不仅在基于知识的系统中得到应用，而且在自然语言理解、非单调推理、机器视觉、模式识别等许多领域也得到了广泛应用。

机器学习实际上已经存在了几十年，或者也可以认为存在了几个世纪。追溯到17世纪，贝叶斯、拉普拉斯关于最小二乘法的推导和马尔可夫链，这些构成了机器学习被广泛使用的工具和基础。从1950年（艾伦·图灵提议建立一个学习机器）到21世纪初（有深度学习的实际应用以及最近的进展，比如2012年的AlexNet），机器学习有了很大的进展。

从20世纪50年代研究机器学习以来，不同时期的研究途径和目标并不相同，可以划分为四个阶段。

第一阶段是20世纪50年代中叶到60年代中叶，这个时期主要研究“有无知识的学习”。这类方法主要是研究系统的执行能力。这个时期，主要通过对机器的环境及其相应性能参数的改变来检测系统所反馈的数据，就好比给系统一个程序，通过改变程序的自由空间作用，让系统受到程序的影响从而改变自身的组织，最后这个系统将会选择一个最优的环境生存。在这个时期最具有代表性的研究就是Samuet的下棋程序。但这种机器学习的方法还远远不能满足人类的需要。

第二阶段从20世纪60年代中叶到70年代中叶，这个时期主要研究将各个领域的知识植入到系统里，目的是通过机器模拟人类学习的过程。同时还采用了图结构及其逻辑结构方面的知识进行系统描述。在这一研究阶段，主要是用各种符号来表示机器语言。研究人员在进行实验时意识到学习是一个长期的过程，从系统环境中无法学到更加深入的知识，因此研究人员将各专家学者的知识加入到系统里，经过实践证明这种方法取得了一定的成效。在这一阶段具有代表性的工作有Hayes-Roth和Winson的结构学习系统方法。

第三阶段从20世纪70年代中叶到80年代中叶，称为复兴时期。在此期间，人们从学习单个概念扩展到学习多个概念，探索不同的学习策略和学习方法，且在本阶段已开始把学习系统与各种应用结合起来，并取得很大的成功。同时，专家系统在知识获取方面的需求也极大地刺激了机器学习的研究和发展。在出现第一个专家学习系统之后，示例归纳学习系统成为研究的主流，自动知识获取成为机器学习应用的研究目标。1980年，在美国的卡内基梅隆大学（CMU）召开了第一届机器学习国际研讨会，标志着机器学习研究已在全世界兴起。此后，机器学习开始得到大量的应用。1984年，Simon等20多位人工智能专家共同撰文编写的*Machine Learning*文集第二卷出版，国际性杂志*Machine Learning*创刊，更加显示出机器学习突飞猛进的发展趋势。这一阶段代表性的工作有Mostow的指导式学习、Lenat的数学概念发现程序、Langley的BACON程序及其改进程序。

第四阶段从20世纪80年代中叶至今，是机器学习的最新阶段。这个时期的机器学习具有如下特点：

- 机器学习已成为新的学科，综合应用了心理学、生物学、神经生理学、数学、自动化和计算机科学等形成了机器学习理论基础。
- 融合了各种学习方法，且形式多样的集成学习系统研究正在兴起。
- 机器学习与人工智能各种基础问题的统一性观点正在形成。

- 各种学习方法的应用范围不断扩大，部分应用研究成果已转化为产品。
- 与机器学习有关的学术活动空前活跃。

1.1.2　机器学习的研究现状与方向

机器学习历经70多年的曲折发展，以深度学习为代表借鉴人脑的多分层结构、神经元的连接交互信息的逐层分析处理机制，自适应、自学习的强大并行信息处理能力，在很多方面取得了突破性进展，其中最有代表性的是图像识别领域。

而进入21世纪90年代，多浅层机器学习模型相继问世，诸如逻辑回归、支持向量机等，这些机器学习算法的共性是数学模型为凸代价函数的最优化问题，理论分析相对简单，容易从训练样本中学习到内在模式，来完成对象识别、人物分配等初级智能工作。

2006年，机器学习领域的泰斗Geoffrey Hinton和他的学生Ruslan Salakhutdinov发表文章，提出了深度学习模型。主要论点包括：多个隐层的人工神经网络具有良好的特征学习能力；通过逐层初始化来克服训练的难度，实现网络整体调优。这个模型的提出，开启了深度网络机器学习的新时代。2012年，Hinton研究团队采用深度学习模型，获得了计算机视觉领域最具有影响力的ImageNet比赛的冠军，标志着深度学习开始进入机器学习的核心领域。

人工智能、机器学习、深度学习的关系如图1.1所示。

图 1.1

深度学习近年来在多个领域取得了令人赞叹的成绩，推出了一批成功的商业应用，诸如谷歌翻译、苹果语音工具Siri、微软的个人语音助手Cortana、蚂蚁金服的Smile to Pay（扫脸技术）。

特别是2016年3月，谷歌的AlphaGo与围棋世界冠军、职业九段棋手李世石进行围棋人机大战，以4比1的总比分获胜。2017年10月18日，DeepMind团队公布了最强版AlphaGo，代号AlphaGo Zero，它能在无任何人类输入的条件下，从空白状态学起，自我训练的时间仅为3天，自我对弈的棋局数量为490万盘，能以100:0的战绩击败前辈。

1.1.3 机器学习之美——数据的可视化

一个系统是否具有学习能力已成为是否具有“智能”的一个标志。机器学习的研究方向主要分为两类：第一类是传统机器学习的研究，该类研究主要是研究学习机制，注重探索模拟人的学习机制；第二类是大数据环境下机器学习的研究，该类研究主要是研究如何有效利用信息，注重从巨量数据中获取隐藏的、有效的、可理解的知识。

但是，无论是数据的获取还是对结果的预测分析，机器学习处理与输出的都是冷冰冰的数据。虽然对于机器学习来说这是正常的过程，但是作为数据的最终用户，这并不是一个好的分析和解读方式。而数据可视化，是关于数据视觉表现形式的科学技术的研究。这种数据的视觉表现形式被定义为一种以某种概要形式抽提出来的信息，包括相应信息单位的各种属性和变量。

数据可视化是一个处于不断演变之中的概念，其边界在不断地扩大。主要指的是技术上较为高级的技术方法，而这些技术方法允许利用图形、图像处理、计算机视觉以及用户界面，通过表达、建模以及对立体、表面、属性、动画的显示，对数据加以可视化解释。与立体建模之类的特殊技术方法相比，数据可视化所涵盖的技术方法要广泛得多。

数据可视化是当下十分火热的数据应用技术，很多新锐的数据分析工具都注重开发数据可视化的功能模块。数据可视化及其技术研究和应用开发，已经从根本上改变了我们对数据和数据分析工具的理解，数据可视化对数据发展的影响广泛而深入。

可视化是将数据、信息和知识转化为一种形象化的视觉形式的过程，显然更加侧重人对数据、信息和知识自上而下的加工处理过程。一个好的可视化，能够带给人们的不仅仅是视觉上的冲击，还能够揭示蕴含在数据中的规律和道理。

数据可视化的功能主要体现在两个方面：一是数据展示需求，二是数据分析需求。数据展示很好理解，就是将已知的数据或数据分析结果，通过可视化图表的方式进行展示，多用于研究、报告、公告平台等场所。配合现在流行的大屏展示技术，数据展示的方式也越来越为人所接受和欢迎。

而在数据分析方面，在大数据分析工具中，数据的最终结果是图表形式的，除了可以进行展示，还可以继续进行挖掘分析，即基于图表的“二次分析”，对数据的深层次挖掘。比如，使用“大数据魔镜”工具，用户可以基于可视化分析台和仪表盘进行“上卷下钻”的数据挖掘和关联分析。

相对于繁杂的数据，图表不仅能更加简洁地表述信息，还适用于大量信息的描绘，即对大量数据的承载。这也是数据可视化成为大数据分析工具不可或缺的功能模块的主要原因。

1. 可视化效果对数据可视化的影响

可视化效果指的是色彩和图形样式，是直接呈现在人们眼前的“可视化效果”。在信息可视化通过造型元素明确传达信息及叙述的基础上，把握好视觉元素中色彩的运用，使图形变得更加生动，信息表达得更加明确。

2. 数据可视化的分类

数据可视化包含三个分支：科学可视化（Scientific Visualization，Sci Vis）、信息可视化（Information Visualization，Info Vis），以及后来演化出的可视分析（Visual Analytics Science and Technology，VAST），这个从IEEE VIS会议的分类中可以看出来。

将数据可视化按照应用来分，可视化有多个目标：

- 有效呈现重要特征。
- 揭示客观规律。
- 辅助理解事物概念和过程。
- 对模拟和测量进行质量监控。
- 提高科研开发效率。
- 促进沟通交流和合作。

数据可视化面向的是科学和工程领域数据，比如空间坐标和几何信息的三维空间测量数据、计算机仿真数据、医学影像数据，重点探索如何以几何、拓扑和形状特征来呈现数据中蕴含的规律。

信息可视化的处理对象是非结构化、非几何的抽象数据，如金融交易、社交网络和文本数据，其核心挑战是针对大尺度高维复杂数据，如何减少视觉混淆对信息的干扰。

近几年来，随着人工智能的兴起，人们逐渐发现有些事情其实使用机器能比人做得更好，同时也发现了一些事情需要借助人类 3 亿年的进化本领。所以将可视化与分析进行结合，产生了一个新的学科——可视分析学。可视分析学被定义为由可视交互界面为基础的分析推理科学，将图形学、数据挖掘、人机交互等技术融合在一起，从而促使人脑智能和机器智能优势互补和相互提升。

1.2　Python 的基本安装和用法

“人生苦短，我用Python。”

这是Python在自身宣传和推广中使用的口号。对于相关研究人员，最直接最简洁的需求就是将自己的点子从纸面进化到可以运行的计算机代码，在这个过程中所需花费的精力越小越好。

Python完全可以满足这个需求，首先，在计算机代码的编写和实现过程中，Python简洁的语言设计本身可以帮助用户避开没必要的陷阱，减少变量声明，随用随写，无须对内存进行释放，这些都极大地帮助了用户编写出需要的程序。

其次，Python的社区开发成熟，有非常多的第三方类库可以使用。在本章后面还会介绍NumPy、PIL以及threading这三个主要的类库，这些开源的算法类库在程序编写过程中会起到极大的作用。

最后，相对于其他语言，Python有较高的运行效率，而且得益于Python开发人员的不懈努力，Python友好的接口库甚至可以加速程序的运行效率，而无须去了解底层的运行机制。

Python是机器学习的首选开发语言，Anaconda是最常用的、集成了大量科学计算类库的Python标准安装包。如果使用Anaconda，那么第三方库的安装会比较方便，各个库之间的依赖也会维护得很好。因此，这里推荐安装Anaconda来替代Python。

1.2.1 Anaconda 的下载与安装

1. 下载和安装

Anaconda官方的下载网址是https://www.anaconda.com/distribution/，页面如图1.2所示。

图 1.2

目前提供的是集成了Python 3.9版本的Anaconda下载，下载完成后得到的文件是Anaconda3-2021.11-Windows-x86_64.exe，直接运行即可进入安装过程。安装完成以后，在Windows主菜单上如果出现如图1.3所示的菜单结构，则说明安装正确。

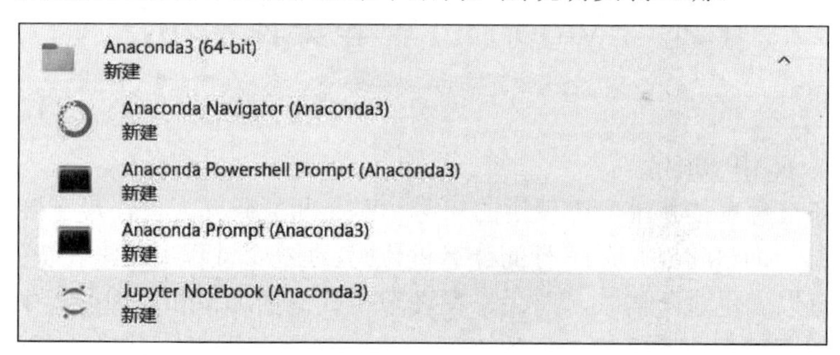

图 1.3

2. 打开控制台

依次单击“开始→所有程序→Anaconda3（64-bit）→Anaconda Prompt（Anacoda3）”菜单命令，可以打开Anaconda Prompt控制台。它与CMD控制台类似，输入命令就可以控制和配置Python。在Anaconda中最常用的是conda命令，该命令可以执行一些基本操作。

3. 验证 Python

在控制台中输入“python”，若安装正确，则会打印出版本号以及控制符号。在控制台提示符后输入代码：

```
print("hello Python")
```

输出结果如图1.4所示。

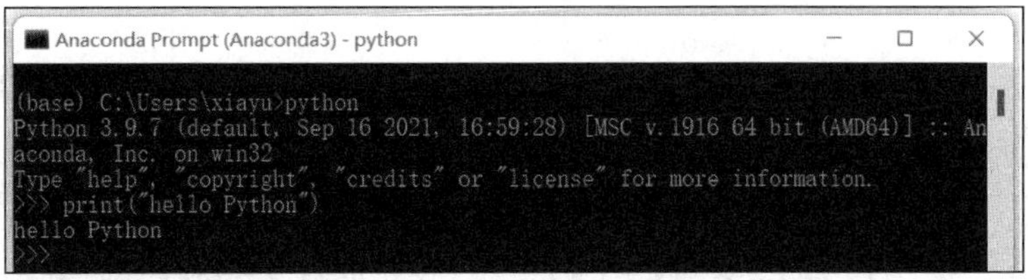

```
Anaconda Prompt (Anaconda3) - python
(base) C:\Users\xiayu>python
Python 3.9.7 (default, Sep 16 2021, 16:59:28) [MSC v.1916 64 bit (AMD64)] :: Anaconda, Inc. on win32
Type "help", "copyright", "credits" or "license" for more information.
>>> print("hello Python")
hello Python
>>>
```

图 1.4

4. 使用 conda 命令

使用Anaconda的好处在于它能够很方便地安装和使用大量第三方类库。查看已安装的第三方类库的命令如下：

```
conda list
```

注　意
如果此时命令行还在>>>状态，可以输入“exit()”退出。

在Anaconda Prompt控制台中输入“conda list”命令，结果如图1.5所示。

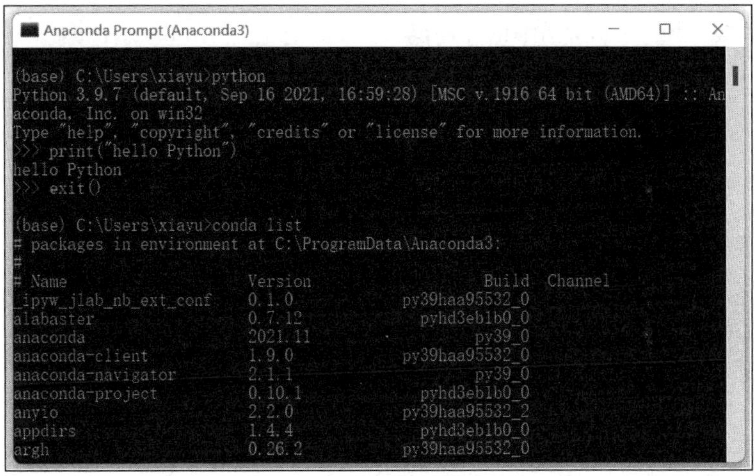

```
Anaconda Prompt (Anaconda3)
(base) C:\Users\xiayu>python
Python 3.9.7 (default, Sep 16 2021, 16:59:28) [MSC v.1916 64 bit (AMD64)] :: Anaconda, Inc. on win32
Type "help", "copyright", "credits" or "license" for more information.
>>> print("hello Python")
hello Python
>>> exit()

(base) C:\Users\xiayu>conda list
# packages in environment at C:\ProgramData\Anaconda3:
#
# Name                    Version                   Build  Channel
_ipyw_jlab_nb_ext_conf    0.1.0            py39haa95532_0
alabaster                 0.7.12             pyhd3eb1b0_0
anaconda                  2021.11                  py39_0
anaconda-client           1.9.0            py39haa95532_0
anaconda-navigator        2.1.1                    py39_0
anaconda-project          0.10.1             pyhd3eb1b0_0
anyio                     2.2.0            py39haa95532_2
appdirs                   1.4.4              pyhd3eb1b0_0
argh                      0.26.2           py39haa95532_0
```

图 1.5

Anaconda中使用conda命令进行操作的方法还有很多，其中最重要的是安装第三方类库。注意，安装时必须“以管理员身份运行”Anaconda Prompt控制台，命令如下：

```
conda install name
```

这里的name是需要安装的第三方类库名，例如需要安装NumPy包（这个包已经安装过），那么输入的命令就是：

```
conda install numpy
```

运行结果如图1.6所示。注意窗口菜单标题的开头是“管理员”。

使用Anaconda的一个特别好处就是，默认安装好了大部分学习所需的第三类库，避免了用户在安装和使用某个特定类库时可能出现的依赖类库缺失的情况。

```
选择管理员: Anaconda Prompt (Anaconda3) - conda install numpy
  - numpy

The following packages will be downloaded:

    package                    |            build
    ---------------------------|-----------------
    numpy-1.21.5               |   py39h7a0a035_1          25 KB
    numpy-base-1.21.5          |   py39hca35cd5_1         4.4 MB
    ------------------------------------------------------------
                                           Total:         4.4 MB

The following NEW packages will be INSTALLED:

  blas               pkgs/main/win-64::blas-1.0-mkl
  intel-openmp       pkgs/main/win-64::intel-openmp-2021.4.0-haa95532_3556
  mkl                pkgs/main/win-64::mkl-2021.4.0-haa95532_640
  mkl-service        pkgs/main/win-64::mkl-service-2.4.0-py39h2bbff1b_0
  mkl_fft            pkgs/main/win-64::mkl_fft-1.3.1-py39h277e83a_0
  mkl_random         pkgs/main/win-64::mkl_random-1.2.2-py39hf11a4ad_0
  numpy              pkgs/main/win-64::numpy-1.21.5-py39h7a0a035_1
  numpy-base         pkgs/main/win-64::numpy-base-1.21.5-py39hca35cd5_1


Proceed ([y]/n)? y


Downloading and Extracting Packages
numpy-1.21.5         | 25 KB     | ############################################ | 100%
numpy-base-1.21.5    | 4.4 MB    | ##6                                          |   6%
```

图 1.6

1.2.2 Python 编译器 PyCharm 的安装

和其他语言类似，Python程序的编写可以使用Windows自带的控制台进行，但是对于较复杂的算法工程来说，这种方式容易混淆相互之间的层级和交互文件。因此，在编写算法工程时，笔者建议使用专用的Python编译器PyCharm。

1. PyCharm 的下载和安装

PyCharm的下载网址为http://www.jetbrains.com/pycharm/。

步骤 01 进入 Download 页面后可以选择不同的版本——收费的专业版（Professional）和免费的社区版（Community），如图 1.7 所示。这里选择免费的社区版即可。

图 1.7

步骤 02 双击下载的文件，运行后进入安装界面，如图 1.8 所示。直接单击“Next”按钮，采用默认安装即可。

步骤 03　在安装 PyCharm 的过程中，需要对安装的位数进行选择，如图 1.9 所示。这里建议读者选择与已安装的 Python 相同位数的文件。

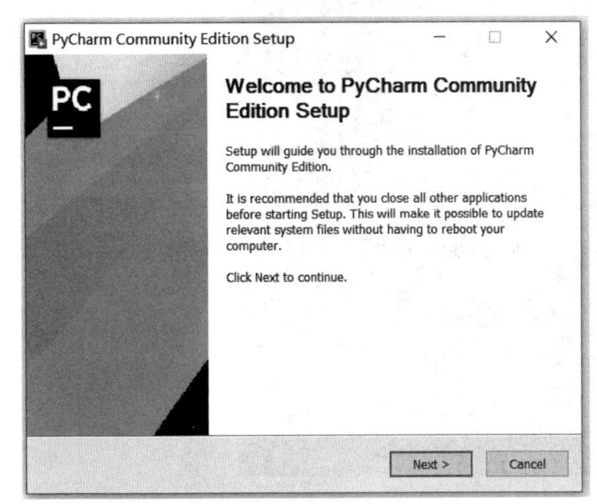

图 1.8

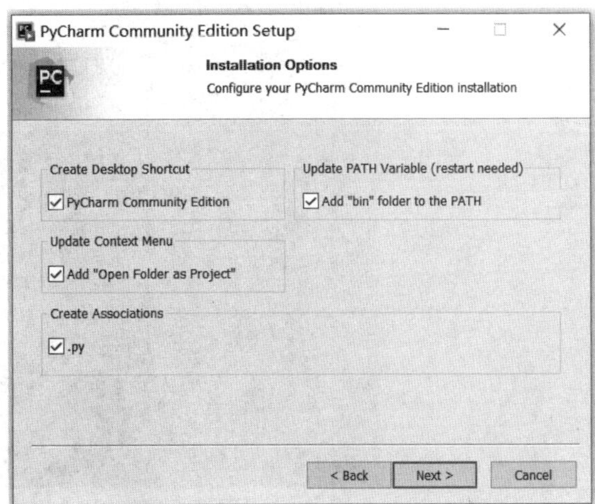

图 1.9

步骤 04　最后单击“Finish”按钮完成安装，如图 1.10 所示。

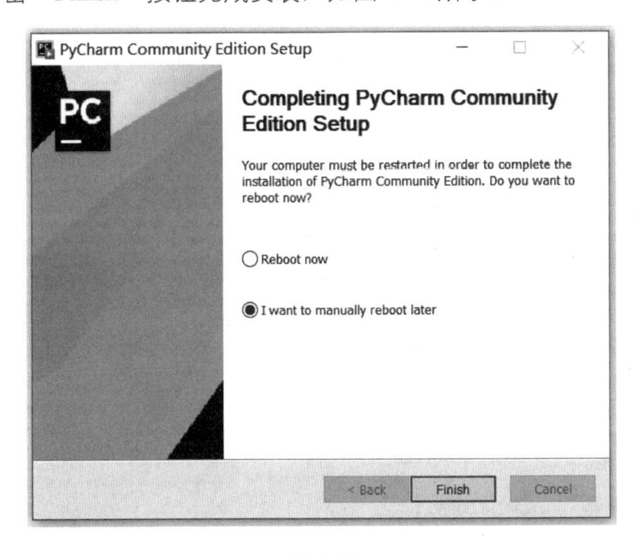

图 1.10

2. 使用 PyCharm 创建程序

使用PyCharm创建程序的操作步骤如下：

步骤 01　单击桌面上新生成的 PC 图标进入 PyCharm 程序界面，首先是第一次启动的定位，如图 1.11 所示。这里是对程序存储的定位，一般建议选择第 2 个“Do not import settings”。

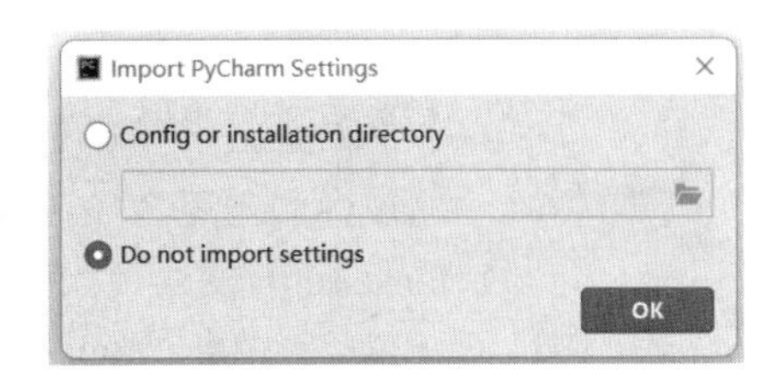

图 1.11

步骤 02　单击“OK”按钮后进入 PyChrarm 配置窗口，如图 1.12 所示。

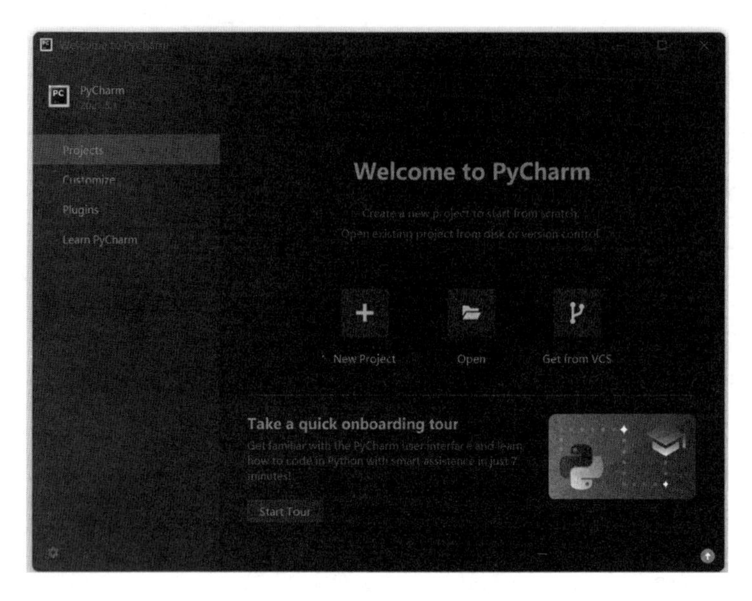

图 1.12

步骤03 在配置窗口上可以对 PyCharm 的界面进行配置，选择自己的使用风格。如果对其不熟悉，直接使用默认配置即可，如图 1.13 所示。

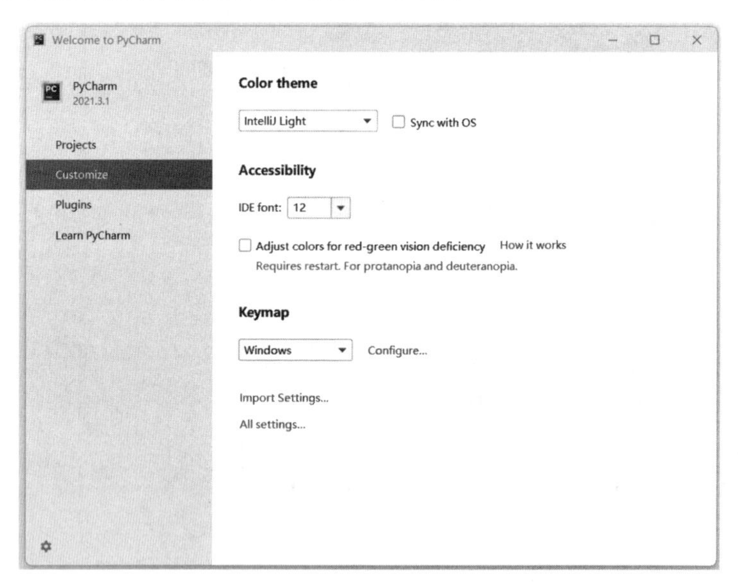

图 1.13

步骤04 在图 1.12 所示的界面上，单击“New Project”按钮创建一个新的工程，这里建议新建一个 PyCharm 的工程文件，如图 1.14 所示。

步骤05 右击新建的工程名 PyCharm，依次选择“New→Python File”菜单命令，新建一个 helloworld.py 文件，如图 1.15 所示。

步骤06 单击菜单栏中的“Run→run ‘helloword’”，或者直接右击 helloworld.py 文件名，在弹出的快捷菜单中选择“run ‘helloword’”。如果成功输出“hello world”，那么恭喜你，Python 与 PyCharm 的配置完成了！

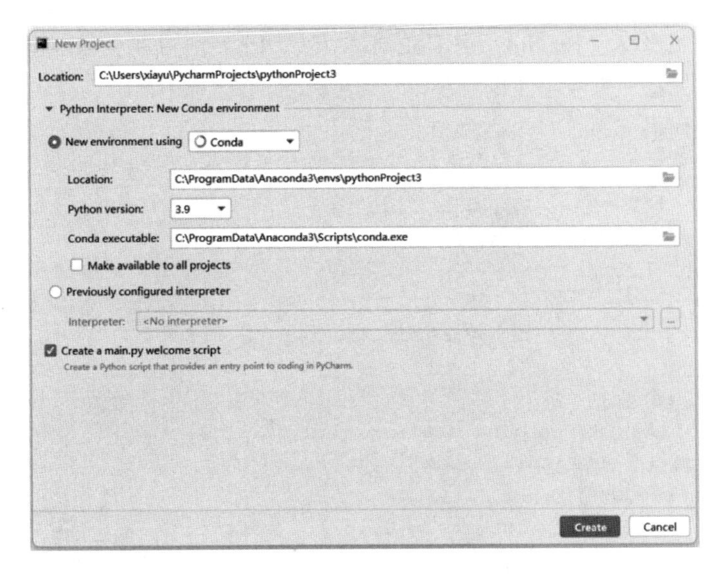

图 1.14

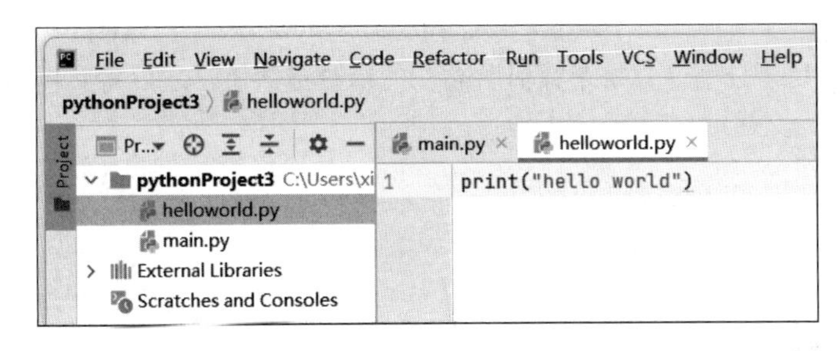

图 1.15

1.2.3　使用 Python 实现 softmax 函数计算

对于Python科学计算来说，最简单的想法就是将数学公式直接表达成程序语言，可以说Python满足了这个想法。本小节将使用Python实现一个深度学习中最常见的函数——softmax函数。至于这个函数的作用，现在不加以说明，这里只是简单尝试一下这个函数代码的编写。

softmax函数的计算公式如下：

$$S_i = \frac{e^{V_i}}{\sum_0^i e^{V_i}}$$

其中，V_i是长度为j的数列V中的一个数。带入softmax的结果实际上就是先对每一个V_i计算以e为底、V_i为幂次项的值，然后除以所有项之和进行归一化，之后每个V_i就可以解释成：在观察到的数据集类别中，特定的V_i属于某个类别的概率或者称作似然（Likelihood）。

提示： softmax函数用以解决概率计算中概率结果大而占绝对优势的问题。例如，函数计算结果中有两个值a和b，且a>b，如果简单地以值的大小为单位进行衡量，那么在后续的使用过程中a永远被选用，而b由于数值较小而不被选用；但是，有时候也需要使用数值小的b，那么softmax函数就可以解决这个问题。

softmax函数按照概率选择a和b，由于a的概率值大于b，所以在计算时a经常会被选中，而b由于概率较小，所以选中的可能性也较小，但是也有概率被选中。

softmax函数的代码如下：

【程序 1-1】

```
import numpy
def softmax(inMatrix):
    m,n = numpy.shape(inMatrix)
    outMatrix = numpy.mat(numpy.zeros((m,n)))
    soft_sum = 0
    for idx in range(0,n):
        outMatrix[0,idx] = math.exp(inMatrix[0,idx])
        soft_sum += outMatrix[0,idx]
    for idx in range(0,n):
        outMatrix[0,idx] = outMatrix[0,idx] / soft_sum
    return outMatrix
```

【代码解析】

当传入一个数列后，分别计算每个数值所对应的指数函数值，之后将其相加后计算每个数值在数值和中的概率。例如：

```
a = numpy.arry([[1,2,1,2,1,1,3]])
```

结果如下：

```
[[ 0.05943317 0.16155612 0.05943317 0.16155612 0.05943317 0.05943317
   0.43915506]]
```

1.3 Python 常用类库中的 threading

如果说Python的简单易用奠定了其发展的基石，那么丰富的第三方类库给予了Python不断前进发展的动力。随着科技的发展，Python应用得更为丰富，更多涉及不同种类的第三方类库被加入到Python之中。

Python常用类库的名称及其说明参见表1.1。

表 1.1 Python 常用类库

分　类	名　称	用　途
科学计算	Matplotlib	用 Python 实现的类似 MATLAB 的第三方库，用以绘制一些高质量的数学二维图形
	SciPy	基于 Python 的 MATLAB 实现，旨在实现 MATLAB 的所有功能
	NumPy	基于 Python 的科学计算第三方库，提供了矩阵、线性代数、傅里叶变换等的解决方案

（续表）

分　类	名　称	用　途
GUI	PyGtk	基于 Python 的 GUI 程序开发 GTK+库
	PyQt	用于 Python 的 QT 开发库
	WxPython	Python 下的 GUI 编程框架，与 MFC 的架构相似
	Tkinter	Python 下标准的界面编程包，因此不算是第三方库了
其他	BeautifulSoup	基于 Python 的 HTML/XML 解析器，简单易用
	PIL	基于 Python 的图像处理库，功能强大，对图形文件的格式支持广泛
	MySQLdb	用于连接 MySQL 数据库
	threading	用于创建多线程任务
	cElementTree	高性能 XML 解析库，Python 2.5 应该已经包含了该模块，因此不算一个第三方库了
	PyGame	基于 Python 的多媒体开发和游戏软件开发模块
	Py2exe	将 Python 脚本转换为 Windows 上可以独立运行的可执行程序
	pefile	Windows PE 文件解析器

到目前为止，Python中已经有7000多个类库供计算机工程人员以及科学研究人员使用。

对于希望充分利用计算机性能的程序设计者来说，多线程的应用是必不可少的一个技能。多线程类似于使用计算机的一个核心执行多个不同任务。多线程的好处如下：

- 使用线程可以把需要使用大量时间的计算任务放到后台去处理。
- 减少资源占用，加快程序的运行速度。
- 在传统的输入输出以及网络收发等普通操作上，后台处理可以美化当前界面，增加界面的人性化。

本节将详细介绍Python中操作线程的模块——threading，相对于Python既有的多线程模块thread，threading重写了部分API模块，对thread进行了二次封装，从而大大提高了执行效率。重写了更方便的API来处理线程。

1.3.1　threading 模块中的 Thread 类

Thread是threading模块中最重要的类之一，可以使用它来创建线程。具体使用方法是创建一个threading.Thread对象，在它的初始化函数中将需要调用的对象作为初始化参数传入，具体代码如程序1-2所示。

【程序 1-2】

```
# coding = utf8
import threading,time
count = 0
class MyThread(threading.Thread):
    def __init__(self,threadName):
        super(MyThread,self).__init__(name = threadName)

    def run(self):
        global count
        for i in range(100):
```

```
            count = count + 1
            time.sleep(0.3)
            print(self.getName() , count)
    for i in range(2):
        MyThread("MyThreadName:" + str(i)).start()
```

【代码解析】

在上面代码定义的MyThread类中，重写了从父对象继承的run方法；在run方法中，将一个全局变量的值逐次加1；在接下来的代码中，创建了2个独立的对象，分别调用了其start方法，最后逐一打印结果。

可以看到，程序中每个线程被赋予了一个名字，然后设置每隔0.3秒打印输出本线程的计数，即计数加1。而count被设置成全局共享变量，因此在每个线程中都可以自由地对其进行访问。

程序运行结果如图1.16所示。

```
MyThreadName:0 2
MyThreadName:1 2
MyThreadName:1 4
MyThreadName:0 4
MyThreadName:1 6
MyThreadName:0 6
MyThreadName:1 8
MyThreadName:0 8
```

图 1.16

从上面的结果可以看到，每个线程被起了一个对应的名字，而在运行时，线程所计算的计数被同时增加，这样可以证明，在程序运行过程中两个线程同时对一个数进行操作，并打印其结果。

提示： 程序中的run方法和start方法，并不是threading自带的方法，而是从Python本身的线程处理模块Thread中继承来的。run方法的作用是在线程启动以后，执行预先写入的程序代码。一般而言，run方法所执行的内容被称为Activity。而start方法是用于启动线程。

1.3.2 threading 中 Lock 类

虽然线程可以在程序的执行过程中极大地提高程序的运行效率，但是其带来的影响却难以忽略。例如，在【程序1-2】中，每隔一定时间打印当前的数值，应该逐次打印的数据却变成了2个相同的数值被打印了出来，因此需要一个能够解决这类问题的方案。

Lock类是threading中用于锁定当前线程的锁定类，顾名思义，其作用是对当前运行中的线程进行锁定，被锁定的对象只有被当前线程释放后，才能由后续线程继续操作。类中主要代码如下：

```
import threading
lock = threading.Lock()
lock.acquire()
lock.release()
```

acquire方法提供了确定对象被锁定的标志，release用于当前线程使用完对象后释放当前对象。修改后的代码如程序1-3所示。

【程序 1-3】

```
# coding = utf8
import threading,time,random

count = 0
class MyThread (threading.Thread):

    def __init__(self,lock,threadName):
```

```
        super(MyThread,self).__init__(name = threadName)
        self.lock = lock

    def run(self):
        global count
        self.lock.acquire()
        for i in range(100):
            count = count + 1
            time.sleep(0.3)
            print(self.getName() , count)
        self.lock.release()

    lock = threading.Lock()
    for i in range(2):
        MyThread (lock,"MyThreadName:" + str(i)).start()
```

【代码解析】

Lock被传递给MyThread，并在run方法中锁定当前的线程，必须等线程执行完毕后，后续的线程才可以继续执行。

程序执行结果如图1.17所示。从图中可以看到，其中框住的部分，线程2只有等线程1完全结束后，才执行后续的操作，即在本程序中，myThreadName:1等到myThreadName:0完全结束后，才执行后续操作。

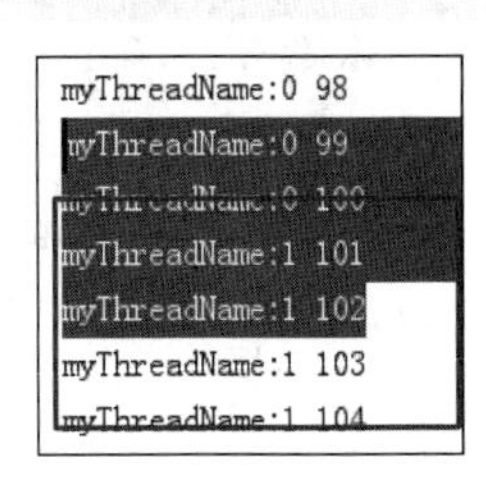

图 1.17

1.3.3 threading 中 Join 类

Join类是threading中用于堵塞当前主线程的类，其作用是阻止全部的线程继续运行，直到被调用的线程执行完毕或者超时。具体代码如程序1-4所示。

【程序 1-4】

```
import threading, time
def doWaiting():
    print('start waiting:', time.strftime('%S'))
    time.sleep(3)
    print('stop waiting', time.strftime('%S'))
    thread1 = threading.Thread(target = doWaiting)
    thread1.start()
    time.sleep(1)                                    # 确保线程thread1已经启动
    print('start join')
    thread1.join()                                   # 将一直堵塞，直到thread1运行结束
    print('end join')
```

【代码解析】

其中的time方法设定了当前的时间，当join启动后，堵塞了调用整体进程的主进程，而只有当被调用的进程执行完毕后，后续的进程才能继续执行。

程序的运行结果如图1.18所示。

```
start waiting: 29
start join
stop waiting 32
end join
```

图 1.18

除此之外，对于线程的使用，Python还有很多其他方法，例如threading.Event、threading.Condition等，这些方法都能够极大地帮助程序设计人员编写合适的程序。限于篇幅这里不再展开介绍，在后续的讲解过程中，我们会带领读者掌握更多的相关内容。

1.4 本章小结

本章介绍了机器学习的发展历史、研究现状与方向，以及数据可视化技术。同时还讲解了Python的基本安装和编译器的使用。在这里推荐读者使用PyCharm社区版作为Python编译器，这有助于更好地安排项目文件的配置和程序的编写。

本章还介绍了最常用的一些类库，并详细介绍了threading，threading是Python中最重要的类库之一，在机器学习的代码编写中会频繁遇到。

本章是Python最基础的内容，后面章节的算法实现将以Python为主，并且还会介绍更多的Python类库。

第 2 章

用于数据处理及可视化展示的 Python 类库

第1章中对Python的安装进行了基本的介绍，并且建议读者使用PyCharm社区版作为Python编译器。相对于使用控制台或自带的编译器，使用PyCharm可以更直观和更清晰地对所构建的工程做出层次安排。

对于大多数的Python程序设计，建议读者使用已有的类库来解决问题，而不是自行编写相应的代码。对于Python来说，大多数的类库都是在底层使用效率更高的C语言实现，并且由经验丰富的程序设计人员编写而成的，因此不建议读者自行设计相应的程序。

本章将着重介绍几个常用的类库、常用的统计分析方法，以及某地降水量变化规律实战。

“人生苦短，我用Python！编程复杂，请用类库！”

2.1 从小例子起步——NumPy 的初步使用

本节将从一个小例子起步，介绍NumPy的基础使用方法。

2.1.1 数据的矩阵化

对于数据处理来说，数据是一切的基础。而一切数据又不是单一的存在，其构成往往由很多的特征值决定。表2.1是用以计算回归分析的房屋面积与价格对应关系，主要参数为面积、卧室和地下室的个数等。

表 2.1 某地区房屋面积与价格的对应表

价格（千元）	面积（平方米）	卧室（个）	地下室
200	105	3	无
165	80	2	无
184.5	120	2	无

（续表）

价格（千元）	面积（平方米）	卧室（个）	地下室
116	70.8	1	无
270	150	4	有

表2.1是数据的一般表示形式，但是对于数据处理的过程来说，这是不可辨识的数据，因此需要对其进行调整。

常用的数据处理表示形式为数据矩阵，即可以将表2.1表示为一个专门的数据矩阵，参见表2.2。

表 2.2　某地区房屋面积与价格的计算矩阵

ID	Price	area	bedroom	basement
1	200	105	3	False
2	165	80	2	False
3	184.5	120	2	False
4	116	70.8	1	False
5	270	150	4	True

从表2.2中可以看到，一行代表一套单独的房屋的价格和对应的特征属性。第1列是ID，即每行的标签。标签是独一无二的，一般不会有重复数据产生。第2列是价格，一般被称为矩阵的目标。目标可以是单纯的数字，也可以是布尔变量或者一个特定的表示。这里我们使用表2.2中的第2列，也就是房屋价格作为我们计算的“目标”。剩下的3、4、5列分别是涉及目标计算的某个方面属性，也就是目标所对应的特征值。每行作为一个独立的样本，根据其行内特征值的不同，每行所对应的目标也有所不同。

不同的ID用于表示不同的目标。一般来说，数据处理的最终目的就是使用不同的特征属性对目标进行区分和计算。已有的目标是观察和记录的结果，而数据处理的过程就是创建一个可进行目标识别的模型的过程。

建立模型的过程称为数据处理的训练过程，其速度和正确率主要取决于算法的选择，而算法的设计过程是目标和属性之间建立某种一一对应关系的过程。

继续回到表2.2的矩阵中。通过观察可知，矩阵中所包含的属性有两种，分别是数值型变量和布尔型变量。其中第2、3、4列是数值变量，这也是数据处理中经常使用的类型；第5列是布尔型变量，用以标识是否存在地下室。

这样做的好处在于：数据处理在工作时根据采用的算法进行建模，算法的描述只能对数值型变量和布尔型变量进行处理，而对于其他类型的变量处理相对较少。即使后文存在针对文字进行处理的数据处理模型，其本质也是将文字转化成矩阵向量进行处理。这一点会在后文继续介绍。

当数据处理建模的最终目标是求得一个具体数值时，即目标是一个数字，那么数据处理建模的过程基本上可以被转化为回归问题。差别在于是逻辑回归还是线性回归。

当目标为布尔型变量时，问题大多数被称为分类问题，而常用的建模方法是第7章中使用的决策树方法。一般来说，当分类的目标是两个的时候，分类称为二元分类；而当分类的目标多于两个的时候，分类称为多元分类。

许多情况下，数据处理建模和算法的设计是由程序设计和研究人员所决定的，而具体采用何种算法和模型也没有特定的要求，回归问题可以转化为分类问题，而分类问题往往也可以由建立的回归模型来解决。

2.1.2　数据分析

对于数据来说，在进行数据处理建模之前，需要对数据进行基本的分析和处理。

从图2.1可以看到，对于数据集来说，在进行数据分析之前，需要知道很多东西。首先需要知道的是一个数据集的数据多少和每个数据所拥有的属性个数，对于程序设计人员和科研人员来说，这些都是简单的事，但是对于数据处理的模型来说，这些是必不可少的信息。

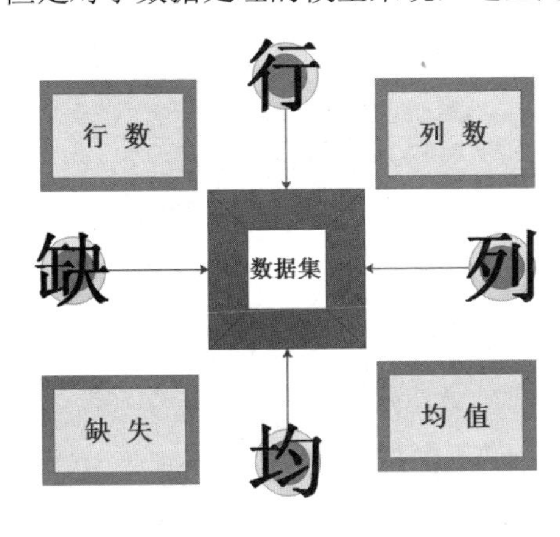

图 2.1

除此之外，对于数据集来说，缺失值的处理也是一个非常重要的工作。最简单的处理方法是对有缺失值的数据进行整体删除。但是问题在于：处理的数据往往来自于现实社会中，因此数据集中大多数的数据可能都会有某些特征属性的缺失。解决的办法往往是采用均值或者与目标数据近似的数据特征属性替代。有些情况替代方法是可取的，而有些情况下，替代或者采用均值的办法处理缺失值是不可取的，因此要根据具体情况来具体处理。

首先从一个小例子开始。以表2.2的矩阵为例，先建立一个包含有数据集的数据矩阵，之后利用不同的方法对其进行处理。示例代码如程序2-1所示。

【程序 2-1】

```
import numpy as np
data = np.mat([[1,200,105,3,False],[2,165,80,2,False],
          [3,184.5,120,2,False],[4,116,70.8,1,False],[5,270,150,4,True]])
row = 0
for line in data:
    row += 1
print( row  )
print( data.size)
```

【代码解析】

（1）第一行代码引入了Anaconda自带的一个数据矩阵化的包——NumPy，并将其重命名为np。对于NumPy，读者只需要知道它是Python的一种开源的数值计算扩展工具。这种工具可以用来存储和处理大型矩阵，比Python自身的嵌套列表结构（Nested List Structure）要高效得多。

（2）第二行使用NumPy中的mat()方法建立一个数据矩阵。

（3）row是引入的计算行数的变量，使用for循环将data数据读出到line中，每读一行数据则row的计数加1。

（4）data.size是计算数据集中全部数据的数据量，一般其与行数相除，则为列数。

最终打印结果请读者自行测试。

需要说明的是，NumPy将数据转化成一个矩阵进行处理，其中具体的数据可以通过二元的形式读出，如程序2-2所示。

【程序 2-2】

```
import numpy as np
data = np.mat([[1,200,105,3,False],[2,165,80,2,False],
               [3,184.5,120,2,False],[4,116,70.8,1,False],[5,270,150,4,True]])
print( print( data[0,3])
print( print( data[0,4])
```

最终打印结果如下：

```
3.0
0.0
```

细心的读者可能已经注意到，下标为[0,3]对应的是矩阵中第1行第4列数据，其数值为3，其打印结果为3.0，这个没什么问题。而对于下标为[0,4]的数据，对应矩阵中的False，是布尔类型的数据，其打印结果是0。这一点涉及Python的语言定义，其布尔值都可以近似地表示为0和1，即：

```
True = 1.0
False = 0
```

如果需要打印全部的数据集，可调用如下方法：

```
Print( data)
```

将全部数据以一个数据的形式打印出来，请读者自行测试。

2.1.3 基于统计分析的数据处理

除了最基本的数据记录和提取外，数据处理还需要知道一些基本数据的统计量，例如每一类型数据的均值、方差以及标准差等，当然在本书中，并不需要手动或者使用计算器去计算这些数值，NumPy提供了相关方法。代码如程序2-3所示。

【程序 2-3】

```
import numpy as np
data = np.mat([[1,200,105,3,False],[2,165,80,2,False],
               [3,184.5,120,2,False],[4,116,70.8,1,False],[5,270,150,4,True]])
coll = []
for row in data:
   coll.append(row[0,1])
```

```
print( np.sum(col1))
print( np.mean(col1) )
print( np.std(col1))
print( np.var(col1))
```

【代码解析】

首先生成了一个空的数据集col1，然后采用for循环将数据填入数据集col1中，这也是一个类型数据的集合，最后依次计算数据集的和、均值、标准差以及方差，这些对于数据处理模型的建立有一定的帮助。

2.2 图形化数据处理——Matplotlib 包的使用

对于单纯的数字来说，光从读数据的角度，并不能直观反映数字的偏差和集中程度，因此需要采用另外一种方法来更好地分析数据。对于数据来说，没有什么能够比用图形来解释更加形象和直观的了。

2.2.1 差异的可视化

继续回到表2.2的数据中，第2列是各个房屋的价格，其价格并不相同，因此直观地查看价格的差异和偏移程度是比较困难的一件事。

研究数值差异和异常的方法是绘制数据的分布程度——相对于合适的直线或曲线，其差异程度如何——以便帮助我们确定数据的分布。一个对价格的偏离程度的代码实现如程序2-4所示。

【程序 2-4】

```
import numpy as np
import pylab
import scipy.stats as stats

data = np.mat([[1,200,105,3,False],[2,165,80,2,False],
          [3,184.5,120,2,False],[4,116,70.8,1,False],[5,270,150,4,True]])

col1 = []
for row in data:
    col1.append(row[0,1])

stats.probplot(col1,plot=pylab)
pylab.show()
```

【代码解析】

col1集合是价格的合集，scipy是专门进行数据处理的包，probplot计算了col1数据集中数据在正态分布下的偏离程度。

结果如图2.2所示。

从图中可以看到，价格围绕一条直线上下波动，有一定的偏离，但是偏离情况不太明显。其中R^2为0.9579指的是数据拟合的相关性，一般0.95以上就可以认为数据拟合程度比较好。

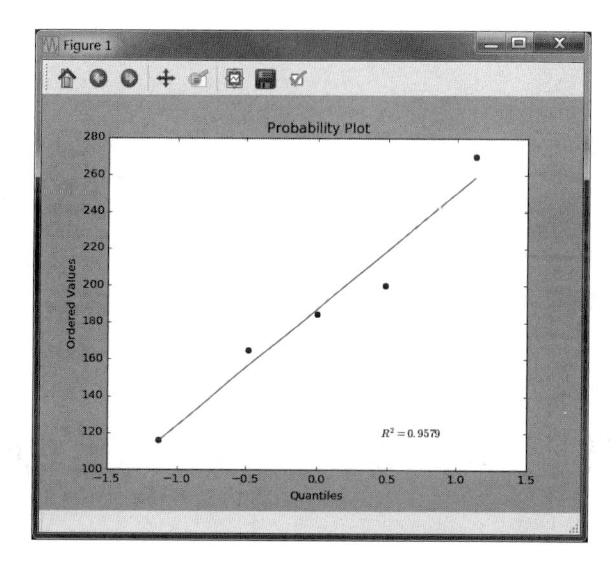

图 2.2

2.2.2 坐标图的展示

通过上一小节的可视化处理可以看到，可视化能够让数据更加直观地展现出来，同时可以对数据的误差表现得更加明晰。

图2.3是一个横向坐标图，用以展示不同类别所占的比重。系列1、2、3可以分别代表不同的属性，而类别1~6可以看作是6个不同的特例。通过坐标图的描述可以非常直观地看到，不同的类别中，不同的属性所占的比重如何。

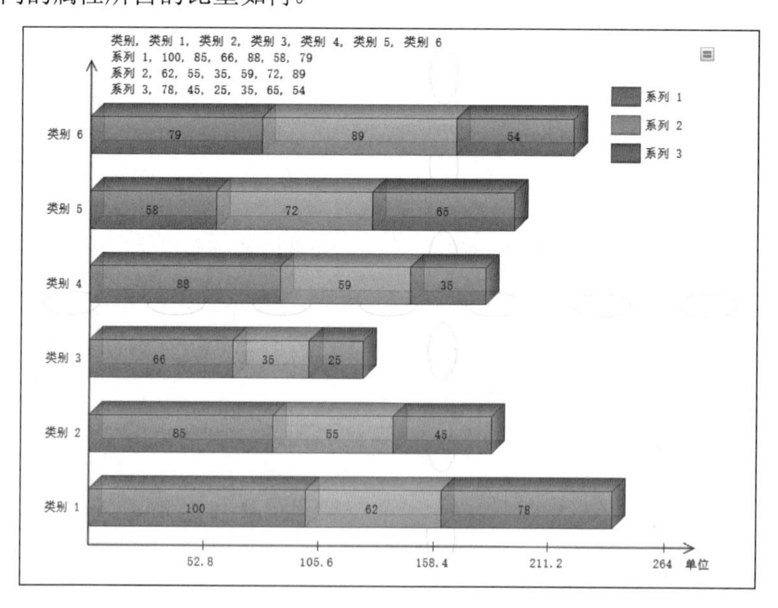

图 2.3

一个坐标图能够对数据进行展示，其最基本的要求是可以通过不同的行或者列表现出数据的某些具体值。不同的标签使用不同的颜色和样式，以展示不同的系统关系。程序2-5对不同目标的数据提取不同的行进行显示。

【程序 2-5】

```
import pandas as pd
import matplotlib.pyplot as plot
rocksVMines = pd.DataFrame([[1,200,105,3,False],[2,165,80,2,False],
            [3,184.5,120,2,False],[4,116,70.8,1,False],[5,270,150,4,True]])
dataRow1 = rocksVMines.iloc[1,0:3]
dataRow2 = rocksVMines.iloc[2,0:3]
plot.scatter(dataRow1, dataRow2)
plot.xlabel("Attribute1")
plot.ylabel(("Attribute2"))
plot.show()
dataRow3 = rocksVMines.iloc[3,0:3]
plot.scatter(dataRow2, dataRow3)
plot.xlabel("Attribute2")
plot.ylabel("Attribute3")
plot.show()
```

结果如图2.4所示。从图中可以看到，通过选定不同目标行中不同的属性，可以较好地比较两个行之间的属性关系，以及属性之间的相关性。不同的目标，即使属性千差万别，也可以构建相互关系图。

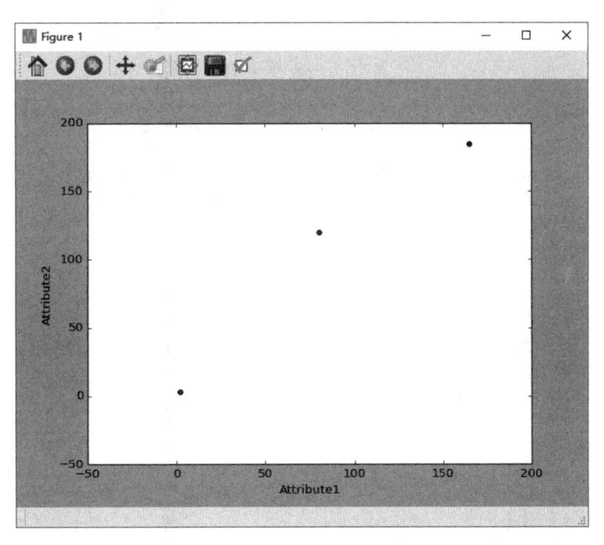

图 2.4

顺便说一句，本例中采用的数据较少，而随着数据的增加，属性之间一般也呈现出正态分布的特点，这一点可以请读者自行验证。

提示： 程序2-5可以出现两个图，第二幅图请读者自行查看，建议与第一幅进行比较。

2.2.3 大数据的可视化展示

对于大规模数据来说，由于涉及的目标比较多，而属性特征值又比较多，对其查看更是一项非常复杂的内容。因此为了更好地理解和掌握大数据的处理，将其转化为可视性较强的图形是更好的做法。

前两小节对小数据集进行了图形化查阅，现在对现实中的大数据进行处理。

数据来源于真实的信用贷款数据，从50000个数据记录中随机选取了200个数据进行计算，而每个数据又有较多的属性值。大多数情况下，数据是以CSV格式进行存储，Pandas包同样提供了相关的读取程序，具体代码见程序2-6。

【程序 2-6】

```
import pandas as pd
import matplotlib.pyplot as plot
filePath = ("c://dataTest.csv")
dataFile = pd.read_csv(filePath,header=None, prefix="V")
dataRow1 = dataFile.iloc[100,1:300]
dataRow2 = dataFile.iloc[101,1:300]
plot.scatter(dataRow1, dataRow2)
plot.xlabel("Attribute1")
plot.ylabel("Attribute2")
plot.show()
```

【代码解析】

首先使用filePath创建了一个文件路径，用以建立数据地址。然后使用Pandas自带的read_csv读取CSV格式的文件。dataFile是读取的数据集。之后使用iloc方法获取其中行的属性数据，scatter是做出分散图的方法。对属性进行画图，最终结果如图2.5所示。

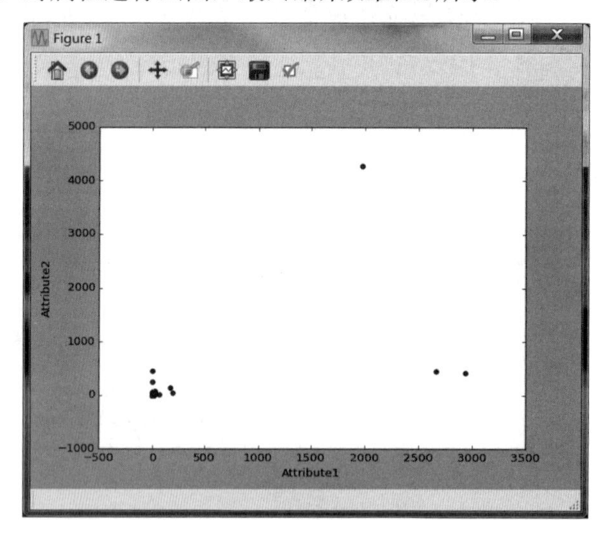

图 2.5

从图2.5中可以看到，数据在(0,0)的位置有较大的集合，这表明属性在此处的偏离程度较少，而几个特定点是偏离程度较大的点。这可以帮助我们对离群值进行分析。

提示：程序2-6出现了两个图，第一幅图请读者自行分析。

下面继续对数据集进行分析。程序2-5和程序2-6让我们看到了对数据的同一行中不同的属性进行处理和实现的方法，如果是要对不同目标行的同一种属性进行分析，那么该如何做呢？具体代码见程序2-7。

【程序 2-7】

```
import pandas as pd
import matplotlib.pyplot as plot
filePath = ("c://dataTest.csv")
dataFile = pd.read_csv(filePath,header=None, prefix="V")

target = []
for i in range(200):
    if dataFile.iat[i,10] >= 7:
        target.append(1.0)
    else:
        target.append(0.0)

dataRow = dataFile.iloc[0:200,10]
plot.scatter(dataRow, target)
plot.xlabel("Attribute")
plot.ylabel("Target")
plot.show()
```

【代码解析】

程序2-7中对数据进行处理，提取了200行数据中的第10个属性，并对其进行判定，单纯的判定规则是根据均值对其进行区分，之后计算判定结果。

最终结果如图2.6所示。

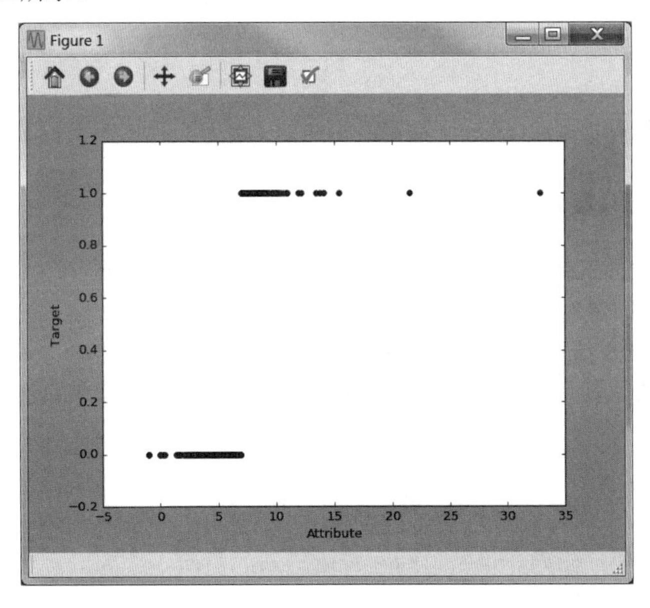

图 2.6

通过图2.6可以看到，属性被分成两个分布，数据集合的程度也显示了偏离程度。而如果下一步需要对属性的离散情况进行反映，则应该使用程序2-8。

【程序 2-8】

```
import pandas as pd
import matplotlib.pyplot as plot
```

```
filePath = ("c://dataTest.csv")
dataFile = pd.read_csv(filePath,header=None, prefix="V")

target = []
for i in range(200):
    if dataFile.iat[i,10] >= 7:
        target.append(1.0 + uniform(-0.3, 0.3))
    else:
        target.append(0.0 + uniform(-0.3, 0.3))
dataRow = dataFile.iloc[0:200,10]
plot.scatter(dataRow, target, alpha=0.5, s=100)
plot.xlabel("Attribute")
plot.ylabel("Target")
plot.show()
```

在此段程序中，离散的数据中加入了离散变量，具体显示结果请读者自行完成。

提示：读者可以对程序的属性做出诸多的抽取，并尝试使用更多的方法和变量进行处理。

2.3 常用的统计分析方法——相似度计算

我们从上一节的内容上可以看到，不同目标行之间由于其属性的不同，画出的散点图也是千差万别的，而对于数据处理来说，不同的属性需要一个统一的度量进行计算，即需要对其相似度进行计算。

相似度的计算方法很多，这里选用常用的两种，即欧几里得相似度计算和余弦相似度计算。

2.3.1 欧几里得相似度计算

欧几里得距离（Euclidean Distance）是常用的计算距离的公式，用来表示三维空间中两个点之间的真实距离，即绝对距离。

欧几里得相似度计算是一种基于物品或用户之间直线距离的计算方式。在相似度计算中，可以将不同的物品或者用户定义为不同的坐标点，而特定目标定位于坐标原点。欧几里得距离的公式如下：

$$d=\sqrt{(x_1-x_2)^2+(y_1-y_2)^2}$$

从公式中可以看到，作为计算结果的欧氏值显示的是两点之间的直线距离，该值的大小表示两个物品或者用户差异性的大小，即用户的相似性如何。如果两个物品或者用户距离越大，则其相似度越小；距离越小，则相似度越大。

提示：由于在欧几里得相似度计算中，最终数值的大小与相似度成反比，因此在实际中常常使用欧几里得距离的倒数作为相似度值，即1/d+1作为近似值。

参看一个常用的用户－物品推荐评分表的例子，如表2.3所示。

表 2.3　用户—物品评分对应表

	物品 1	物品 2	物品 3	物品 4
用户 1	1	1	3	1
用户 2	1	2	3	2
用户 3	2	2	1	1

表2.3是3个用户对物品的打分表，如果需要计算用户1和其他用户之间的相似度，通过欧几里得距离公式可以得出：

$$d_{12}=\sqrt{(1-1)^2+(1-2)^2+(3-3)^2+(1-2)^2}\approx 1.414$$

从上可以看到，用户1和用户2的相似度为1.414。而用户1和用户3的相似度是：

$$d_{13}=\sqrt{(1-2)^2+(1-2)^2+(3-1)^2+(1-1)^2}\approx 2.287$$

从得到的计算值可以看出，d_{12}分值大于d_{13}的分值，因此可以得到用户2更加相似于用户1。

2.3.2　余弦相似度计算

与欧几里得距离相类似，余弦相似度也将特定目标（物品或者用户）作为坐标上的点，但不是坐标原点，与特定的被计算目标进行夹角计算。具体如图2.7所示。

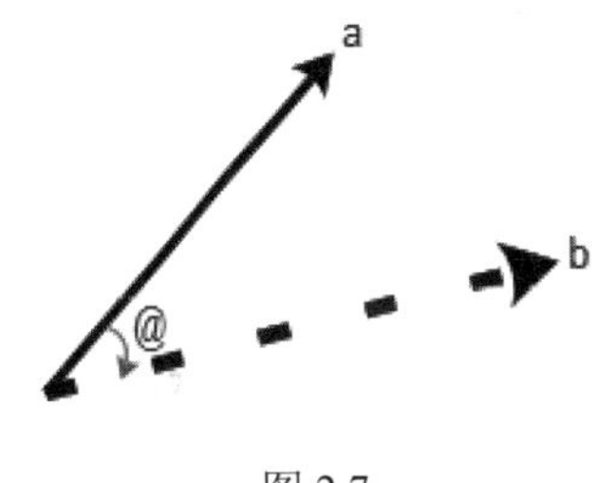

图 2.7

从图2.7中可以很明显地看出，两条直线分别从坐标原点出发，引出 定的角度。如果两个目标较为相似，则两条射线形成的夹角较小；如果两个用户不相近，则两条射线形成的夹角较大。因此，在使用余弦度量的相似度计算中，可以用夹角的大小来反映目标之间的相似性。余弦相似度的计算公式如下：

$$\cos@=\frac{\sum(x_i\times y_i)}{\sqrt{\sum x_i^2}\times\sqrt{\sum y_i^2}}$$

从公式可以看到，余弦值一般在[–1,1]，而这个值的大小同时与余弦夹角的大小成正比。如果用余弦相似度来计算表2.3中用户1和用户2之间的相似性，则结果如下：

$$d_{12}=\frac{1\times1+1\times2+3\times3+1\times2}{\sqrt{1^2+1^2+3^2+1^2}\times\sqrt{1^2+2^2+3^2+2^2}}=\frac{14}{\sqrt{12}\times\sqrt{18}}\approx 0.789$$

而用户1和用户3的相似性如下：

$$d_{13}=\frac{1\times2+1\times2+3\times1+1\times1}{\sqrt{1^2+1^2+3^2+1^2}\times\sqrt{2^2+2^2+1^2+1^2}}=\frac{8}{\sqrt{12}\times\sqrt{10}}\approx 0.344$$

从计算结果可得，相对于用户3，用户2与用户1更为相似。

2.3.3 欧几里得相似度与余弦相似度的比较

欧几里得相似度是以目标绝对距离作为衡量的标准，而余弦相似度是以目标差异的大小作为衡量标准，其表述如图2.8所示。

从图2.8中可以看到，欧几里得相似度注重目标之间的差异，与目标在空间中的位置直接相关。余弦相似度是不同目标在空间中的夹角，更加表现在前进趋势上的差异。

欧几里得相似度和余弦相似度具有不同的计算方法和描述特征。一般来说欧几里得相似度用以表现不同目标的绝对差异性，从而分析目标之间的相似度与差异情况。余弦相似度更多的是对目标从方向趋势上进行区分，对特定坐标数字不敏感。

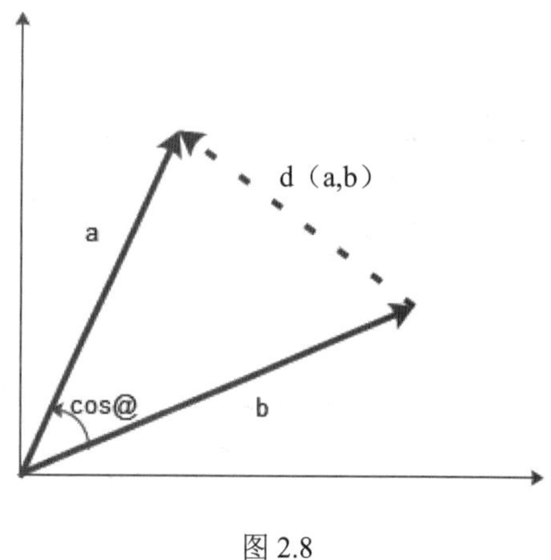

图 2.8

提示：举例来说，2个目标在2个用户之间的评分分别是（1,1）和（5,5），这2个评分在表述上是一样的。但是在分析用户相似度时，更多的是使用欧几里得相似度而不是余弦相似度对其进行计算。余弦相似度更好地区分了用户分离状态。

2.4 数据的统计学可视化展示

在2.3节中，我们对数据，特别是大数据的处理有了一个基本的认识，可以看到通过数据的可视化处理，对数据的基本属性和分布都有了较直观的理解。但是对于数据处理来说，数据还需要更多的分析处理，需要用到更精准和科学的统计学分析算法。

本节将使用统计学分析对数据进行处理。

2.4.1 数据的四分位数

四分位数（Quartile）是统计学中分位数的一种，即把所有数据由小到大排列并分成四等份，处于三个分割点位置的数据就是四分位数。

- 第一四分位数（Q1），又称“下四分位数”，等于该样本中所有数据由小到大排列后第 25%的数据。
- 第二四分位数（Q2），又称“中位数”，等于该样本中所有数据由小到大排列后第 50%的数据。
- 第三四分位数（Q3），又称“上四分位数”，等于该样本中所有数据由小到大排列后第 75%的数据。
- 第三四分位数与第一四分位数的差距又称四分位距（InterQuartile Range，IQR）。

首先确定四分位数的位置，n表示项数的话，三个四分位数的位置分别为：

Q1的位置= $(n+1) \times 0.25$

Q2的位置= $(n+1) \times 0.5$

Q3的位置= $(n+1) \times 0.75$

那么通过图形表示，如图2.9所示。

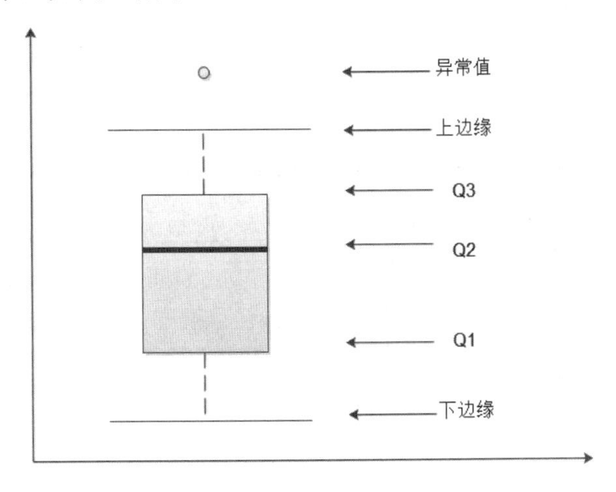

图 2.9

从图2.9可以看到，四分位数在图形中根据Q1和Q3的位置绘制了一个箱体结构，即根据一组数据的5个特征绘制的一个箱子和两条线段的图形。这种直观的箱线图反映出一组数据的特征分布，还显示了数据的最小值、中位数和最大值。

2.4.2　数据的四分位数示例

首先介绍一下本示例中的数据集。本示例数据集的来源是现实世界中某借贷机构对申请贷款人的背景调查，目的是根据不同借款人的条件，分析判断借款人能否按时归还贷款。一般来说，借款人能否按时归还贷款，是所有借贷中最重要的问题，其中的影响因素很多，判别相对麻烦，判断错误的后果也较严重。而通过数据处理，可以比较轻松地将其转化成一个回归分类问题进行解决。

数据集中的数据如图2.10所示。


```
20001, 6. 15, 7. 06, 5. 24, 2. 61, 0, 4. 36, 0, 5. 76, 3. 83, 6. 94, 5. 86, 0, 9. 15, 6. 09, 1. 02, 3. 47, 4. 52, 11, 5. 35, 7. 5
7, 0. 22, 12. 69, 0, 3. 55, 4. 58, 8. 02, 6. 59, 5. 16, 7. 45, 13. 04, 0, 0, 4. 35, 0. 25, 0, 7. 17, 5. 27, 4. 48, 0. 02, 0. 48, 6
. 67, 6. 29, 3. 58, 8. 82, 0, 1. 6, 4. 81, 0. 33, 0. 95, 1. 36, 4. 89, 4. 72, 5. 51, 3. 87, 2. 02, 3. 31, 9. 02, 5. 73, 8. 02, 0, 1
. 72, 0. 86, 0, 0, 4. 35, 2. 17, 4. 35, 0, 0, 9. 02, 5. 72, 6. 82, 0. 07, 1. 05, 6. 67, 0. 47, 0, 1. 58, 2. 33, 0. 24, 8. 2, 2. 57,
3. 47, 3. 52, 0. 51, 1. 55, 0, 7. 95, 4. 25, 2. 71, 0, 9. 17, 5. 16, 4. 58, 9. 17, 0. 29, 0, 2. 17, 4. 35, 0, 0, 4. 35, 0, 0, 10. 8
7, 9. 03, 7. 51, 0, 4. 71, 6. 29, 0, 7. 25, 14. 09, 7. 57, 2. 12, 0, 6. 12, 2. 54, 8. 53, 4. 43, 8. 91, 6. 81, 0. 6, 7. 48, 5. 52,
2. 42, 0. 64, 5. 63, 3. 29, 0. 03, 7. 33, 4. 55, 0, 5. 73, 3. 72, 0. 57, 11. 17, 2. 01, 0. 29, 6. 52, 15. 22, 4. 35, 23. 91, 0, 5
. 99, 9. 8, 5. 04, 7. 35, 7. 67, 2. 24, 7. 35, 0. 64, 3. 19, 0. 3, 6. 59, 6. 89, 1. 8, 2. 4, 4. 49, 0, 5. 88, 8. 09, 4. 41, 1. 47, 5
. 15, 0, 8. 18, 6. 85, 4. 28, 0. 1, 9. 27, 7. 67, 4. 47, 0, 6. 39, 5. 09, 9. 28, 5. 39, 5. 99, 5. 69, 6. 89, 0. 6, 8. 82, 5. 88, 8.
09, 0. 19, 0, 8. 66, 4. 76, 7. 14, 8. 85, 7. 8, 3. 9, 0, 4. 28, 2. 38, 0. 29, 7. 61, 4. 15, 5. 75, 0, 0, 0, 6. 89, 4. 49, 6. 29, 0.
9, 4. 49, 0. 6, 6. 89, 0. 74, 6. 62, 7. 35, 5. 15, 1. 47, 2. 21, 0. 74, 2. 94, 3. 68, 1. 05, 0, 0. 95, 1. 9, 0, 0, 8. 31, 5. 75, 11
. 5, 2. 88, 2. 88, 2. 56, 0. 6, 0. 3, 2. 1, 5. 09, 2. 21, 8. 09, 0. 74, 2. 21, 8. 09, 0, 0, 0, 0, 0, 764, 0, 0, 0, 0, 0, 0, 0, 0, 5, 0
, 701, 0, 0, 0, 0, 0, 0, 0, 0, 0, 1, 0, 121, 0, 0, 4, -1, 0, 0, 0, 0, 0, 0, 0, 0, 0, 0, 0, -
1, 49, 0, 0, 1, 1244. 33, 0, 0, 11. 33, 0, 0, 1, -1, -
1, 0, 0, 12, 1267, 5. 78, 77, 1, 1, 1, 1, 1, 1, 1, 1, 0, 0, 0, 1, 1, 1, 5, 0. 38, 1, 5, 1, 1, 1, 35. 4025, 116. 58031, 0, 13, 0, 1
, 0, 182, 51, 200, 123, 598, 379, 358, 0. 94, 0. 88, 1. 48, 22. 74, 11742. 05, 10. 42, 5. 33, 9. 23, 78. 89, 11. 71, 4. 2, 1
223. 99, 65. 53, 1. 5, 107. 99, 44. 21, 6375, 34. 68, 5367. 05, 7. 66, 9. 61, 30. 59, 226, 23. 11, 8. 51, 0. 61, 358, 283,
4, 6, 5, 9, 0, 0, 0, 0, 40, 12, 641, 18, 49, 0, 0, 0, 0, 0, 4, 48. 12, 407, 14, 0, 0, 3, 0, 405, 36, 0, 10, 0, 0, 3, 24, 387, 3
71, 16, 26. 87, 21. 24, 5, 1000, 29, 14, 2, 4, 2, 1, 0, 0, 0, 0, 4, 0, 1, 0. 16, 15. 76, 42, 3. 29, 0. 36, 27. 21, 0. 16, 6. 2
7, 6. 12, 140, -1, -1, -1, -1, -1, -1, -1, -1, -1, -1, -1, -1, -1, -1, -1, -1, -1, -1, -1, -
1, 0, 4, 27, 0, 3, 50, 0, 1, 7, 0, 3, 0, 0. 23, 11, 0, 0, 0, 0, 97, 88, 252, 82, 0, 27, 92, 2867, 0, 185, 334, 12500, 0, 0, 0, 2
, 0, 0, 0, 0, 0, 0, 0, 0, 0, 0, 0, 0, 0, 5, 0, 0, 6, 1, 1318, 0, 0, 0, 0, 0, 0, 0, 0, 4, 370, 0, 0, 0, 0, 0, 0, 0, 0, 0, 16,
0, 1, 0, 0, 0, 0, 0, 0, 0, 0, 0, 49, -1, 19, 159, 157, 3, 16, -
1, 91, 37, 4, 6074, 754, 1732, 0, 0, 0, 0, 0, 0, 0, 0, 0, 0, 0, 0, 0, 0, 1, 0, 0, 11, 0, 21, 21, 5, 84, 1, 0, 0, 0, 0, 1, 9, 6
70, 1, 0, 0, 0, 0, 0, 0, 0, 0, 0, 0, 0, 122, 0, 0, 0, 0, 51, 0, 0, 0, 0, 0, 0, 0, 0, 0, 0, 0, 0, 0, 0, 0, 0, 0, 0, 2281, 0,
0, 0, 0, 0, 0, 0, 0, 0, 0, 0, 42, -1, -1, -1, -1, -
1, 7, 0, 0, 0, 0, 0, 0, 0, 0, 0, 0, 0, 0, 0, 0, 0, 0, 0, 0, 0, 0, 0, 0, 174, 0, 0, 0, 4, 1, 0, 6, 5645, 1212, 1060, 0, 37, 0
, 0, 0, 0, 0, 0, 0, 0, 43, 0, 2, 0, 0, 0, 0, 0, 0, 0, 0, 0, 0, 0, 13, 0, 0, 0, 0, 0, 0, 0, 619, 115, 0, 0, 0, 0, 0, 0, 93, -
1, 37, 0, 1, 115, 3, 0, 0, 0, 0, 0, 0, 0, 0, 0, 0, 0, 0, 0, 0, 0, 0, 0, 0, 0, 1, 0, 0, 0, 16, 1358, 90, 2, 0, 3494, 0, 244,
0, 17, 17, 0, 0, 0, 0, 2, 101, 1, 1, 0, 0, 0, 0, 0, 0, 0, 0, 0, 0, 0, 0, 0, 0, 0, 0, 0, 1, 0, 0, 0, 0, 0, 5, 0, 0, 0, 0, 0, 0, 0, 0
, 0, 0, 0, -1, -
```


图 2.10

这个数据集的形式是每一行为一个单独的目标行，使用逗号分隔不同的属性；每一列是不同的属性特征，不同列的含义在现实中至关重要，这里不做解释。具体代码如程序2-9所示。

【程序 2-9】

```
from pylab import *
import pandas as pd
import matplotlib.pyplot as plot
filePath = ("c://dataTest.csv")
dataFile = pd.read_csv(filePath,header=None, prefix="V")

print(dataFile.head())
print((dataFile.tail())

summary = dataFile.describe()
print(summary)

array = dataFile.iloc[:,10:16].values
boxplot(array)
plot.xlabel("Attribute")
plot.ylabel(("Score"))
show()
```

首先来看数据的结果：

```
      V0    V1    V2    V3    V4    V5    V6    V7     V8    V9  ...  V1129  \
0  20001  6.15  7.06  5.24  2.61  0.00  4.36  0.00   5.76  3.83  ...      7
1  20002  6.53  6.15  9.85  4.03  0.10  1.32  0.69   6.24  7.06  ...      6
2  20003  8.22  3.23  1.69  0.41  0.02  2.89  0.13  10.05  8.76  ...      1
3  20004  6.79  4.99  1.50  2.85  5.53  1.89  5.41   6.79  6.11  ...      3
4  20005 -1.00 -1.00 -1.00 -1.00 -1.00 -1.00 -1.00  -1.00 -1.00  ...      7

  V1130  V1131  V1132  V1133  V1134  V1135  V1136  V1137  V1138
0     6      1      2      5      7      3      6      8     12
1     7     15      2      6      7      1      8      1     24
2     8      3      1      1      8      8      1      7      6
3     6     20      1      6      8      1      6      5     12
4     8      1      1      8      8      1      8      8      1

[5 rows x 1139 columns]
        V0    V1    V2    V3    V4    V5    V6    V7    V8     V9  ...  \
196  20197  3.59  5.63  6.21  5.24  1.88  1.65  4.74  3.73   7.19  ...
197  20198  7.27  5.31  9.35  2.77  0.00  1.37  0.74  5.77   4.64  ...
198  20199  6.18  5.05  6.43  6.05  1.93  2.58  3.75  7.32   4.19  ...
199  20200  6.12  7.45  1.05  1.03  0.16  1.44  0.32  6.49  10.79  ...
200  20201  5.60  6.29  6.11  2.64  0.11  4.08  2.44  7.04   5.60  ...

     V1129  V1130  V1131  V1132  V1133  V1134  V1135  V1136  V1137  V1138
196      6      6      1      1      6      8      9      8      4     28
197      7      1      1      1      1      8     24      7      8     14
198      3      7      1      2      7      7      3      3      7      4
199      7      8      1      2      4      7      6      8      7     12
200      7      7      3      1      7      8      1      2      7     23
```

```
[5 rows x 1139 columns]
                V0          V1          V2          V3          V4  \
count   201.000000  201.000000  201.000000  201.000000  201.000000
mean  20101.000000    5.266219    6.447015    6.156020    3.319303
std      58.167861    2.273933    2.443789    2.967566    3.134570
min   20001.000000   -1.000000   -1.000000   -1.000000   -1.000000
25%   20051.000000    4.130000    5.190000    4.660000    1.200000
50%   20101.000000    5.240000    6.410000    6.000000    2.830000
75%   20151.000000    6.590000    7.790000    7.640000    4.570000
max   20201.000000   13.150000   13.960000   16.620000   28.440000

              V5          V6          V7          V8          V9    ...     \
count 201.000000  201.000000  201.000000  201.000000  201.000000    ...
mean    0.907662    2.680149    2.649254    5.149055    5.532736    ...
std     1.360489    2.292231    2.912611    2.965096    2.763270    ...
min    -1.000000   -1.000000   -1.000000   -1.000000   -1.000000    ...
25%     0.020000    1.270000    0.320000    3.260000    3.720000    ...
50%     0.300000    2.030000    1.870000    4.870000    5.540000    ...
75%     1.390000    3.710000    4.140000    6.760000    7.400000    ...
max     8.480000   12.970000   18.850000   15.520000   13.490000    ...

           V1129       V1130       V1131       V1132       V1133       V1134  \
count 201.000000  201.000000  201.000000  201.000000  201.000000  201.000000
mean    6.054726    6.039801    7.756219    1.353234    4.830846    7.731343
std     1.934422    2.314824    9.145232    0.836422    2.161306    0.444368
min     1.000000    1.000000    1.000000    1.000000    1.000000    7.000000
25%     6.000000    5.000000    1.000000    1.000000    3.000000    7.000000
50%     7.000000    7.000000    1.000000    1.000000    6.000000    8.000000
75%     7.000000    8.000000   15.000000    2.000000    7.000000    8.000000
max     8.000000    8.000000   35.000000    7.000000    8.000000    8.000000

           V1135       V1136       V1137       V1138
count 201.000000  201.000000  201.000000  201.000000
mean   10.960199    5.631841    5.572139   16.776119
std     9.851315    2.510733    2.517145    8.507916
min     1.000000    1.000000    1.000000    1.000000
25%     3.000000    3.000000    4.000000   11.000000
50%     8.000000    7.000000    7.000000   17.000000
75%    18.000000    8.000000    7.000000   23.000000
max    36.000000    8.000000    8.000000   33.000000
```

这一部分是打印出来的计算后的数据头部和尾部，这里为了节省空间，只选择了前5个和尾部5个数据。第一列是数据的编号，对数据目标行进行区分，其后是每个不同的目标行的属性。

dataFile.describe()方法是对数据进行统计学估计，count、mean、std、min、max分别求得每列数据的计数、均值、方差、最小值以及最大值，几个百分比是求得的四分位数的数据，具体图形如图2.11所示。

代码选择了第11~16列的数据作为分析数据集，可以看到，不同的数据列做出的箱体四分位图也是不同的，而部分不在箱体内的数据被称为离群值，一般被视作特异点加以处理。

提示：读者可以多选择不同的目标行和属性点进行分析。

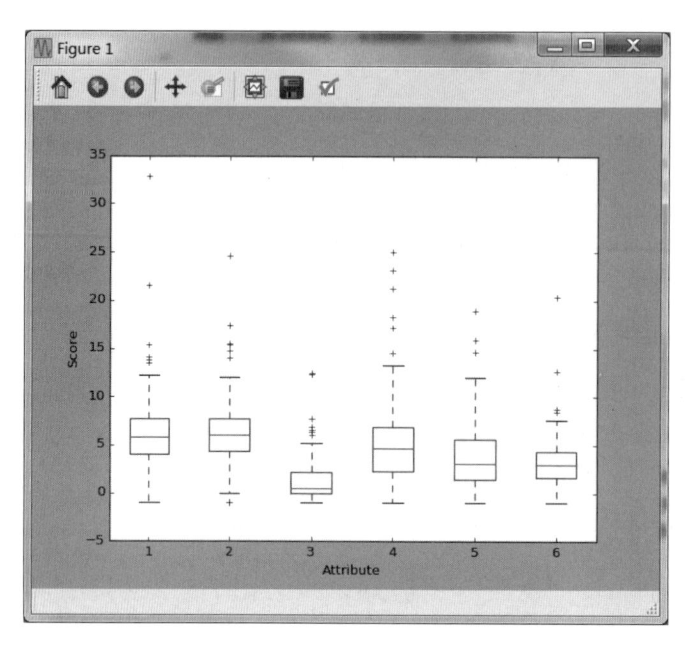

图 2.11

从图2.11中可以看出，四分位图是一个以更好、更直观的方式来识别数据中异常值的方法，比起数据处理的其他方式，能够更有效地让分析人员判断离群值。

2.4.3 数据的标准化

继续对数据进行分析。相信读者在进行数据选择的时候，可能会遇到某一列的数值过大或者过小的问题，即数据的显示超出其他数据部分较大时，会产生数据图形失真的问题，如图2.12所示。

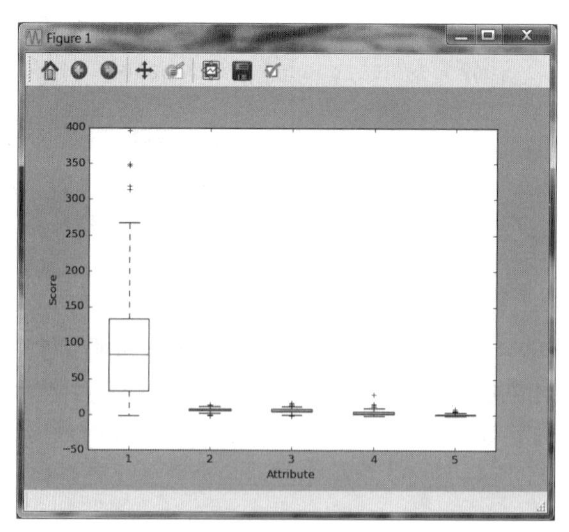

图 2.12

因此，需要一个能够将数据进行处理使其具有共同计算均值的方法，这样的方法称为数据的标准化处理。

顾名思义，数据的标准化是将数据根据自身的一定比例进行处理，使之落入一个小的特定区间，一般为(–1,1)区间。这样做的目的是去除数据的单位限制，将其转化为无量纲的纯数值，使得不同单位或量级的指标能够进行比较和加权，其中最常用的就是0-1标准化和Z标准化。

1. 0-1 标准化（0-1 normalization）

0-1标准化也叫离差标准化，是对原始数据的线性变换，使结果落到[0,1]区间，转换函数如下：

$$X=\frac{x-\min}{\max-\min}$$

其中max为样本数据的最大值，min为样本数据的最小值。这种方法有一个缺陷就是当有新数据加入时，可能导致max和min发生变化，需要重新定义。

2. Z-score 标准化（zero-mean normalization）

Z-score 标准化也叫标准差标准化，经过处理的数据符合标准正态分布，即均值为0、标准差为1，其转化函数为：

$$X=\frac{x-\mu}{\sigma}$$

其中 μ 为所有样本数据的均值，σ 为所有样本数据的标准差。

一般情况下，通过数据的标准化处理后，数据最终落在(–1,1)区间的概率为99.7%，而在(–1,1)之外的数据被设置成–1和1，以便处理。标准差标准化的代码见程序2-10。

【程序 2-10】

```
from pylab import *
import pandas as pd
import matplotlib.pyplot as plot
   filePath = ("c://dataTest.csv")
dataFile = pd.read_csv(filePath,header=None, prefix="V")

summary = dataFile.describe()
dataFileNormalized = dataFile.iloc[:,1:6]
for i in range(5):
   mean = summary.iloc[1, i]
   sd = summary.iloc[2, i]

dataFileNormalized.iloc[:,i:(i + 1)] = (dataFileNormalized.iloc[:,i:(i + 1)] - mean)
/ sd
array = dataFileNormalized.values
boxplot(array)
plot.xlabel("Attribute")
plot.ylabel(("Score"))
show()
```

【代码解析】

从代码可以看到，数据被处理为标准差标准化的方法，dataFileNormalized被重新计算并定义，大数值被限定在(–1,1)区间，请读者自行运行验证。

提示：代码2-10中所使用的数据被修改，请读者自行修改验证，这里笔者不再进行演示。此外读者可以对数据进行处理，验证更多的标准化方法。

2.4.4 数据的平行化处理

从2.5.2节可以看到，对于每种单独的数据属性来说，可以通过数据的四分位法进行处理、查找和寻找离群值，从而对其进行分析处理。

但是对于属性之间的横向比较，即每个目标行属性之间的比较，使用四分位法则较难判断，因此为了描述和表现每一个目标行之间数据的差异，需要另外一种处理和展示方法。

平行坐标（Parallel Coordinates）是一种常用的可视化方法，用于对高维几何和多元数据的可视化。

平行坐标表示在高维空间的一个点集，在*N*条平行的线的背景下（一般这*N*条线都竖直且等距），一个在高维空间的点被表示为一条拐点在*N*条平行坐标轴的折线，在第*K*个坐标轴上的位置就表示这个点在第*K*个维的值。

平行坐标是信息可视化的一种重要技术。为了克服传统的笛卡尔直角坐标系容易耗尽空间、难以表达三维以上数据的问题，平行坐标将高维数据的各个变量用一系列相互平行的坐标轴表示，变量值对应轴上位置。为了反映变化趋势和各个变量间的相互关系，往往将描述不同变量的各点连接成折线。所以平行坐标图的实质是将欧式空间的一个点 $X_i\left(x_{i1},x_{i2},\ldots,x_{im}\right)$ 映射到二维平面上的一条曲线。

平行坐标图可以表示超高维数据。平行坐标的一个显著优点是具有良好的数学基础，其射影几何解释和对偶特性使它很适合用于可视化数据分析。平行坐标的代码见程序2-11。

【程序 2-11】

```
from pylab import *
import pandas as pd
import matplotlib.pyplot as plot
filePath = ("c://dataTest.csv")
dataFile = pd.read_csv(filePath,header=None, prefix="V")

summary = dataFile.describe()
minRings = -1
maxRings = 99
nrows = 10
for i in range(nrows):
    dataRow = dataFile.iloc[i,1:10]
    labelColor = (dataFile.iloc[i,10] - minRings) / (maxRings - minRings)
    dataRow.plot(color=plot.cm.RdYlBu(labelColor), alpha=0.5)
plot.xlabel("Attribute")
plot.ylabel("Score")
show()
```

【代码解析】

首先是计算总体的统计量，之后设置计算的最大值和最小值。本例中设置–1为最小值，99为最大值。为了计算简便，选择了前10行作为目标行进行计算。使用for循环对数据进行训练。

最终图形结果如图2.13所示。

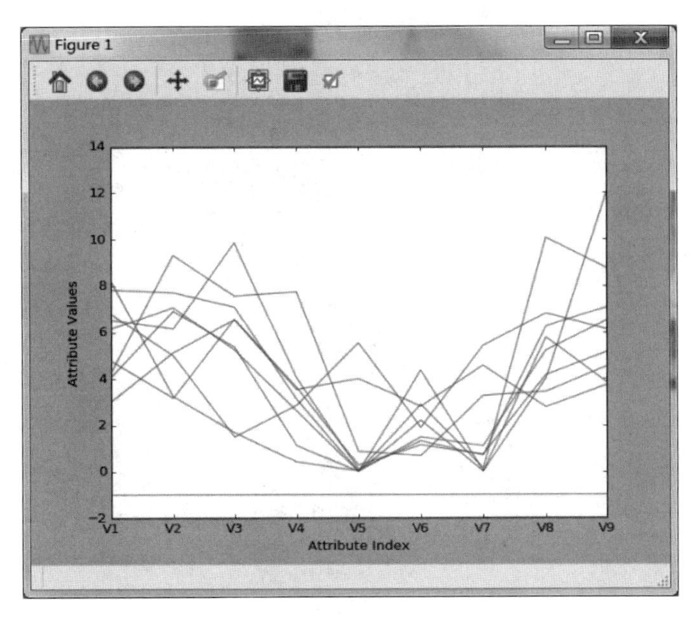

图 2.13

从图中可以看到，不同的属性画出了10条不同的曲线，这些曲线根据不同的属性画出不同的运行轨迹。

提示：可以选择不同的目标行和不同的属性进行验证，观察在更多的数据中所展示的结果有何不同。

2.4.5 热力图——属性相关性检测

在前面小节中，笔者对数据集中数据的属性分别进行了横向和纵向的比较，现在请读者换一种思路，如果要对数据属性之间的相关性进行检测的话，那该怎么办？

热力图是一种判断属性相关性的常用方法，根据不同目标行数据对应的数据属性相关性进行检测。程序2-12展示了对数据属性相关性进行检测的方法，根据不同数据属性之间的相关性画出图形。

【程序 2-12】

```
from pylab import *
import pandas as pd
import matplotlib.pyplot as plot
filePath = ("c://dataTest.csv")
dataFile = pd.read_csv(filePath,header=None, prefix="V")

summary = dataFile.describe()
corMat = DataFrame(dataFile.iloc[1:20,1:20].corr())

plot.pcolor(corMat)
plot.show()
```

最终结果如图2.14所示。

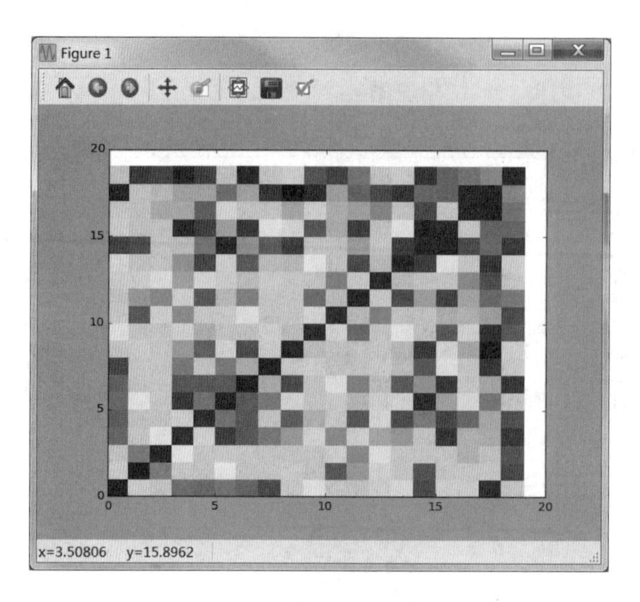

图 2.14

不同颜色之间显示了不同的属性相关性，颜色的深浅显示了相关性的强弱程度。对此读者可以通过打印相关系数来直观地显示数据，相关系数打印方法如下：

```
print(corMat)
```

提示： 笔者在此选择了前20行中的前20列的数据属性进行计算，读者可以对其进行更多的验证和显示处理。

2.5 Python 分析某地降雨量变化规律

2.5节对数据属性间的处理做了一个大致的介绍，本节将使用这些方法来解决一个实际问题。

随着中原经济区的发展和城镇化水平的提高，城市用水日趋紧张，为合理调度和利用水资源，需要找到降水量的变化及分布规律。现有一个河南省的降水量数据集，名为rain.csv，记录了从2000年到2011年之间的每月降水量数据，本节将对其降水量进行统计计算，找出降水量变化规律并进行分析。

2.5.1 不同年份的相同月份统计

一般情况下，降雨量会随着春夏秋冬的交替呈现一个不同的状态，横向是一个过程。对于不同的年份来说，每月的降雨量应该在一个范围内浮动，而不应偏离均值太大。不同年份的相同月份统计见程序2-13。

【程序 2-13】

```
from pylab import *
import pandas as pd
import matplotlib.pyplot as plot
```

```
filePath = ("c://rain.csv")
dataFile = pd.read_csv(filePath)

summary = dataFile.describe()
print(summary)

array = dataFile.iloc[:,1:13].values
boxplot(array)
plot.xlabel("month")
plot.ylabel(("rain"))
show()
```

打印结果如下：

```
                0           1           2           3           4
count    12.000000   12.000000   12.000000   12.000000   12.000000
mean   2005.500000  121.083333   67.833333  102.916667  263.416667
std       3.605551  103.021144   72.148626  137.993714  246.690258
min    2000.000000    0.000000    0.000000    0.000000   70.000000
25%    2002.750000   17.750000    9.750000    3.000000  136.250000
50%    2005.500000  125.000000   39.500000   51.500000  155.000000
75%    2008.250000  204.500000  123.250000  150.000000  232.500000
max    2011.000000  295.000000  192.000000  437.000000  833.000000

                5            6            7            8            9
count    12.000000    12.000000    12.000000    12.000000    12.000000
mean   1134.583333  2365.666667  2529.000000  1875.500000  1992.416667
std     618.225240   705.323180  1120.231226   603.135821   670.834414
min     218.000000   766.000000   865.000000   746.000000   621.000000
25%     685.500000  2117.000000  1770.250000  1723.500000  1630.000000
50%     951.500000  2440.500000  2023.500000  1943.500000  1961.000000
75%    1599.000000  2723.750000  3603.000000  2321.750000  2231.750000
max    2134.000000  3375.000000  4163.000000  2508.000000  3097.000000

               10          11          12
count    12.000000   12.000000   12.000000
mean   1219.250000  159.333333   38.333333
std     743.534938  124.611639   34.494620
min     328.000000    0.000000    0.000000
25%     612.250000   64.000000   18.750000
50%    1208.500000  123.000000   25.500000
75%    1672.250000  278.250000   46.250000
max    2561.000000  357.000000  100.000000
```

从打印结果可以看到，程序对每个月份的降雨量进行了计算，获得了其偏移值、均值以及均方差的大小。

通过四分位数的计算，可以获得一个波动范围，具体结果如图2.15所示。

从图2.15中可以直观地看到，不同月份之间，降雨量有很大的差距，1~4月降雨量较少，5月份开始降雨量明显增多，而在7月份达到顶峰后开始回落，12月又达到了一个最低的降雨量。

同时可以看到，有几个月份的降雨量有明显的偏移，即出现离群值，这一点可能跟年度情况有关，需要继续进行分析。

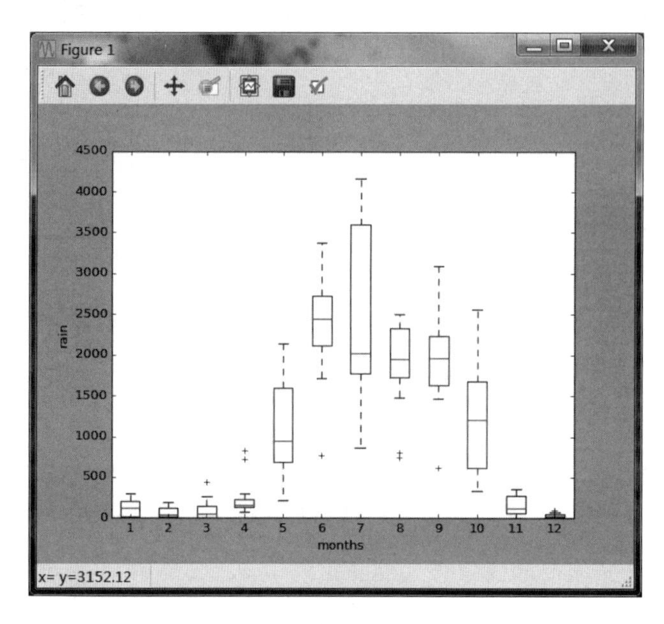

图 2.15

2.5.2 不同月份之间的增减程度比较

正常情况下，每年降雨量都呈现一个平稳的增长或者减少的过程，其下降的坡度即趋势线应该是一样的。程序2-14展示了这种趋势。

【程序 2-14】

```
from pylab import *
import pandas as pd
import matplotlib.pyplot as plot
filePath = ("c://rain.csv")
dataFile = pd.read_csv(filePath)

summary = dataFile.describe()
minRings = -1
maxRings = 99
nrows = 11
for i in range(nrows):
    dataRow = dataFile.iloc[i,1:13]
    labelColor = (dataFile.iloc[i,12] - minRings) / (maxRings - minRings)
    dataRow.plot(color=plot.cm.RdYlBu(labelColor), alpha=0.5)
plot.xlabel("Attribute")
plot.ylabel(("Score"))
show()
```

最终打印结果如图2.16所示。

从图2.16中可以明显地看到，降雨的月份并不是一个规律的上涨或下跌状态，而是呈现一个不规则的浮动状态，增加最快的为6~7月，下降最快的为7~8月，之后有一个明显的回升过程。

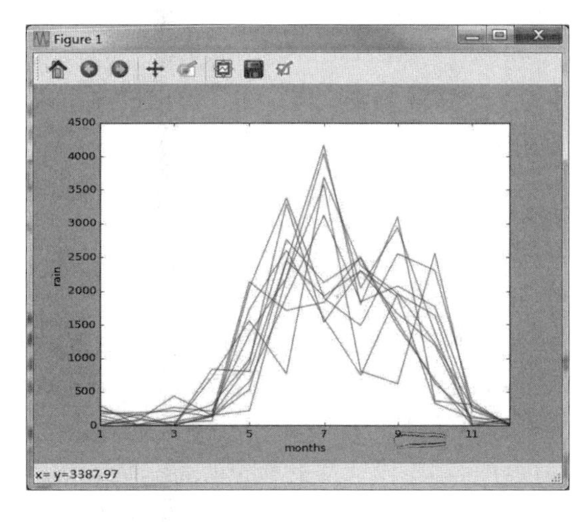

图 2.16

2.5.3　每月降雨是否相关

理论上来说每月的降雨量应该是相互独立的，即每月的降雨量和其他月份没有关系。但是实际是这样的吗？每月降雨量之间的相关性见程序2-15。

【程序 2-15】

```
from pylab import *
import pandas as pd
import matplotlib.pyplot as plot
filePath = ("c:// rain.csv")
dataFile = pd.read_csv(filePath)
summary = dataFile.describe()
corMat = DataFrame(dataFile.iloc[1:20,1:20].corr())
plot.pcolor(corMat)
plot.show()
```

通过计算，最终结果如图2.17所示。

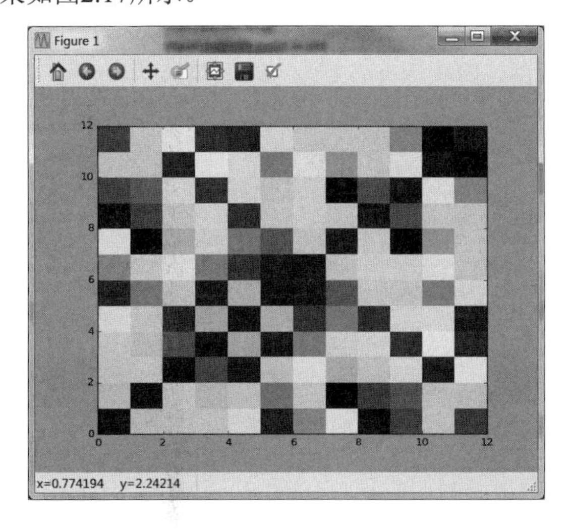

图 2.17

从图2.17中可以看到，颜色分布（图片请参看下载资源中的相关文件）比较平均，表示相关性不强，因此可以认为每月的降雨是独立行为，每个月的降雨量和其他月份没有关系。

2.6 本章小结

本章从直观的观察开始，介绍了数据集和分析工具，了解了使用Python类库进行数据分析的基本方法。数据分析从最基本的矩阵转换开始，直到对数据集特征值的分析和处理，通过这些对读者掌握简单的数据分析打下基础。

使用相应的类库进行深度学习程序设计是本章的重点，也是笔者希望读者掌握的内容。再一次强调，请读者在程序设计时尽量使用已有的Python类库去进行程序设计。在数据的可视化展示过程中，笔者做出多种数据图形，向读者演示了通过使用不同的类库可以非常直观地进行数据分析。希望本章中提供的不同的研究方法和程序设计思路，能够帮助读者掌握基本数据集描述性和统计值之间的关系，这些对数据的掌握是非常有利的。

本章是数据处理的基础，内容简单，但是非常重要，希望读者能够使用不同的数据集进行处理并演示更多的值。

第 3 章

NBA 赛季数据可视化分析

每个球迷心中都有一个属于自己的迈克尔·乔丹，作为一个资深的公牛队球迷及数据分析师，难道不想通过数据去透视自己所爱的球队夺冠的秘密吗？

本章准备了若干NBA赛季的一些基础而真实的数据，将综合应用前面章节的学习内容对NBA数据进行分析。此外，本章还会涉及其他一些在数据分析中所需要了解的包，笔者会根据其重要性进行相关介绍。

3.1 基于球员薪资的数据分析

对于一个球员来说，衡量其基本价值的最大利器就是其薪资与期望，还有其未来的发展。本节首先从球员薪资数据开始，开启我们的数据分析之旅。

3.1.1 关于球员薪资的一些基本分析

对于数据处理来说，数据是一切的基础，在这里笔者准备了球员薪资数据集，如图3.1所示。

	Rk	PLAYER	POSITION	AGE	MP	FG	FGA	FG%	3P	3PA	3P%	2P	2PA	2P%	eFG%	FT
0	1	Russell We	PG	28	34.6	10.2	24	0.425	2.5	7.2	0.343	7.7	16.8	0.459	0.476	
1	2	James Har	PG	27	36.4	8.3	18.9	0.44	3.2	9.3	0.347	5.1	9.6	0.53	0.525	
2	3	Isaiah Tho	PG	27	33.8	9	19.4	0.463	3.2	8.5	0.379	5.8	10.9	0.528	0.546	
3	4	Anthony D	C	23	36.1	10.3	20.3	0.505	0.5	1.8	0.299	9.7	18.6	0.524	0.518	
4	6	DeMarcus	C	26	34.2	9	19.9	0.452	1.8	5	0.361	7.2	14.8	0.483	0.498	
5	7	Damian Lil	PG	26	35.9	8.8	19.8	0.444	2.9	7.7	0.37	6	12.1	0.492	0.516	
6	8	LeBron Jar	SF	32	37.8	9.9	18.2	0.548	1.7	4.6	0.363	8.3	13.5	0.611	0.594	
7	9	Kawhi Leo	SF	25	33.4	8.6	17.7	0.485	2	5.2	0.38	6.6	12.5	0.529	0.541	
8	10	Stephen C	PG	28	33.4	8.5	18.3	0.468	4.1	10	0.411	4.4	8.3	0.537	0.58	
9	11	Kyrie Irving	PG	24	35.1	9.3	19.7	0.473	2.5	6.1	0.401	6.9	13.6	0.505	0.535	
10	12	Kevin Dura	SF	28	33.4	8.9	16.5	0.537	1.9	5	0.375	7	11.5	0.608	0.594	
11	13	Karl-Anthc	C	21	37	9.8	18	0.542	1.2	3.4	0.367	8.5	14.7	0.582	0.576	
12	14	Jimmy Butl	SF	27	37	7.5	16.5	0.455	1.2	3.3	0.367	6.3	13.2	0.477	0.492	
13	15	Paul Georg	SF	26	35.9	8.3	18	0.461	2.6	6.6	0.393	5.7	11.4	0.501	0.534	
14	16	Andrew W	SF	21	37.2	8.6	19.1	0.452	1.3	3.5	0.356	7.4	15.6	0.473	0.484	
15	17	Kemba Wa	PG	26	34.7	8.1	18.3	0.444	3	7.6	0.399	5.1	10.7	0.476	0.527	
16	18	Bradley Be	SG	23	34.9	8.3	17.2	0.482	2.9	7.2	0.404	5.4	10	0.538	0.566	
17	19	John Wall	PG	26	36.4	8.3	18.4	0.451	1.1	3.5	0.327	7.2	14.9	0.48	0.482	
18	21	Giannis An	SF	22	35.6	8.2	15.7	0.521	0.6	2.3	0.272	7.6	13.5	0.563	0.541	
19	22	Carmelo A	SF	32	34.3	8.1	18.8	0.433	2	5.7	0.359	6.1	13.1	0.466	0.488	
20	24	Klay Thom	SG	26	34	8.3	17.6	0.468	3.4	8.3	0.414	4.8	9.3	0.516	0.565	
21	25	Devin Boo	SG	20	35	7.8	18.3	0.423	1.9	5.2	0.363	5.9	13.2	0.447	0.475	
22	26	Gordon H	SF	26	34.5	7.5	15.8	0.471	2	5.1	0.398	5.4	10.7	0.506	0.536	
23	27	Blake Griff	PF	27	34	7.9	15.9	0.493	0.6	1.9	0.336	7.2	14.1	0.514	0.513	
24	28	Eric Bledsc	PG	27	33	6.8	15.7	0.434	1.6	4.7	0.335	5.2	11	0.477	0.485	
25	29	Mike Conk	PG	29	33.2	6.7	14.6	0.46	2.5	6.1	0.408	4.2	8.6	0.497	0.545	
26	30	Brook Lop	C	28	29.6	7.4	15.6	0.474	1.8	5.2	0.346	5.6	10.5	0.536	0.531	

图 3.1

数据集中分别对球员的姓名、年龄、收入等进行了说明。其对应的文本字段如表3.1所示。

表 3.1 球员薪资数据字段说明

数据字段	英文说明	中文说明
Rk	Rank	
player		
position		
age		
MP	Minutes played per game	出场时间
FG	Field goals per game	命中次数
FGA	Field goal attempts per game	出手次数
FG%	Field goal percentage	命中率
3P	3-point field goals per game	三分球命中
3PA	3-point field goal attempts per game	三分球出手
3P%	3-point field goal percentage	三分球命中率
2P	2-point field goals per game	两分球命中
2PA	2-point field goal attempts per game	两分球出手
2P%	2-point field goal percentage	两分球命中率
eFG%	Effective field goal percentage	真实命中率
FT	Free throws per game	罚球命中
FTA	Free throw attempts per game	罚球次数
FT%	Free throw percentage	罚球命中率
ORB	Offensive rebounds per game	进攻篮板
DRB	Defensive rebounds per game	防守篮板
TRB	Total rebounds per game	总篮板
AST	Assists per game	助攻
STL	Steals per game	抢断
BLK	Blocks per game	盖帽
TOV	Turnovers per game	失误
PF	Personal fouls per game	犯规
Points	Points per game	得分
TEAM		
GP		
MPG	Minutes per game	出场时间
ORPM	Offensive real plus minus	进攻正负值
DRPM	Defensive real plus minus	防守正负值
RPM	Real plus minus	正负值
Wins_RPM		赢球正负值
Pie	（不太明白这个pie是什么意思）	
Pace	（这个好像是球队场均得分）	
W		赢球场次
Salary_million		薪水

我们在本节中所需要的包如下：

- NumPy：数据分析包。
- Pandas：以表格的形式对数据分析的包。
- Matplotlib：图像处理包。
- Seaborn：表绘制包。

安装方法则使用Anaconda自带的pip安装即可，代码如下：

```
pip install numpy
pip install pandas
pip install matplotlib
pip install seaborn
```

处理的第一步就是对数据的获取，在这里我们直接使用Pandas包对数据进行读取。Pandas本身就是Python数据分析的利器，是一个开源的数据分析包，最初是为金融数据分析而开发出来的。使用Pandas包获取数据的代码如下：

```
import numpy as np
import pandas as pd
import matplotlib.pyplot as plt
pd.set_option('display.max_columns', None)    # 对所有列进行展示

data = pd.read_csv("./NBA data/球员薪资.csv")
print(data.head())
print(data.shape)
```

输出结果如图3.2所示。

```
   Unnamed: 0  Rk             PLAYER POSITION  AGE    MP    FG   FGA    FG%  \
0           0   1  Russell Westbrook       PG   28  34.6  10.2  24.0  0.425
1           1   2       James Harden       PG   27  36.4   8.3  18.9  0.440
2           2   3     Isaiah Thomas        PG   27  33.8   9.0  19.4  0.463
3           3   4      Anthony Davis        C   23  36.1  10.3  20.3  0.505
4           4   6   DeMarcus Cousins        C   26  34.2   9.0  19.9  0.452

    3P  3PA    3P%   2P   2PA    2P%   eFG%   FT   FTA    FT%  ORB  DRB   TRB  \
0  2.5  7.2  0.343  7.7  16.8  0.459  0.476  8.8  10.4  0.845  1.7  9.0  10.7
1  3.2  9.3  0.347  5.1   9.6  0.530  0.525  9.2  10.9  0.847  1.2  7.0   8.1
2  3.2  8.5  0.379  5.8  10.9  0.528  0.546  7.8   8.5  0.909  0.6  2.1   2.7
3  0.5  1.8  0.299  9.7  18.6  0.524  0.518  6.9   8.6  0.802  2.3  9.5  11.8
4  1.8  5.0  0.361  7.2  14.8  0.483  0.498  7.2   9.3  0.772  2.1  8.9  11.0

    AST  STL  BLK  TOV   PF  POINTS    TEAM  GP   MPG  ORPM  DRPM   RPM  \
0  10.4  1.6  0.4  5.4  2.3    31.6     OKC  81  34.6  6.74 -0.47  6.27
1  11.2  1.5  0.5  5.7  2.7    29.1     HOU  81  36.4  6.38 -1.57  4.81
2   5.9  0.9  0.2  2.8  2.2    28.9     BOS  76  33.8  5.72 -3.89  1.83
3   2.1  1.3  2.2  2.4  2.2    28.0      NO  75  36.1  0.45  3.90  4.35
4   4.6  1.4  1.3  3.7  3.9    27.0  NO/SAC  72  34.2  3.56  0.64  4.20

   WINS_RPM   PIE   PACE   W  SALARY_MILLIONS
```

图 3.2

这里统计了342名球员的39项信息，图3.2所示是打印出了前5名的标准信息。整表的数据展示如图3.3所示。

从输出结果中可以分析出一些有趣的内容，几个比较重要的信息如下：

- 球员平均年龄为 26.4 岁，年龄段在 19～40 岁。
- 球员平均年薪为 730 万美金，当时最大的合同为年薪 3000 万美金。
- 球员平均出场时间为 21.5 分钟，某球员场均出场 37.8 分钟领跑联盟，当然也有只出场 2.2 分钟的角色球员，机会来之不易。

	Unnamed: 0	Rk	AGE	MP	FG	FGA
count	342.000000	342.000000	342.000000	342.000000	342.000000	342.000000
mean	170.500000	217.269006	26.444444	21.572515	3.483626	7.725439
std	98.871128	136.403138	4.295686	8.804018	2.200872	4.646933
min	0.000000	1.000000	19.000000	2.200000	0.000000	0.800000
25%	85.250000	100.250000	23.000000	15.025000	1.800000	4.225000
50%	170.500000	205.500000	26.000000	21.650000	3.000000	6.700000
75%	255.750000	327.750000	29.000000	29.075000	4.700000	10.400000
max	341.000000	482.000000	40.000000	37.800000	10.300000	24.000000

	FG%	3P	3PA	3P%	2P	2PA
count	342.000000	342.000000	342.000000	320.000000	342.000000	342.000000
mean	0.446096	0.865789	2.440058	0.307016	2.620175	5.282456
std	0.078992	0.780010	2.021716	0.134691	1.828714	3.531233
min	0.000000	0.000000	0.000000	0.000000	0.000000	0.200000
25%	0.402250	0.200000	0.800000	0.280250	1.200000	2.600000
50%	0.442000	0.700000	2.200000	0.340500	2.200000	4.300000
75%	0.481000	1.400000	3.600000	0.373500	3.700000	7.600000
max	0.750000	4.100000	10.000000	1.000000	9.700000	18.600000

	2P%	eFG%	FT	FTA	FT%	ORB
count	342.000000	342.000000	342.000000	342.00000	337.000000	342.000000
mean	0.486749	0.499336	1.621345	2.09152	0.748484	0.899123
std	0.084118	0.076316	1.532669	1.83971	0.115233	0.756961
min	0.000000	0.000000	0.000000	0.00000	0.273000	0.000000
25%	0.446250	0.471000	0.600000	0.90000	0.686000	0.400000
50%	0.487000	0.502000	1.200000	1.60000	0.768000	0.700000

图 3.3

当然类似的信息还请读者自行发掘。

3.1.2 关于球员 RPM 相关性的分析

对一个球员价值多少的最好衡量标准就是在比赛中的贡献度。在众多的数据中，有一项名为“RPM”，标识球员的效率值，该数据反映球员在场时对球队比赛获胜的贡献大小，最能反映球员的综合实力。

而RPM并不是一个单独存在的数据，我们想要知道对贡献度的影响和球员的哪些因素相关，对此的探索需要在不同的数据中计算其对应的相关性。下面我们计算一下RPM与其他列数据的相关性，在这里我们选取了部分可能相关的输入，代码如下：

```
data_cor = data.loc[:, ['RPM', 'AGE', 'SALARY_MILLIONS', 'ORB','DRB', 'TRB','AST',
          'STL','BLK', 'TOV', 'PF','POINTS', 'GP', 'MPG', 'ORPM', 'DRPM']]
corr = data_cor.corr()
print(corr.iloc[:, 0])                          # 只打印相关性分析结果的第一列
```

打印相关性的计算结果如图3.4所示。

可以看到相对于RPM来说，其中的ORPM（进攻效率值）对效率值的影响最高。换一种展示方式，如果此时我们希望将这个数据以热力图的形式展示，可以使用如下函数：

```
import seaborn as sns
sns.heatmap(corr,square=True, linewidths=0.2, annot=False)
plt.show()
```

热力图结果如图3.5所示。

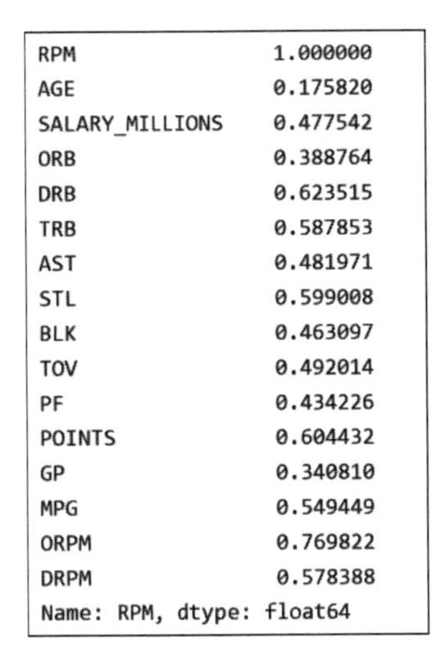

```
RPM                 1.000000
AGE                 0.175820
SALARY_MILLIONS     0.477542
ORB                 0.388764
DRB                 0.623515
TRB                 0.587853
AST                 0.481971
STL                 0.599008
BLK                 0.463097
TOV                 0.492014
PF                  0.434226
POINTS              0.604432
GP                  0.340810
MPG                 0.549449
ORPM                0.769822
DRPM                0.578388
Name: RPM, dtype: float64
```

图 3.4

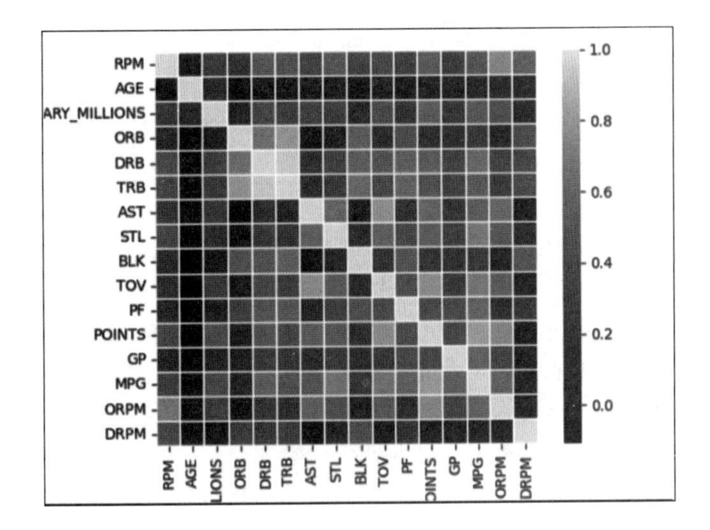

图 3.5

由相关性分析的热力图可以看出，RPM值与年龄的相关性最弱，与ORPM（进攻效率值）、POINTS（场均得分）、STL（场均抢断数）等比赛技术数据的相关性最强。

3.1.3　关于球员 RPM 数据的分析

在接下来的分析中，我们将把RPM作为评价一个球员能力及状态的直观反映因素之一，然后据此分析一个球员的薪资与能力是否与其RPM相匹配。

（1）薪资最高的球员与 RPM 的分析

前面已经说了，薪资可以认为是对一个球员最好的肯定，那么对于一个球员来说，其价值是否又符合薪资水准呢？我们打印出薪资最高的球员以及对应的RPM，代码如下：

```
# 薪资最高的10名运动员
print(data.loc[:, ['PLAYER', 'SALARY_MILLIONS', 'RPM', 'AGE', 'MPG']
      ].sort_values(by='SALARY_MILLIONS', ascending=False).head(10))
```

（2）效率最高的球员与 RPM 的分析

效率最高的球员与RPM的分析代码如下：

```
# 效率值最高的10名运动员
print(data.loc[:, ['PLAYER', 'RPM', 'SALARY_MILLIONS', 'AGE', 'MPG']
      ].sort_values(by='RPM', ascending=False).head(10))
```

（3）上场时间最高的球员与 RPM 的分析

上场时间最高的球员与RPM的分析代码如下：

```
# 上场时间最高的10名运动员
print(data.loc[:, ['PLAYER', 'RPM', 'SALARY_MILLIONS', 'AGE', 'MPG']
      ].sort_values(by='MPG', ascending=False).head(10))
```

至于最终结果那就是仁者见仁，智者见智，请读者自行打印分析。

3.2 Seaborn 常用的数据可视化方法

前面我们在制作热力图的时候使用了Seaborn，Seaborn是基于Matplotlib的图形可视化Python包。它提供了一种高度交互式界面，便于用户能够制作出各种有吸引力的统计图表。

Seaborn在Matplotlib的基础上进行了更高级的API封装，从而使得制图更加容易。在大多数情况下使用Matplotlib就能制作出很具有吸引力的图，而使用Seaborn能制作出具有更多特色的图。应该把Seaborn视为Matplotlib的补充，而不是替代物。同时，它能高度兼容NumPy与Pandas数据结构以及SciPy与Statsmodels等统计模式。

Seaborn要求原始数据的输入类型为Pandas的Dataframe或NumPy数组，画图函数有以下几种形式：

- sns.图名(x='X 轴 列名', y='Y 轴 列名', data=原始数据 df 对象)
- sns.图名(x='X 轴 列名', y='Y 轴 列名', hue='分组绘图参数', data=原始数据 df 对象)
- sns.图名(x=np.array, y=np.array[, ...])
- sns.barplot (x=np.array, y=np.array)

3.2.1 关于 RPM、薪资和年龄的一元可视化分析

下面我们尝试使用Seaborn对数据集中球员的RPM、薪资和年龄进行一个单变量分析，完整代码如下：

```
import numpy as np
import pandas as pd
import matplotlib.pyplot as plt
import seaborn as sns
pd.set_option('display.max_columns', None)

data = pd.read_csv("./NBA data/球员薪资.csv")

# 利用seaborn中的displot绘图来分别看一下球员的RPM、薪资、年龄这三个信息的分布情况
# 分布及核密度展示
sns.set_style('darkgrid')  # 设置Seaborn的面板风格

# 获取画布
plt.figure(figsize=(10, 10))

# 拆分页面，多图展示
plt.subplot(3, 1, 1)
# 绘制直方图图像
sns.distplot(data['SALARY_MILLIONS'])
# 把0～40分成9个间隔(包含0和40)
plt.xticks(np.linspace(0, 40, 9))
# y轴标签
plt.ylabel('Salary', size=10)  # size: 设置字体大小

# 拆分画布
plt.subplot(3, 1, 2)
```

```
# 绘制直方图图像
sns.distplot(data['RPM'])
plt.xticks(np.linspace(-10, 10, 9))
# y轴标签
plt.ylabel('RPM', size=10)

# 拆分画布
plt.subplot(3, 1, 3)
# 绘制直方图图像
sns.distplot(data['AGE'])
plt.xticks(np.linspace(20, 40, 11))
# y轴标签
plt.ylabel('AGE', size=10)

plt.show()
```

输出结果如图3.6所示。

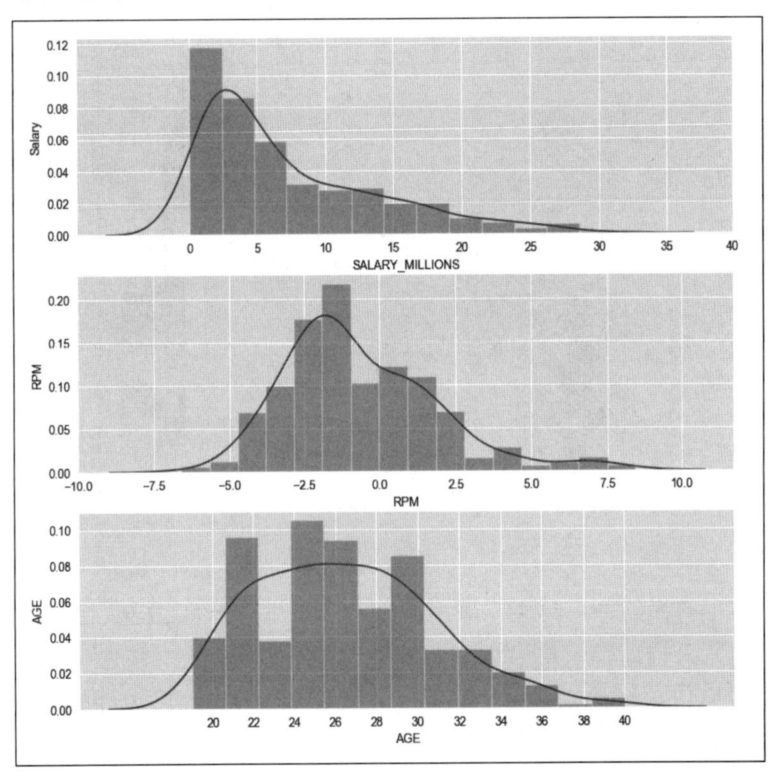

图 3.6

生成的结果是一个直方图，此种直方图的形式符合正态分布，而在本例中年龄和效率值也符合正态分布，球员薪资则更像一个偏态分布，拿高薪的球员占据较小的比例。

3.2.2 关于 RPM、薪资、年龄的二元可视化分析

在上一小节中，我们看到RPM、薪资以及年龄的单元分析，这实际上与我们的想法基本一致，即拿高薪的是少数。而剩下的两个元素两两之间又有什么可能的关系呢？二元可视化分析代码如下：

```
import numpy as np
import pandas as pd
import matplotlib.pyplot as plt
import seaborn as sns
pd.set_option('display.max_columns', None)

data = pd.read_csv("./NBA data/球员薪资.csv")

# 使用jointplot查看年龄和薪资之间的关系
dat1=data.loc[:,['RPM','SALARY_MILLIONS','AGE','POINTS']]
sns.jointplot(dat1.SALARY_MILLIONS,dat1.AGE,kind='hex',size=8)
plt.show()
```

结果如图3.7所示。

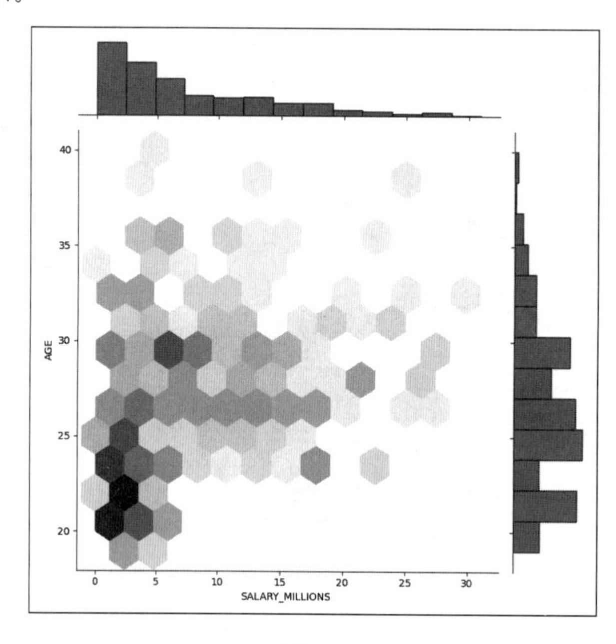

图 3.7

这是一个二维的等高线分析结果，颜色越深表示在此位置的数据数目越多，即大部分球员集中在22～25岁拿到5百万以下的薪资。

在这里我们可以换一种展示方式，而对其更换的方式可以通过sns.jointplot函数中的kind参数进行设定，这里笔者准备了所有的kind类型：

```
plot_kinds = ["scatter", "hist", "hex", "kde", "reg", "resid"]
```

有兴趣的读者可以自行尝试。

而将多个变量组合在一起展示的方法代码如下：

```
multi_data = data.loc[:, ['RPM','SALARY_MILLIONS','AGE','POINTS']]
sns.pairplot(multi_data)
plt.show()
```

结果如图3.8所示。

图3.8展示的是球员PRM、薪资、年龄及场均得分四个变量间的两两相关关系，对角线展示的是本身的分布图，由散点的趋势可以看出不同特征的相关程度。

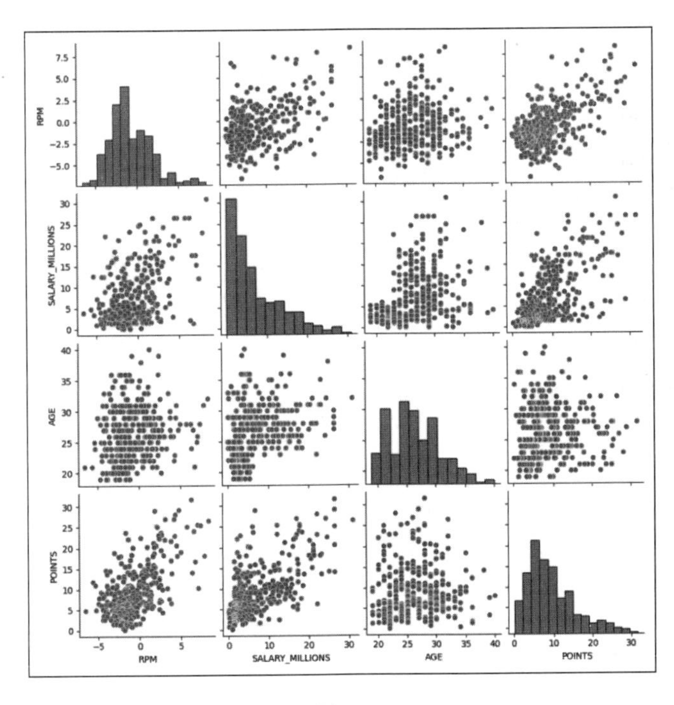

图 3.8

3.2.3　关于衍生变量的可视化分析

前面我们对球员的各个属性进行了分析，整体来看各维度的相关性都不是很强，RPM与薪资和场均得分呈较弱的正相关性，而年龄这一属性和其他的变量相关性较弱，究竟是家有一老如有一宝还是廉颇老矣，接下来我们从年龄维度入手来进一步分析。

在这里我们根据球员年龄大小将其分成“老、中、青”三代，即我们定义小于24岁的为青年，24～30岁的为中年球员，而30岁以上的为老年球员，代码如下：

```
import numpy as np
import pandas as pd
import matplotlib.pyplot as plt
import seaborn as sns
pd.set_option('display.max_columns', None)
data = pd.read_csv("./NBA data/球员薪资.csv")
# 根据已有变量生成新的变量
data['avg_point']=data['POINTS']/data['MP'] # 每分钟得分
def age_cut(df):
    if df.AGE<=24:
        return 'young'
    elif df.AGE>=30:
        return 'old'
    else:
        return 'best'
data['age_cut']=data.apply(lambda x: age_cut(x),axis=1) # 球员是否处于黄金年龄
data['cnt']=1 # 计数用
# 球员薪资与效率值　按年龄段来看
```

```
sns.set_style('darkgrid')  # 设置Seaborn的面板风格
plt.figure(figsize=(8, 8), dpi=100)
plt.title('RPM and SALARY', size=15)

X1 = data.loc[data.age_cut == 'old'].SALARY_MILLIONS
Y1 = data.loc[data.age_cut == 'old'].RPM
plt.plot(X1, Y1, '.')

X2 = data.loc[data.age_cut == 'best'].SALARY_MILLIONS
Y2 = data.loc[data.age_cut == 'best'].RPM
plt.plot(X2, Y2, '^')

X3 = data.loc[data.age_cut == 'young'].SALARY_MILLIONS
Y3 = data.loc[data.age_cut == 'young'].RPM
plt.plot(X3, Y3, '.')

plt.xlim(0, 30)
plt.ylim(-8, 8)
plt.xlabel('Salary')
plt.ylabel('RPM')
plt.xticks(np.arange(0, 30, 3))
# 绘制图例
plt.legend(['old', 'best', 'young'])
# 显示图像
plt.show()
```

显示结果如图3.9所示。

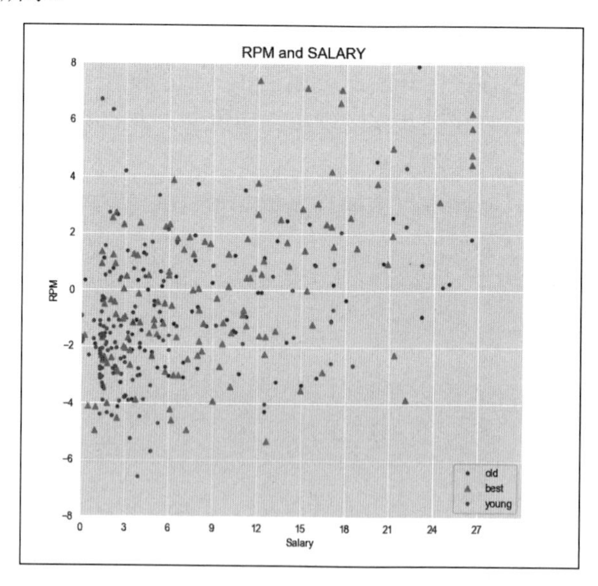

图 3.9

图3.9中横坐标为球员薪资，纵坐标为RPM。从图中可以得到如下结论：

- 绝大部分的年轻球员拿着较低的薪资，数据非常集中。
- 年轻球员有离群点，可能为特例。
- 黄金年龄的球员和老球员的数据相对发散，黄金年龄球员薪资与效率值正相关性更强。
- 老球员性价比不高。

除了RPM与薪资的比较，在这份数据集中还可以得到一些额外的展示，在这里我们采用更多的数据特征对其进行甄别分析，代码如下：

```
dat2=data.loc[:,['RPM','POINTS','TRB','AST','STL','BLK','age_cut']]
sns.pairplot(dat2,hue='age_cut')

multi_data2 = data.loc[:, ['RPM','POINTS','TRB','AST','STL','BLK','age_cut']]
sns.pairplot(multi_data2, hue='age_cut')  # 按照标签进行分类加颜色
plt.show()
```

结果请读者自行打印验证。

3.2.4　NBA 球队数据的分析结果

对于每个球队来说一个非常重要的内容就是本队队员的总体薪资水平，上面章节中我们主要对各个球员的薪资情况进行分析，下面我们以球队为单位对薪资进行统计。代码如下：

```
import numpy as np
import pandas as pd
import matplotlib.pyplot as plt
import seaborn as sns
pd.set_option('display.max_columns', None)

data = pd.read_csv("./NBA data/球员薪资.csv")

# 分组操作 按球队分组
dat_grp=data.groupby(by=['TEAM'],as_index=False).agg({'SALARY_MILLIONS':np.mean,
'RPM':np.mean,'PLAYER':np.size})
dat_grp=dat_grp.loc[dat_grp.PLAYER>5]  # 不考虑在赛季中转会的球员
print(dat_grp.sort_values(by='SALARY_MILLIONS', ascending=False).head(10))
```

在这里我们统计了全队的薪资水平以及全队的平均RPM，如图3.10所示。可以看到平均薪资最高的球队，其全队的平均RPM也是最高。

	TEAM	SALARY_MILLIONS	RPM	PLAYER
9	CLE	17.095000	2.566667	6
18	GS	12.701429	3.478571	7
43	POR	9.730000	-1.260000	10
48	WSH	9.628889	-0.506667	9
39	ORL	9.490000	-2.066667	9
44	SA	9.347273	0.901818	11
26	MEM	8.705000	-0.854167	12
35	NY	8.612727	-1.182727	11
11	DAL	8.480000	-1.037143	7
24	LAC	8.266000	0.319000	10

图 3.10

而根据年龄结构排序则可以使用如下的分析代码：

```
# age_cut为自定义属性
data['avg_point']=data['POINTS']/data['MP']  # 每分钟得分
def age_cut(df):
    if df.AGE<=24:
```

```
        return 'young'
    elif df.AGE>=30:
        return 'old'
    else:
        return 'best'
data['age_cut']=data.apply(lambda x: age_cut(x),axis=1)  # 球员是否处于黄金年龄
data['cnt']=1  # 计数用

dat_grp2=data.groupby(by=['TEAM','age_cut'],as_index=False).agg({'SALARY_MILLION
S':np.mean,'RPM':np.mean,'PLAYER':np.size})
dat_grp2=dat_grp2.loc[dat_grp2.PLAYER>3]
dat_grp2.sort_values(by=['PLAYER','RPM'],ascending=False).head(15)
```

具体结果请读者自行验证。

最后我们看一下每个球队的综合实力。在这里我们使用四分位图查看球队的信息，代码如下：

```
sns.set_style('whitegrid') # 设置Seaborn的面板风格
plt.figure(figsize=(12,8))
dat_grp4=data[data['TEAM'].isin(['GS','CLE','SA','LAC','OKC','UTAH','CHA','TOR',
'NO','BOS'])]
plt.subplot(3,1,1)
sns.boxplot(x='TEAM',y='AGE',data=dat_grp4)
plt.subplot(3,1,2)
sns.boxplot(x='TEAM',y='SALARY_MILLIONS',data=dat_grp4)
plt.subplot(3,1,3)
sns.boxplot(x='TEAM',y='MPG',data=dat_grp4)

plt.show()
```

最终的显示结果如图3.11所示。

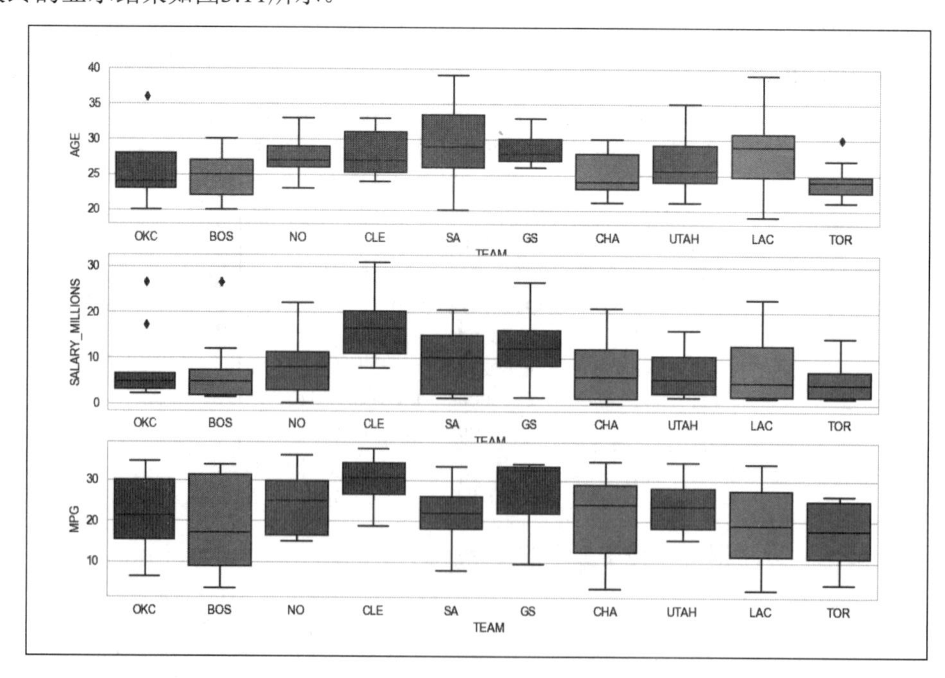

图 3.11

具体结果请读者自行分析。

当然在数据集中还蕴含更多的信息可以供读者挖掘和使用，笔者期望读者能够对其做出更好的分析与说明。

3.3　NBA 赛季数据分析

前面2节笔者带领读者分析了NBA球员以及球队的一些基本情况。归根结底这些结果是为NBA比赛服务的，即对于结果的分析需要在赛季中进行验证。本节将引导读者完成赛季数据的分析。

3.3.1　关于赛季发展的一些基本分析

数据集中提供了NBA常规赛以及季后赛的数据，数据内容如下：

```
import pandas as pd
# 常规赛数据
team_season = pd.read_csv('./NBA data/team_season.csv')
# 季后赛数据
team_playoff = pd.read_csv('./NBA data/team_playoff.csv')
print(team_season.head())
```

打印结果如图3.12所示。

	球队	时间	结果	主/客场	比分	投篮	...	助攻	抢断	盖帽	失误	犯规	得分
0	CHI	1985/10/25	W	主	CLE115-116CHI	0.453	...	29	8	8	20	33	116
1	CHI	1985/10/26	W	主	DET118-121CHI	0.460	...	18	6	11	20	33	121
2	CHI	1985/10/29	W	客	GSW105-111CHI	0.489	...	24	6	5	14	27	111
3	CHI	1985/10/31	L	客	LAC120-112CHI	0.454	...	22	10	9	14	28	112
4	CHI	1985/11/2	L	客	NAN118-100CHI	0.417	...	18	4	3	22	30	100

图 3.12

下面开始我们的分析之旅。

1. 第一步：数据的预处理

首先观察我们的数据，从图3.12可以看到，在这里对赛季中每个球队的得分进行了统计，并以“主队－客队”的模式对分数进行记录。

但是这种记录方法对于数据的统计来说是没有意义的，相对的我们在使用分数时更希望知道球队的比分是输还是赢，赢的分数均值是多少，输的分数均值又是多少。

此外，对于每个球队来说比赛的具体时间实际上没有多大的用处，我们需要知道的是这个球队在整个赛季中的表现。

基于此在进行下一步的数据分析之前需要对数据进行预处理，即将“分数”改成“分差”，而时间部分可以改成“赛季”，处理函数代码如下：

```
import pandas as pd
import numpy as np
import matplotlib.pyplot as plt

plt.rcParams['font.family'] = ['sans-serif']
plt.rcParams['font.sans-serif'] = ['SimHei']

# 常规赛数据
team_season = pd.read_csv('./NBA data/team_season.csv')
# 季后赛数据
team_playoff = pd.read_csv('./NBA data/team_playoff.csv')

# 对分数的处理部分
def handle_score(score:str):
    score_list = score.split("-")
    score = int(score_list[0][3:]) - int(score_list[1][:(len(score_list[1]) - 3)])
    return score
team_season["分差"] = team_season["比分"].map(handle_score)

# 对时间的处理部分
def handle_season(season:str):
    season_list = season.split("/")
    return int(season_list[0])
team_season["赛季"] = team_season["时间"].map(handle_season)
```

【代码解析】

上述代码中定义了2个函数，分别用于对分数的处理和对时间的处理，这2个函数均较为简单，为字符串处理函数，在对其的使用中笔者使用了Pandas的map函数，这一点请读者注意。

2. 第二步：对赛季的分析

下面我们开始对赛季的数据进行分析，代码如下：

```
import pandas as pd
import numpy as np
import matplotlib.pyplot as plt

plt.rcParams['font.family'] = ['sans-serif']
plt.rcParams['font.sans-serif'] = ['SimHei']

# 常规赛数据
team_season = pd.read_csv('./NBA data/team_season.csv')
# 季后赛数据
team_playoff = pd.read_csv('./NBA data/team_playoff.csv')

def handle_score(score:str):
    score_list = score.split("-")
    score = int(score_list[0][3:]) - int(score_list[1][:(len(score_list[1]) - 3)])
    return score
team_season["分差"] = team_season["比分"].map(handle_score)

def handle_season(season:str):
    season_list = season.split("/")

    return int(season_list[0])
```

```
    team_season["赛季"] = team_season["时间"].map(handle_season)

    # 对赛季的分析
    temp = team_season[['得分','赛季','分差','篮板','犯规','罚球','罚球命中','罚球出手','失误','助攻','投篮']].groupby('赛季')
    plt.figure(figsize=(14,4))
    plt.subplot(121)
    plt.title('各个赛季得分：极值与均值')
    plt.plot(temp['得分'].min(),'g.',alpha=0.7)
    plt.plot(temp['得分'].max(),'g.',alpha=0.7)
    plt.plot(temp['得分'].mean(),'bo',temp.mean()['得分'],'k',alpha=0.8)
    plt.subplot(122)
    plt.title('各个赛季得分标准差与场均分差')
    plt.plot(temp['得分'].std(),'go',temp['得分'].std(),'k',alpha=0.8)
    plt.plot(temp['分差'].mean(),'ro',temp['分差'].mean(),'k',alpha=0.8)
    plt.legend()

    plt.figure(figsize=(14,4))
    plt.subplot(131)
    plt.plot(temp.min()['篮板'],'g.',alpha=0.7)
    plt.plot(temp.max()['篮板'],'g.',alpha=0.7)
    plt.plot(temp.mean()['篮板'],'o',temp.mean()['篮板'],'k',alpha=0.8)

    plt.subplot(231)
    plt.plot(temp['失误'].mean(),'ko',temp['失误'].mean(),'grey',alpha=0.8, label=u'失误');plt.legend()
    plt.subplot(234)
    plt.plot(temp['助攻'].mean(),'yo',temp['助攻'].mean(),'c',alpha=0.8, label=u'助攻');plt.legend()
    plt.subplot(232)
    plt.plot(temp['犯规'].mean(),'co',temp['犯规'].mean(),'k',alpha=0.8, label=u'犯规');plt.legend()
    plt.subplot(235)
    plt.plot(temp['罚球'].mean(), 'o',temp['罚球'].mean(),'grey',alpha=0.8, label=u'罚球');plt.legend()
    plt.subplot(233)
    plt.plot(temp['投篮'].mean(),'ro',temp['投篮'].mean(),'k',alpha=0.8, label=u'投篮');plt.legend()
    plt.subplot(236)
    plt.plot(temp['篮板'].mean(),'ko',temp['篮板'].mean(),'orange',alpha=0.8, label=u'篮板');plt.legend()
    plt.show()
```

【代码解析】

分别统计了每个球队在赛季中的各个属性。

可视化分析结果如图3.13所示。

对于季后赛的分析可以使用同样的方法。

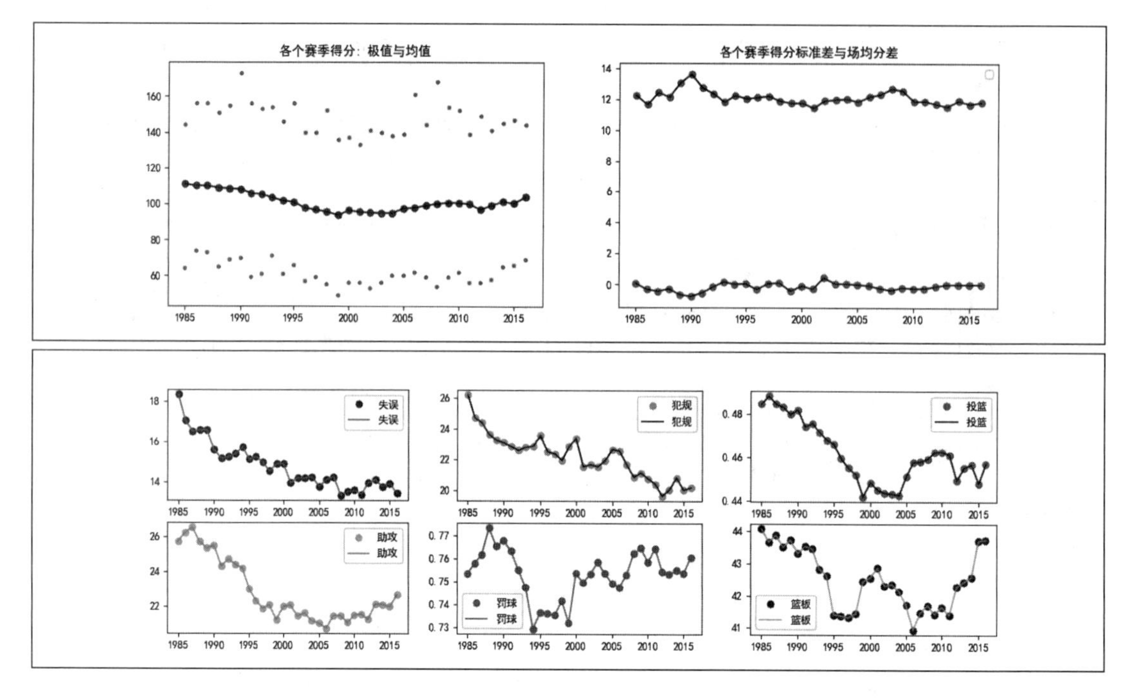

图 3.13

3. 第三步：对单独球队的分析

前面两个步骤是笔者对全部球队中数据均值的分析，而如果我们希望对某个球队进行分析，则可以使用如下函数获取某个特定球队的数据，代码如下：

```
import pandas as pd
import numpy as np
import matplotlib.pyplot as plt
plt.rcParams['font.family'] = ['sans-serif']
plt.rcParams['font.sans-serif'] = ['SimHei']
# 常规赛数据
team_season = pd.read_csv('./NBA data/team_season.csv')
# 季后赛数据
team_playoff = pd.read_csv('./NBA data/team_playoff.csv')
def handle_score(score:str):
    score_list = score.split("-")
    score = int(score_list[0][3:]) - int(score_list[1][:(len(score_list[1]) - 3)])
    return score
team_season["分差"] = team_season["比分"].map(handle_score)
def handle_season(season:str):
    season_list = season.split("/")
    return int(season_list[0])
team_season["赛季"] = team_season["时间"].map(handle_season)
team_season = team_season.loc[team_season["球队"] == "BOS"]    # 选定特定的球队
```

【代码解析】

使用team_season.loc[team_season["球队"] == "BOS"]来选定特定的球队。

打印前5条数据，如图3.14所示。

	球队	时间	结果	主/客场	比分	投篮	...	盖帽	失误	犯规	得分	分差	赛季
33128	BOS	1985/10/25	L	客	BKN113-109BOS	0.476	...	5	28	27	109	4	1985
33129	BOS	1985/10/26	W	客	CLE100-105BOS	0.419	...	2	14	24	105	-5	1985
33130	BOS	1985/10/30	W	主	MIL106-117BOS	0.500	...	9	22	30	117	-11	1985
33131	BOS	1985/11/1	W	主	ATL105-109BOS	0.474	...	7	23	23	109	-4	1985
33132	BOS	1985/11/2	W	客	NAN73-88BOS	0.494	...	8	14	21	88	-15	1985

图 3.14

而后可以使用第二步中同样的分析方法对数据进行展示，如图3.15所示。

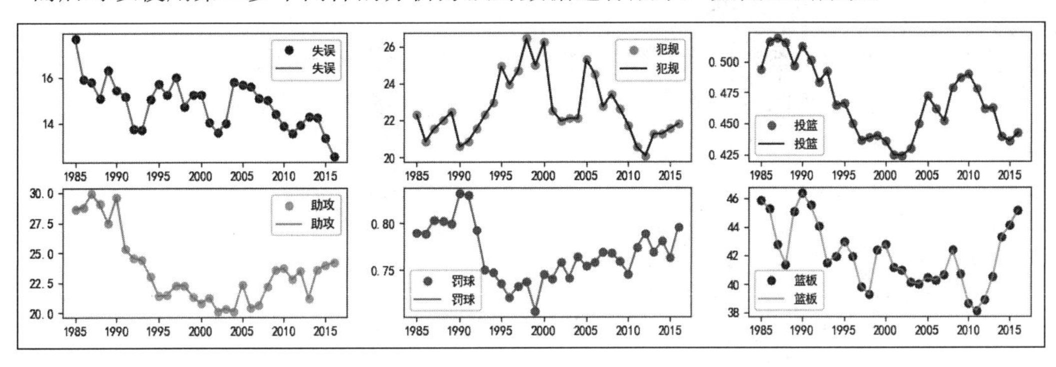

图 3.15

请读者自行比较单独球队与全赛季均值的表现。有兴趣的读者还可以参考NBA的发展历史，查阅每个球队的崛起与衰落，自行研究NBA的历史过程。

3.3.2　群星璀璨的 NBA

1985－2015年的NBA是一个群星璀璨的时代，诞生了很多巨星向世界呈现了他们的最佳表演，也给予我们太多太多的经典时刻，而那些为我们所津津称道的时刻就是他们荣誉加身的时刻。下面笔者将通过数据带领大家回顾这一时刻。

1. 第一步：数据的获取

在这里笔者准备了NBA赛季中球员的数据，获取数据的代码如下：

```
import pandas as pd
import numpy as np
import matplotlib.pyplot as plt
plt.rcParams['font.family'] = ['sans-serif']
plt.rcParams['font.sans-serif'] = ['SimHei']
# 各个比赛数据
all_members = pd.read_csv('./NBA data/各个比赛数据.csv')
```

在这里笔者准备了赛季中各个球员的表现，部分数据可以用head()函数打印出来，代码如下：

```
Print(all_members.head())
```

结果如图3.16所示。

接着对整体数据做一个信息输出，可以使用如下函数：

```
print(all_members.info())
```

	球员	赛季	结果	比分	首发	时间	...	助攻	抢断	盖帽	失误	犯规	得分
0	Kelenna Azubuike	11月12日	L	ATL106-89DAL	0	8	...	0	1	0	2	1	7
1	Kelenna Azubuike	11月12日	L	CHI93-83DAL	0	4	...	0	0	0	0	0	0
2	Kelenna Azubuike	11月12日	W	GSW94-104DAL	0	6	...	0	0	0	2	0	0
3	Kelenna Azubuike	9月10日	L	MIL129-125GSW	1	3	...	0	0	0	1	0	0
4	Kelenna Azubuike	9月10日	W	NYK107-121GSW	1	40	...	5	2	0	1	2	22

图 3.16

请读者自行尝试。

2. 第二步：挑选出特定球员

第一步我们获取了全部球员的数据，下面一步我们需要挑选出特定球员的一些信息，即从数据表中选择杜兰特、科比、詹姆斯、库里、威斯布鲁克、乔治、安东尼、哈登、保罗、伦纳德的数据。代码如下：

```
kd_data = all_members[all_members.球员 == 'Kevin Durant']
jh_data = all_members[all_members.球员 == 'James Harden']
kb_data = all_members[all_members.球员 == 'Kobe Bryant']
lj_data = all_members[all_members.球员 == 'LeBron James']
kl_data = all_members[all_members.球员 == 'Kawhi Leonard']
sc_data = all_members[all_members.球员 == 'Stephen Curry']
rw_data = all_members[all_members.球员 == 'Russell Westbrook']
pg_data = all_members[all_members.球员 == 'Paul George']
ca_data = all_members[all_members.球员 =='Carmelo Anthony']
cp_data = all_members[all_members.球员 == 'Chris Paul']
# 合并所有球员信息
super_star_data = pd.concat([kd_data ,kb_data,jh_data,lj_data,sc_data,kl_data,
cp_data,rw_data,pg_data,ca_data])
print(super_star_data.info())
```

在选取了特定球员信息后，我们将所有的信息通过concat函数合并在一起，之后统计出一个全员信息，如图3.17所示。

而对每个个人的统计信息如下：

```
print(super_star_data.球员.value_counts())
    # 显示每名球员的统计次数
print(super_star_data.groupby('球员').得分.describe())
    # 显示每名球员的得分情况
```

3. 第三步：统计每个球员的得分情况

在这里我们对每个球员的基本信息进行统计，特别是获取每个球员的得分情况，如图3.18所示。

```
Data columns (total 24 columns):
 #   Column  Non-Null Count  Dtype
---  ------  --------------  -----
 0   球员      7623 non-null   object
 1   赛季      7623 non-null   object
 2   结果      7623 non-null   object
 3   比分      7623 non-null   object
 4   首发      7623 non-null   int64
 5   时间      7623 non-null   int64
 6   投篮      7615 non-null   float64
 7   命中      7623 non-null   int64
 8   出手      7623 non-null   int64
 9   三分      7250 non-null   float64
 10  三分命中    7623 non-null   int64
 11  三分出手    7623 non-null   int64
 12  罚球      7143 non-null   float64
 13  罚球命中    7623 non-null   int64
 14  罚球出手    7623 non-null   int64
 15  篮板      7623 non-null   int64
 16  前场      7623 non-null   int64
 17  后场      7623 non-null   int64
 18  助攻      7623 non-null   int64
 19  抢断      7623 non-null   int64
 20  盖帽      7623 non-null   int64
 21  失误      7623 non-null   int64
 22  犯规      7623 non-null   int64
 23  得分      7623 non-null   int64
dtypes: float64(3), int64(17), object(4)
memory usage: 1.5+ MB
```

图 3.17

球员	count	mean	std	min	25%	50%	75%	max
Carmelo Anthony	976.0	24.750000	8.267266	1.0	19.0	25.0	30.0	62.0
Chris Paul	834.0	18.717026	7.391408	0.0	14.0	18.0	23.0	43.0
James Harden	615.0	22.143089	10.646482	1.0	14.0	22.0	30.0	53.0
Kawhi Leonard	398.0	16.351759	8.224917	0.0	10.0	16.0	22.0	41.0
Kevin Durant	703.0	27.199147	7.727381	0.0	22.0	27.0	32.0	54.0
Kobe Bryant	1346.0	24.994799	10.723873	0.0	18.0	25.0	31.0	81.0
LeBron James	1061.0	27.131951	7.908768	3.0	22.0	27.0	32.0	61.0
Paul George	448.0	18.058036	9.210257	0.0	11.0	18.0	24.0	48.0
Russell Westbrook	668.0	22.688623	9.355164	0.0	16.0	22.0	28.0	58.0
Stephen Curry	574.0	22.801394	9.623393	0.0	15.0	23.0	29.0	54.0

图 3.18

或者说我们换一种方式，通过直方图的形式对其进行展示，代码如下：

```
super_off_mean_score = super_star_data.groupby('球员').mean()['得分']
labels = [u'场数',u'均分',u'标准差',u'最小值','25%','50%','75%',u'最大值']
super_name = [u'安东尼',u'保罗',u'哈登',u'伦纳德',u'杜兰特',u'科比',u'詹姆斯',u'乔治',
u'威少',u'库里']
# 绘图
plt.bar(range(len(super_off_mean_score )),super_off_mean_score ,align = 'center')
plt.ylabel(u'得分')
plt.title(u'得分数据对比')
plt.xticks(range(len(super_off_mean_score )),super_name)
plt.ylim(15,35)
for x,y in enumerate (super_off_mean_score ):
    plt.text (x, y+1, '%s' % round(y, 2) , ha = 'center')
plt.show()
```

展示结果如图3.19所示。

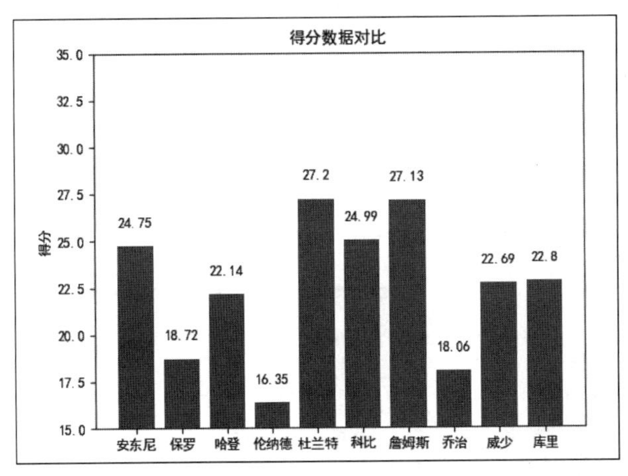

图 3.19

4. 第四步：统计每个球员的得分走势

下面我们对每个球员在每个赛季的得分走势进行分析，代码如下：

```
import pandas as pd
import numpy as np
import matplotlib.pyplot as plt

plt.rcParams['font.family'] = ['sans-serif']
```

```
    plt.rcParams['font.sans-serif'] = ['SimHei']
    # 各个比赛数据
    all_members = pd.read_csv('./NBA data/各个比赛数据.csv')
    # print(all_members.head())
    # print(all_members.info())
    kd_data = all_members[all_members.球员 == 'Kevin Durant']
    jh_data = all_members[all_members.球员 == 'James Harden']
    kb_data = all_members[all_members.球员 == 'Kobe Bryant']
    lj_data = all_members[all_members.球员 == 'LeBron James']
    kl_data = all_members[all_members.球员 == 'Kawhi Leonard']
    sc_data = all_members[all_members.球员 == 'Stephen Curry']
    rw_data = all_members[all_members.球员 == 'Russell Westbrook']
    pg_data = all_members[all_members.球员 == 'Paul George']
    ca_data = all_members[all_members.球员 == 'Carmelo Anthony']
    cp_data = all_members[all_members.球员 == 'Chris Paul']
    super_star_data = pd.concat([kd_data, kb_data, jh_data, lj_data, sc_data, kl_data,
cp_data, rw_data, pg_data, ca_data])
    season_kd_score = super_star_data[super_star_data.球员 == 'Kevin Durant'].groupby('
赛季').mean()['得分']
    plt.figure(figsize=(16, 9))
    plt.subplots_adjust(hspace=0.8)
    plt.subplot(611)
    plt.title(u'杜兰特赛季平均得分', color='red')
    # plt.xlabel(u'赛季')
    plt.ylabel(u'得分')
    plt.plot(season_kd_score, 'k', season_kd_score, 'bo')
    for x, y in enumerate(season_kd_score):
        plt.text(x, y + 0.2, '%s' % round(y, 2), ha='center')
    season_lj_score = super_star_data[super_star_data.球员 == 'LeBron James'].groupby('
赛季').mean()['得分']
    plt.subplot(612)
    plt.title(u'詹姆斯赛季平均得分', color='red')
    # plt.xlabel(u'赛季')
    plt.ylabel(u'得分')
    plt.plot(season_lj_score, 'k', season_lj_score, 'bo')
    for x, y in enumerate(season_lj_score):
        plt.text(x, y + 0.2, '%s' % round(y, 2), ha='center')
    season_kb_score = super_star_data[super_star_data.球员 == 'Kobe Bryant'].groupby('
赛季').mean()['得分']
    a = season_kb_score[0:-4]
    b = season_kb_score[-4:]
    season_kb_score = pd.concat([b, a])
    plt.subplot(613)
    plt.title(u'科比赛季平均得分', color='red')
    # plt.xlabel(u'赛季')
    plt.ylabel(u'得分')
    plt.xticks(range(len(season_kb_score)), season_kb_score.index)
    plt.plot(list(season_kb_score), 'k', list(season_kb_score), 'bo')
    for x, y in enumerate(season_kb_score):
        plt.text(x, y + 0.2, '%s' % round(y, 2), ha='center')
    season_rw_score = super_star_data[super_star_data.球员 == 'Russell
Westbrook'].groupby('赛季').mean()[
```

```
'得分']
    plt.subplot(614)
    plt.title(u'威少赛季平均得分', color='red')
    # plt.xlabel(u'赛季')
    plt.ylabel(u'得分')
    plt.plot(season_rw_score, 'k', season_rw_score, 'bo')
    for x, y in enumerate(season_rw_score):
       plt.text(x, y + 0.2, '%s' % round(y, 2), ha='center')

    season_sc_score = super_star_data[super_star_data.球员 == 'Stephen
Curry'].groupby('赛季').mean()['得分']
    plt.subplot(615)
    plt.title(u'库里赛季平均得分', color='red')
    # plt.xlabel(u'赛季')
    plt.ylabel(u'得分')
    plt.plot(season_sc_score, 'k', season_sc_score, 'bo')
    for x, y in enumerate(season_sc_score):
       plt.text(x, y + 0.2, '%s' % round(y, 2), ha='center')

    season_ca_score = super_star_data[super_star_data.球员 == 'Carmelo
Anthony'].groupby('赛季').mean()['得分']
    plt.subplot(616)
    plt.title(u'安东尼赛季平均得分', color='red')
    # plt.xlabel(u'赛季')
    plt.ylabel(u'得分')
    plt.plot(season_ca_score, 'k', season_ca_score, 'bo')
    for x, y in enumerate(season_ca_score):
       plt.text(x, y + 0.2, '%s' % round(y, 2), ha='center')

    plt.show()
```

打印结果如图3.20所示。

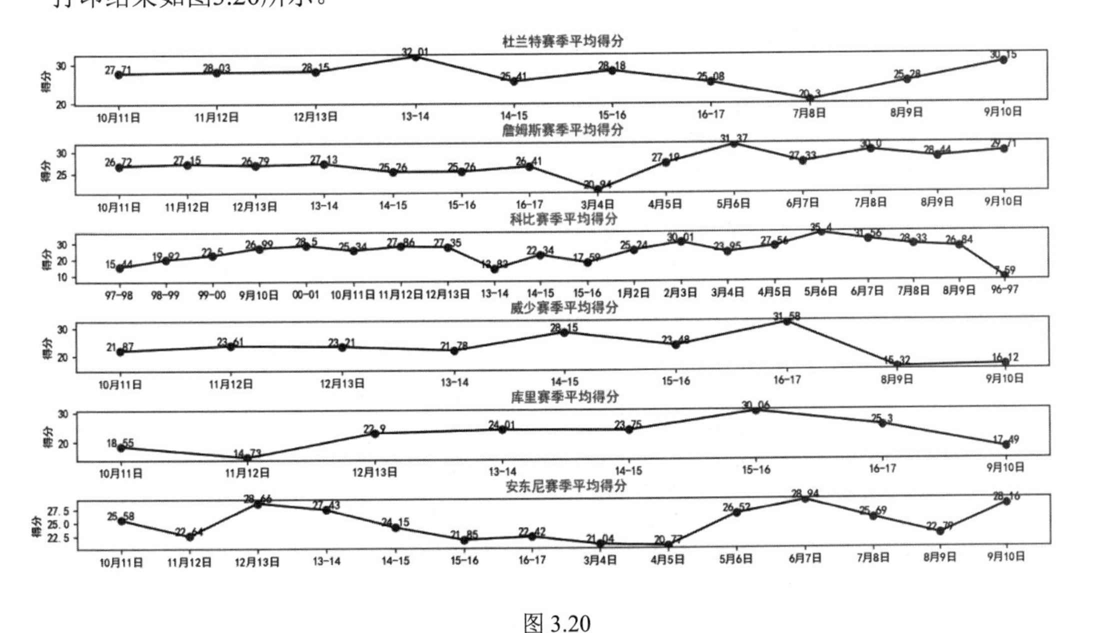

图 3.20

5. 第五步：对每个球员的得分分布进行统计

对每一个球员的得分分布进行统计可以使用饼图完成，代码如下：

```
import pandas as pd
import numpy as np
import matplotlib.pyplot as plt

plt.rcParams['font.family'] = ['sans-serif']
plt.rcParams['font.sans-serif'] = ['SimHei']

# 各个比赛数据
all_members = pd.read_csv('./NBA data/各个比赛数据.csv')
# print(all_members.head())

# print(all_members.info())
kd_data = all_members[all_members.球员 == 'Kevin Durant']
jh_data = all_members[all_members.球员 == 'James Harden']
kb_data = all_members[all_members.球员 == 'Kobe Bryant']
lj_data = all_members[all_members.球员 == 'LeBron James']
kl_data = all_members[all_members.球员 == 'Kawhi Leonard']
sc_data = all_members[all_members.球员 == 'Stephen Curry']
rw_data = all_members[all_members.球员 == 'Russell Westbrook']
pg_data = all_members[all_members.球员 == 'Paul George']
ca_data = all_members[all_members.球员 == 'Carmelo Anthony']
cp_data = all_members[all_members.球员 == 'Chris Paul']

super_star_data = pd.concat([kd_data, kb_data, jh_data, lj_data, sc_data, kl_data, 
cp_data, rw_data, pg_data, ca_data])

super_name_E = ['Kevin Durant','LeBron James','Kobe Bryant','Russell 
Westbrook','Stephen Curry','Carmelo Anthony']
super_name_C = [u'杜兰特',u'詹姆斯',u'科比',u'威少',u'库里',u'安东尼']
plt.figure(facecolor= 'bisque')
colors = ['red', 'yellow', 'peru', 'springgreen']
for i in range(len(super_name_E)):
    player_labels = [u'20分以下',u'20~29分',u'30~39分',u'40分以上']
    explode = [0,0.1,0,0] # 突出得分在20~29的比例
    player_score_range = []
    player_off_score_range = super_star_data[super_star_data.球员 == super_name_E
[i]]
    player_score_range.append(len(player_off_score_range
[player_off_score_range['得分'] < 20])*1.0/len(player_off_score_range ))
    player_score_range.append(len(pd.merge(player_off_score_range[19 < 
player_off_score_range.得分],
                            player_off_score_range[player_off_score_range.得分 < 30],
                            how='inner')) * 1.0 / len(player_off_score_range))
    player_score_range.append(len(pd.merge(player_off_score_range[29 < 
player_off_score_range.得分],
                            player_off_score_range[player_off_score_range.得分 < 40],
                            how='inner')) * 1.0 / len(player_off_score_range))
    player_score_range.append(len(player_off_score_range[39 < 
player_off_score_range.得分]) * 1.0 / len(player_off_score_range))
    plt.subplot(231 + i)
    plt.title(super_name_C [i] + u'得分分布', color='blue')
    plt.pie(player_score_range, labels=player_labels, colors=colors, 
labeldistance=1.1,
```

```
            autopct='%.01f%%', shadow=False, startangle=90, pctdistance=0.8,
explode=explode)
        plt.axis('equal')
    plt.show()
```

展示结果如图3.21所示。

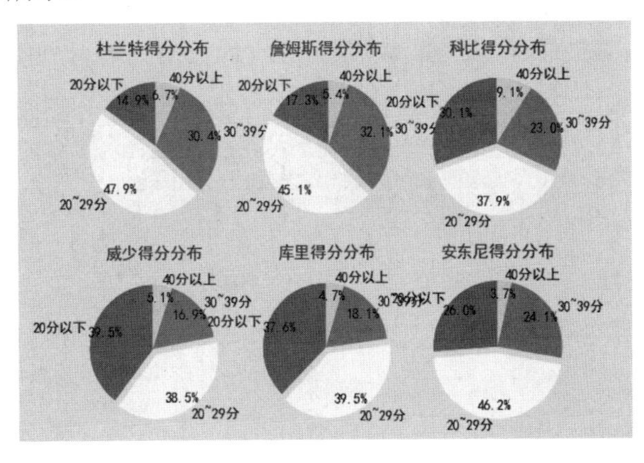

图 3.21

得分情况可以反映出每个球员在赛季中的稳定性，而对其进一步的分析是计算每个球员对应的标准差。代码如下：

```
std = super_star_data.groupby('球员').std()['得分']
color = ['red','red','red','red','blue','red','red','red','red','red',]

plt.barh(range(10), std, align = 'center',color = color ,alpha = 0.8)
plt.xlabel(u'标准差',color = 'blue')
plt.ylabel(u'球员', color = 'blue')

plt.xlim(6,11)
for x,y in enumerate (std):
    plt.text(y + 0.1, x, '%s' % round(y,2), va = 'center')
plt.show()
```

结果如图3.22所示，通过每个球员的标准差可以得到该球员在赛季中的发挥稳定性情况。

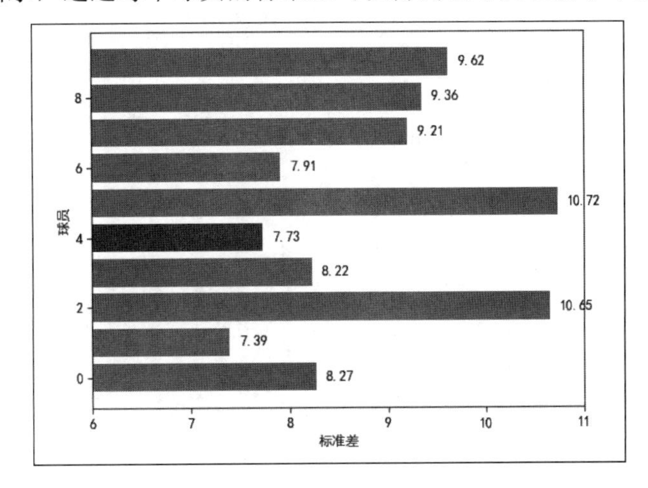

图 3.22

6. 第六步：对每个球员的投篮命中率进行统计

每个球员的命中率数据来自不同的投篮位置，可以简单地将其分成“三分命中率”“二分命中率”以及“罚球命中率。代码如下：

```
    super_star_data = pd.concat([kd_data, kb_data, jh_data, lj_data, sc_data, kl_data,
cp_data, rw_data, pg_data, ca_data])
    super_name = [u'安东尼',u'保罗',u'哈登',u'伦纳德',u'杜兰特',u'科比',u'詹姆斯',u'乔治',
u'威少',u'库里']
    super_name_E = [u'Carmelo Anthony', u'Chris Paul', u'James Harden', u'Kawhi Leonard',
                   u'Kevin Durant', u'Kobe Bryant',u'LeBron James', u'Paul George',
                   u'Russell Westbrook', u'Stephen Curry']
    bar_width = 0.25
    import numpy as np
    shoot = super_star_data.groupby('球员') .mean()['投篮']
    three_pts = super_star_data.groupby('球员') .mean()['三分']
    free_throw = super_star_data.groupby('球员') .mean()['罚球']
    plt.bar(np.arange(10),shoot,align = 'center',label = u'投篮命中率',color = 'red',
width = bar_width )
    plt.bar(np.arange(10)+ bar_width, three_pts ,align = 'center',color = 'blue',label
= u' 三分命中率',width = bar_width )
    plt.bar(np.arange(10)+ 2*bar_width, free_throw  ,align = 'center',color = 'green',
label = u'罚球命中率',width = bar_width )
    for x,y in enumerate (shoot):
       plt.text(x, y+0.01, '%s' % round(y,2), ha = 'center')
    for x,y in enumerate (three_pts ):
       plt.text(x+bar_width , y+0.01, '%s' % round(y,2), ha = 'center')
    for x,y in enumerate (free_throw):
       plt.text(x+2*bar_width , y+0.01, '%s' % round(y,2), ha = 'center')
    plt.legend ()
    plt.ylim(0.3,1.0)
    plt.title(u'球员的命中率的对比')
    plt.xlabel(u'球员')
    plt.xticks(np.arange(10)+bar_width ,super_name)
    plt.ylabel(u'命中率')
    plt.show()
```

结果如图3.23所示。

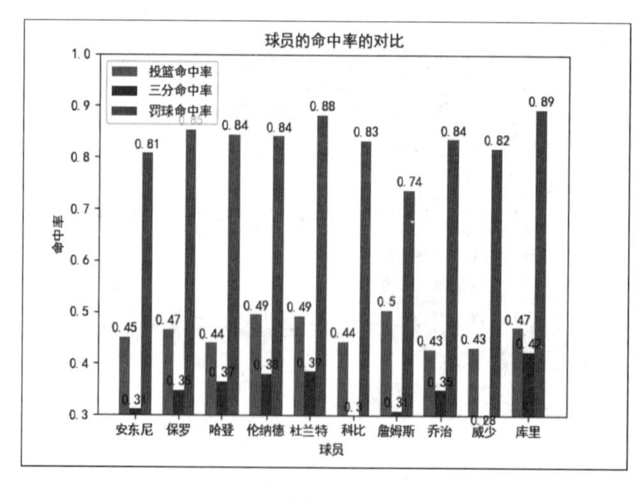

图 3.23

3.3.3 关于球员高级数据的一些基本分析

评价一个球员的能力的高低不光体现在进攻端，防守端的能力也是一个重要的指标。下面给出各球员在攻防两端的数据值。对此，笔者在这里准备了统计更为详尽的球员高级数据集，可以对每个球员进行更好的衡量

下面我们统计一下球员高级数据，代码如下：

```
import pandas as pd
import numpy as np
import matplotlib.pyplot as plt
import seaborn as sns
plt.rcParams['font.family'] = ['sans-serif']
plt.rcParams['font.sans-serif'] = ['SimHei']

# 各个比赛数据
all_members = pd.read_csv('./NBA data/球员高级数据.csv')

kd_data = all_members[all_members.球员 == 'Kevin Durant']
jh_data = all_members[all_members.球员 == 'James Harden']
kb_data = all_members[all_members.球员 == 'Kobe Bryant']
lj_data = all_members[all_members.球员 == 'LeBron James']
kl_data = all_members[all_members.球员 == 'Kawhi Leonard']
sc_data = all_members[all_members.球员 == 'Stephen Curry']
rw_data = all_members[all_members.球员 == 'Russell Westbrook']
pg_data = all_members[all_members.球员 == 'Paul George']
ca_data = all_members[all_members.球员 == 'Carmelo Anthony']
cp_data = all_members[all_members.球员 == 'Chris Paul']

super_star_data = pd.concat([kd_data, kb_data, jh_data, lj_data, sc_data, kl_data,
cp_data, rw_data, pg_data, ca_data])
super_name = [u'安东尼',u'保罗',u'哈登',u'伦纳德',u'杜兰特',u'科比',u'詹姆斯',u'乔治',u'
威少',u'库里']

import seaborn as sns
player_labels = [ u'篮板率', u'助攻率', u'抢断率', u'盖帽率',u'失误率', u'使用率', u'胜
利贡献值', u'霍格林效率值']
player_data = super_star_data[['球员','篮板率','助攻率','抢断率','盖帽率','失误率',
                              '使用率','ws','per']] .groupby('球员').mean()
num = [100,100,100,100,100,100,1,1]
np_num = np.array(player_data)*np.array(num)
plt.title(u'球员攻防两端的能力热力图')
sns.heatmap(np_num , annot=True,xticklabels= player_labels ,yticklabels=super_name ,
cmap='YlGnBu')
plt.show()
```

在这里笔者使用了Seaborn作为热力图的展示包，最终结果如图3.24所示。

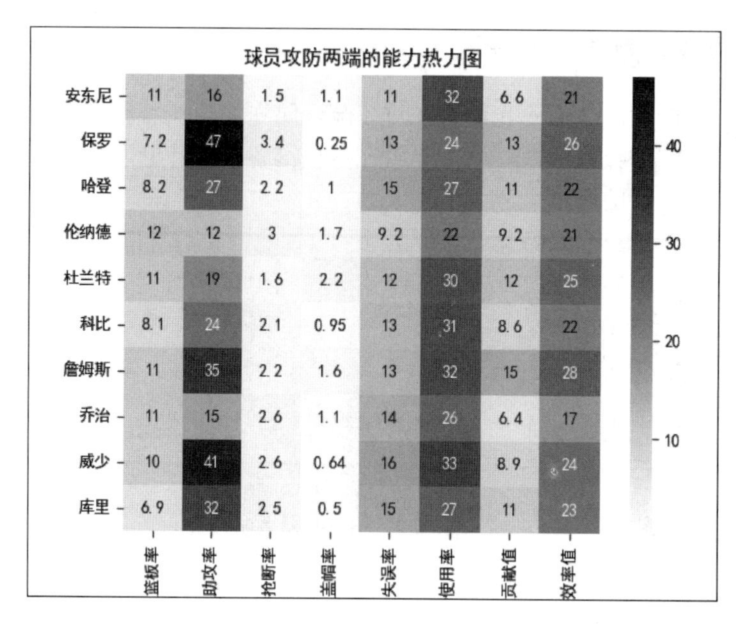

图 3.24

3.4 本章小结

NBA赛季的数据记录了一个时代。本章利用Pathon对NBA赛季的数据进行了可视化分析，分析了球员RPM、薪资、年龄的相关性，分析了每个球队在赛季中的表现，分析了特定球员的高级数据，等等。通过这些分析，展示了各个赛季球队以及球员最辉煌的时刻！这也使得我们能更好地理解篮球，理解球员，结合我们的专业知识和兴趣爱好，可以更好地享受篮球比赛的无穷魅力。

第 4 章

聚类算法与可视化实战

大多数读者可能会有这样的经历——在逛淘宝或者刷抖音的时候，会收到一些促销活动或者推荐的节目通知。但是我们之前并没有相关活动的预定或者感兴趣节目的关注。那么对于系统来说，为什么要给我们推荐这些我们从来没有主动浏览或者关注过的信息呢？

这是因为大多数电商网站，都会根据注册用户的性别、年龄、收入以及曾经的浏览记录对每个用户进行聚类，例如当用户浏览“学前教育”比较多时，会被归于“年轻父母”一类，而对于“老年养生”关注比较多用户会被归于“老年人”这一类。

之后电商会根据用户所处的组类型，向其发送不同的优惠活动信息或者可能会浏览的节目。而这些的背后就用到了聚类算法。

4.1 聚类的定义

聚类分析是指将物理或抽象对象的集合分组为由类似的对象组成的多个类的分析过程，它是一种重要的人类行为。

聚类分析的目标就是在相似的基础上收集数据来分类。聚类源于很多领域，包括数学、计算机科学、统计学、生物学和经济学等。在不同的应用领域，很多聚类技术都得到了发展，这些技术方法被用作描述数据、衡量不同数据源间的相似性，以及把数据源分类到不同的簇中，如图4.1所示。

聚类分析是根据在数据中发现的描述对象及其关系的信息，将数据对象分组。其目的是，组内的对象相互之间是相似的（相关的），而不同组中的对象是不同的（不相关的）。组内相似性越大，组间差距越大，说明聚类效果越好。因此可以了解到，聚类效果的好坏依赖于两个主要因素：

- 衡量距离的方法。
- 聚类算法。

下面对这两个因素进行介绍。

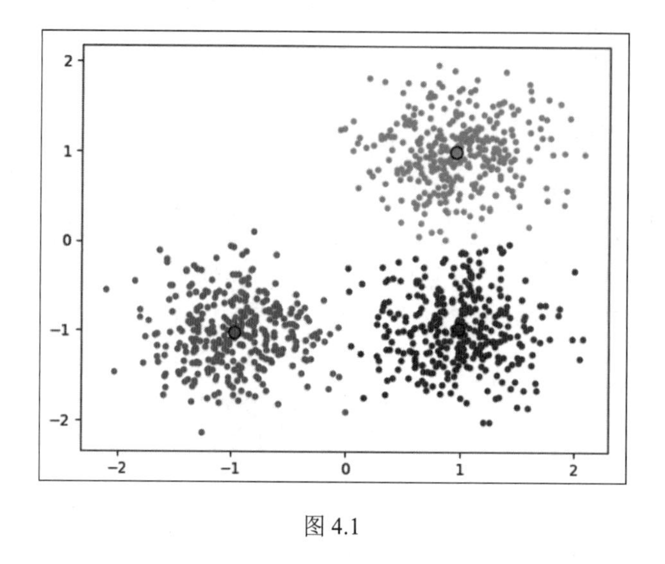

图 4.1

4.1.1 衡量距离的方法

聚类分析中如何度量两个对象之间的相似性呢？一般有两种方法：一种是对所有对象作特征投影，另一种是距离计算。前者主要从直观的图像上反映对象之间的相似度关系，而后者则是通过衡量对象之间的差异度来反映对象之间的相似度关系。在聚类分析中一般使用如下距离计算方法：

- 欧几里得距离
- 曼哈顿距离
- 切比雪夫距离
- 明可夫斯基距离
- 标准化欧氏距离
- 马氏距离
- 夹角余弦
- 汉明距离
- 杰卡德相似系数
- 相关系数与相关距离
- 信息熵

下面我们依次对这些距离进行介绍。

1. 欧几里得距离（Euclidean Distance）

欧几里得距离（又称欧氏距离）是最易于理解的一种距离计算方法，源自欧氏空间中两点间的距离公式。具体计算又分成两种，分别是二维平面以及三维平面。

（1）二维平面上点$a(x_i, y_i)$与点$b(x_j, y_j)$间的欧氏距离：

$$d_{ij} = \sqrt{(x_i - x_j)^2 + (y_i - y_j)^2}$$

（2）三维空间中点$a(x_i, y_i, z_i)$与点$b(x_j, y_j, z_j)$间的欧氏距离：

$$d_{ij}=\sqrt{(x_i-x_j)^2+(y_i-y_j)^2+(z_i-z_j)^2}$$

将其引申出去，任意两个相同维度的向量之间的距离可以表示如下：

$$d_{ij}=\sqrt{\sum_{k=1}^{n}\left(x_{ik}-x_{jk}\right)^2}$$

而这也可以表示成如下形式：

$$d_{ij}=\sqrt{(a-b)(a-b)^T}$$

2. 曼哈顿距离（ManhattanDistance）

想象你在曼哈顿要从一个十字路口开车到另外一个十字路口，驾驶距离是两点间的直线距离吗？显然不是，除非你能穿越大楼。实际驾驶距离就是这个“曼哈顿距离”，这也是曼哈顿距离名称的来源。曼哈顿距离也称为城市街区距离（CityBlock Distance）。

（1）二维平面上点$a(x_i, y_i)$与点$b(x_j, y_j)$间的曼哈顿距离：

$$d_{ij}=\left|x_i-x_j\right|+\left|y_i-y_j\right|$$

（2）两个n维向量$a(x_{i1}, x_{i2}, \ldots, x_{in})$与$b(x_{j1}, x_{j2}, \ldots, x_{jn})$间的曼哈顿距离：

$$d_{ij}=\sum_{k=1}^{n}\left|x_{ik}-x_{jk}\right|$$

3. 切比雪夫距离（Chebyshev Distance）

国际象棋中，国王走一步能够移动到相邻的8个方格中的任意一个。那么国王从格子$a(x_i,y_i)$走到格子$b(x_j,y_j)$最少需要多少步？自己走走试试。你会发现最少步数总是$\max(|x_j-x_i|,|y_j-y_i|)$步。有一种类似的距离度量方法叫切比雪夫距离。

（1）二维平面上点$a(x_i,y_i)$与点$b(x_j,y_j)$间的切比雪夫距离：

$$d_{ij}=\max\left(\left|x_i-x_j\right|,\left|y_i-y_j\right|\right)$$

（2）两个n维向量$a(x_{i1},x_{i2},\ldots,x_{in})$与$b(x_{j1},x_{j2},\ldots,x_{jn})$之间的切比雪夫距离：

$$d_{ij}=\max_{k}\left(\left|x_{ik}-x_{jk}\right|\right)$$

这个公式的另一种等价形式是：

$$d_{ij}=\lim_{m\to\infty}(\sum_{k=1}^{n}\left|x_{ik}-x_{jk}\right|^m)^{1/m}$$

4. 明可夫斯基距离（Minkowski Distance）

相对于其他距离的定义，明可夫斯基距离不是一种距离，而是一组距离的定义。
两个n维变量$a(x_{i1},x_{i2},\ldots,x_{in})$与$b(x_{j1},x_{j2},\ldots,x_{jn})$之间的明可夫斯基距离定义为：

$$d_{ij} = \sqrt[p]{\sum_{k=1}^{n}\left|x_{ik} - x_{jk}\right|^{p}}$$

其中p是一个变参数。当p=1时，就是曼哈顿距离；当p=2时，就是欧氏距离；当$p\to\infty$时，就是切比雪夫距离。即根据变参数的不同，明可夫斯基距离可以表示某一类的距离。

5. 标准化欧氏距离（Standardized Euclidean distance）

标准化欧氏距离是针对简单欧氏距离的缺点而作的一种改进方案。标准欧氏距离的思路：既然数据各维分量的分布不一样，那就先将各个分量都“标准化”到均值、方差相等。均值和方差标准化到多少呢？根据统计学知识，假设样本集X的均值（mean）为m，标准差（standard deviation）为s，那么X的“标准化变量”表示为：X^*。而且标准化变量的数学期望为0，方差为1。因此样本集的标准化过程（Standardization）用公式描述就是：

$$X^* = \frac{X - m}{s}$$

标准化后的值=（标准化前的值－分量的均值）/分量的标准差，经过简单的推导就可以得到两个n维向量$a(x_{i1}, x_{i2}, \ldots, x_{in})$与$b(x_{j1}, x_{j2}, \ldots, x_{jn})$之间的标准化欧氏距离的公式：

$$d_{ij} = \sqrt{\sum_{k=1}^{n}\left(\frac{x_{ik} - x_{jk}}{s_k}\right)^2}$$

如果将方差的倒数看作一个权重，那么这个公式可以看作一种加权欧氏距离（WeightedEuclidean Distance）。

6. 马氏距离（Mahalanobis Distance）

有m个样本向量X_1~X_m，协方差矩阵记为$\boldsymbol{S}$，均值记为向量μ，则其中样本向量X到u的马氏距离表示为：

$$D(X) = \sqrt{(X-u)^T \boldsymbol{S}^{-1}(X-u)}$$

而其中向量X_i与X_j之间的马氏距离定义为：

$$D(X_i, X_j) = \sqrt{(X_i - X_j)^T \boldsymbol{S}^{-1}(X_i - X_j)}$$

若协方差矩阵是单位矩阵（各个样本向量之间独立同分布），则公式就成了：

$$D(X_i, X_j) = \sqrt{(X_i - X_j)^T (X_i - X_j)}$$

也就是欧氏距离了。若协方差矩阵是对角矩阵，则公式就变成了标准化欧氏距离。

7. 夹角余弦（Cosine）

几何中夹角余弦可用来衡量两个向量间方向的差异，机器学习中借用这一概念来衡量样本向量之间的差异。

（1）在二维空间中向量$a(x_i, y_i)$与向量$b(x_j, y_j)$的夹角余弦公式：

$$\cos\theta = \frac{x_i x_j + y_i y_j}{\sqrt{x_i^2 + y_i^2}\sqrt{x_j^2 + y_j^2}}$$

（2）对于两个n维样本点$a(x_{i1}, x_{i2}, \ldots, x_{in})$与点$b(x_{j1}, x_{j2}, \ldots, x_{jn})$，可以使用类似于夹角余弦的概念来衡量它们间的相似程度。

$$\cos(\theta) = \frac{a \cdot b}{|a||b|}$$

即：

$$\cos(\theta) = \frac{\sum_{k=1}^{n} x_{ik} x_{jk}}{\sqrt{\sum_{k=1}^{n} x_{ik}^2}\sqrt{\sum_{k=1}^{n} x_{jk}^2}}$$

夹角余弦取值范围为[–1,1]。夹角余弦值越大表示两个向量的夹角越小，夹角余弦值越小表示两向量的夹角越大。当两个向量的方向重合时夹角余弦取最大值1，当两个向量的方向完全相反时夹角余弦取最小值–1。

8. 汉明距离（Hamming Distance）

两个等长字符串s1与s2之间的汉明距离定义为将其中一个变为另外一个所需要的最小替换次数。例如字符串“1111”与“1001”之间的汉明距离为2。应用：信息编码（为了增强容错性，应使得编码间的最小汉明距离尽可能大）。

9. 杰卡德相似系数（Jaccardsimilarity Coefficient）

（1）杰卡德相似系数

两个集合A和B的交集元素在A和B的并集中所占的比例，称为两个集合的杰卡德相似系数，用符号$J(A, B)$表示。

$$J(A,B) = \frac{|A \cap B|}{|A \cup B|}$$

杰卡德相似系数是衡量两个集合的相似度的一种指标。

（2）杰卡德距离（Jaccard Distance）

与杰卡德相似系数相反的概念是杰卡德距离。杰卡德距离可用如下公式表示：

$$J_\sigma(A,B) = 1 - J(A,B) = \frac{|A \cup B| - |A \cap B|}{|A \cup B|}$$

杰卡德距离用两个集合中不同元素占所有元素的比例来衡量两个集合的区分度。

（3）杰卡德相似系数与杰卡德距离的应用

可将杰卡德相似系数用在衡量样本的相似度上。样本A与样本B是两个n维向量，而且所有维度的取值都是0或1。例如：$A(0111)$和$B(1011)$。我们将样本看成一个集合，1表示集合包含该元素，0表示集合不包含该元素。

- M_{11}：样本 A 与 B 都是 1 的维度的个数。
- M_{10}：样本 A 是 1、样本 B 是 0 的维度的个数。
- M_{01}：样本 A 是 0、样本 B 是 1 的维度的个数。
- M_{00}：样本 A 与 B 都是 0 的维度的个数。

那么样本A与B的杰卡德相似系数可以表示为：

$$J = \frac{M_{11}}{M_{11} + M_{10} + M_{01}}$$

这里$M_{11}+M_{10}+M_{01}$可理解为A与B的并集的元素个数，而M_{11}是A与B的交集的元素个数。而样本A与B的杰卡德距离表示为：

$$d_J = \frac{M_{10} + M_{01}}{M_{11} + M_{10} + M_{01}}$$

10. 相关系数（Correlation coefficient）与相关距离（Correlation distance）

相关系数是衡量随机变量X与Y相关程度的一种方法，相关系数的取值范围是[–1,1]。相关系数的绝对值越大，则表明X与Y的相关度越高。当X与Y线性相关时，相关系数取值为1（正线性相关）或–1（负线性相关）。相关系数的定义如下：

$$\rho_{XY} = \frac{Cov(X,Y)}{\sqrt{D(X)}\sqrt{D(Y)}} = \frac{E\left(\left(X - EX\right)\left(Y - EY\right)\right)}{\sqrt{D(X)}\sqrt{D(Y)}}$$

相关距离的定义如下：

$$D_{XY} = 1 - \rho_{XY}$$

11. 信息熵（Information Entropy）

信息熵并不属于相似性度量，是衡量分布的混乱程度或分散程度的一种度量。分布越分散（或者说分布越平均），信息熵就越大。分布越有序（或者说分布越集中），信息熵就越小。计算给定的样本集X的信息熵的公式如下：

$$\text{Entropy}(X) = \sum_{i=1}^{n} - p_i \log_2 p_i$$

参数说明：

- n：样本集 X 的分类数。
- p_i：X 中第 i 类元素出现的概率。

当X中n个分类出现的概率一样大时（都是$1/n$），信息熵取最大值log2(n)。当X只有一个分类时，信息熵取最小值0。

4.1.2 聚类算法介绍

下面我们开始对聚类算法进行介绍。聚类算法可以分为四类：基于划分的聚类算法、基于密度的聚类算法、基于网格的聚类算法和基于模型的聚类算法，如图4.2所示。

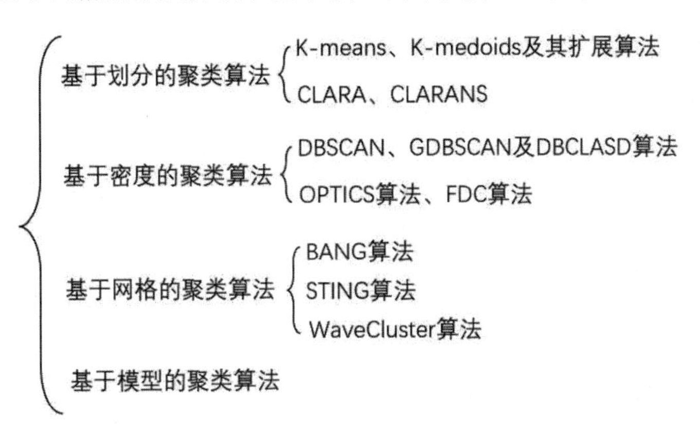

图 4.2

不同聚类算法有不同的优劣和不同的适用条件。大致上从数据输入的属性（是否序列输入、维度），算法模型的预设，模型的处理能力上看，具体如下：

- 算法的数据输入属性：算法处理的结果与数据输入的顺序是否相关，也就是说算法是否独立于数据输入顺序；算法处理有很多属性数据的能力，也就是对数据维度是否敏感，对数据的类型有无要求。
- 算法是否需要预设条件：是否需要预先知道聚类个数，是否需要用户给出领域知识。
- 算法的处理能力：处理大的数据集的能力（即算法复杂度）；处理数据噪声的能力；处理任意形状，包括有间隙的嵌套的数据的能力。

1. 基于划分的方法（Partition-based Methods）

基于划分的方法：其原理简单来说就是，想象有一堆散点需要聚类，想要的聚类效果就是“类内的点都足够近，类间的点都足够远”。

首先要确定这堆散点最后聚成几类，然后挑选几个点作为初始中心点，再依据预先确定好的启发式算法（Heuristic Algorithms）给数据点做迭代重置（Iterative Relocation），直到最后达到“类内的点都足够近，类间的点都足够远”的目标效果，如图4.3所示。

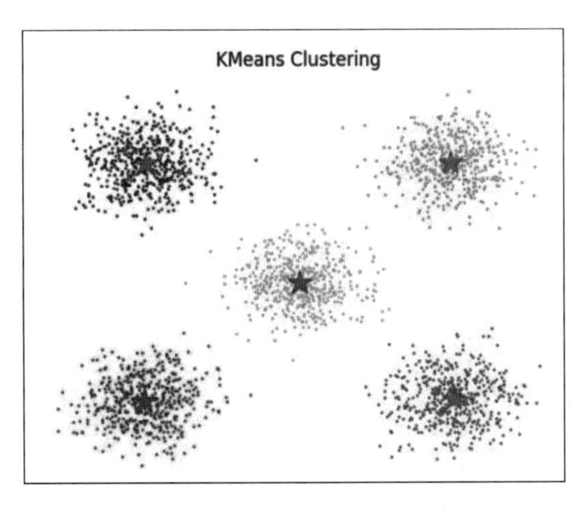

图 4.3

也正是根据所谓的启发式算法，形成了K-means算法及其变体K-medoids、K-modes、K-medians、Kernel K-means等算法。经典K-means算法流程如下：

步骤01 随机地选择 k 个对象，每个对象初始地代表了一个簇的中心。

步骤02 对剩余的每个对象，根据其与各簇中心的距离，将它赋给最近的簇。

步骤03 重新计算每个簇的平均值，更新为新的簇中心。

步骤04 不断重复步骤 2 和 3，直到准则函数收敛。

2. 基于密度的方法（Density-based Methods）

K-means算法解决不了不规则形状的聚类问题，因此就有了基于密度的方法来系统解决这个问题。

该方法同时也对噪声数据的处理比较好。其原理简单地说就是画圈儿，其中要定义两个参数，一个是圆圈的最大半径，一个是一个圆圈里最少应容纳几个点。只要邻近区域的密度（对象或数据点的数目）超过某个阈值，就继续聚类，最后在一个圆圈里的，就是一个类，如图4.4所示。

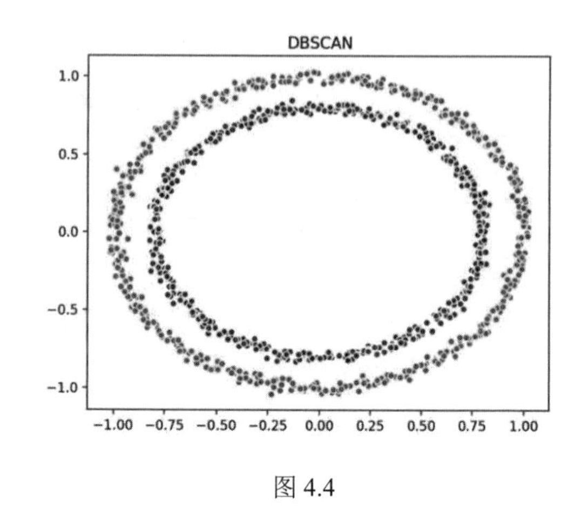

图 4.4

DBSCAN（Density-Based Spatial Clustering of Applications with Noise）算法就是其中的典型。DBSCAN算法流程如下：

步骤01 从任一对象点 p 开始。

步骤02 寻找并合并核心 p 对象直接密度可达（邻域半径 Eps）的对象。

步骤03 如果 p 是一个核心点，则找到了一个聚类，如果 p 是一个边界点（即从 p 开始没有密度可达的点）则寻找下一个对象点。

步骤04 重复步骤 2 和 3，直到所有点都被处理。

DBSCAN算法原理的基本要点：确定邻域半径Eps的值。

（1）DBSCAN算法需要选择一种距离度量，在待聚类的数据集中，任意两个点之间的距离反映了点之间的密度，说明了点与点是否能够聚到同一类中。由于DBSCAN算法对高维数据定义密度很困难，所以对于二维空间中的点，可以使用欧几里德距离来进行度量。

（2）DBSCAN算法需要用户输入两个参数：一个是半径（Eps），表示以给定点P为中心的圆形邻域的范围；另一个是以点P为中心的邻域内最少点的数量（MinPts）。如果满足以点P为中心、半径为Eps的邻域内的点的个数不少于MinPts，则称点P为核心点。

（3）DBSCAN聚类使用到一个k-距离的概念，k-距离是指给定数据集 $P=\{p(i);i=0,1,\ldots,n\}$，对于任意点 $p(i)$，计算点 $p(i)$ 到集合D的子集 $S=\{p(1),p(2),\ldots,p(i-1),p(i+1),\ldots,p(n)\}$ 中所有点之间的距离，距离按照从小到大的顺序排序，假设排序后的距离集合为 $D=\{d(1),d(2),\ldots,d(k-1),d(k),d(k+1),\ldots,d(n)\}$，则 $d(k)$ 就被称为k-距离。也就是说，k-距离是点 $p(i)$ 到所有点（除了 $p(i)$ 点）之间距离第k近的距离。对待聚类集合中每个点 $p(i)$ 都计算k-距离，最后得到所有点的k-距离集合 $E=\{e(1),e(2),\ldots,e(n)\}$。

（4）根据经验计算半径Eps：根据得到的所有点的k-距离集合E，对集合E进行升序排序后得到k-距离集合 E'，需要拟合一条排序后的 E' 集合中k-距离的变化曲线图，然后绘出曲线，通过观察，将急剧发生变化的位置所对应的k-距离的值确定为半径Eps的值。

（5）根据经验计算最少点的数量MinPts：确定MinPts的大小，实际上也是确定k-距离中k的值，DBSCAN算法取k=4，则MinPts=4。

（6）如果对经验值聚类的结果不满意，可以适当调整Eps和MinPts的值，经过多次迭代计算对比，选择最合适的参数值。可以看出，如果MinPts不变，Eps取的值过大，会导致大多数点都聚到同一个簇中，Eps过小，会导致一个簇的分裂；如果Eps不变，MinPts的值取得过大，会导致同一个簇中点被标记为噪声点，MinPts过小，会导致发现大量的核心点。

我们需要知道的是，DBSCAN算法需要输入两个参数，这两个参数的计算都来自经验知识。半径Eps的计算依赖于*k*-距离的计算，DBSCAN取*k*=4，也就是设置MinPts=4，然后根据*k*-距离曲线，根据经验观察找到合适的半径Eps的值。

3. 基于网络的方法（Grid-based Methods）

基于网络的方法：这类方法的原理是将数据空间划分为网格单元，将数据对象集映射到网格单元中，并计算每个单元的密度，根据预设的阈值判断每个网格单元是否为高密度单元，由邻近的稠密单元组形成“类”，如图4.5所示。

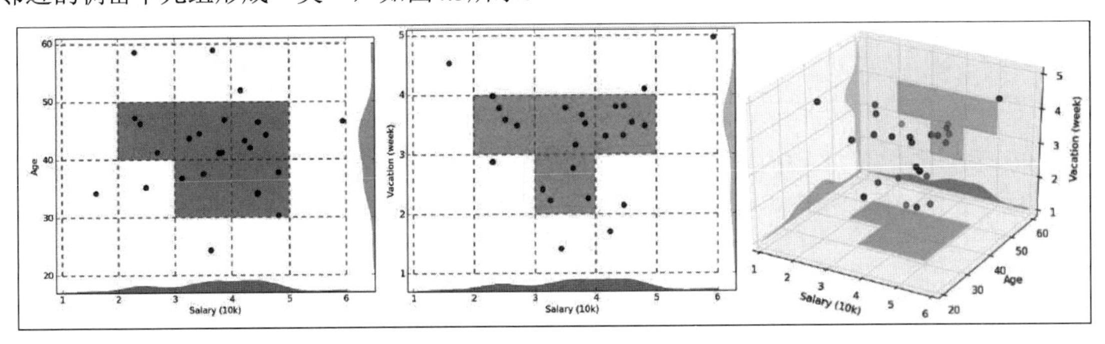

图 4.5

虽然这些算法用不同的网格划分方法将数据空间划分成有限个单元（cell）的网格结构，并对网格数据结构进行了不同的处理，但核心步骤是相同的：

步骤01 划分网格。

步骤02 使用网格单元内数据的统计信息对数据进行压缩表达。

步骤03 基于这些统计信息判断高密度网格单元。

步骤04 最后将相连的高密度网格单元识别为簇。

4. 基于模型的方法（Model-based Methods）

基于模型的方法：为每簇假定了一个模型，寻找数据对给定模型的最佳拟合。这一类方法主要是指基于概率模型的方法和基于神经网络模型的方法，尤其以基于概率模型的方法居多。这里的概率模型主要指概率生成模型（Generative Model），同一“类”的数据属于同一种概率分布，即假设数据是根据潜在的概率分布生成的，如图4.6所示。

算法流程如下：

步骤01 网络初始化，对输出层每个节点的权重赋初值。

步骤02 从输入样本中随机选取输入向量，找到与输入向量距离最小的权重向量。

步骤03 定义获胜单元，在获胜单元的邻近区域调整权重使其向输入向量靠拢。

步骤04 提供新样本，进行训练。

步骤05 重复收缩邻域半径、减小学习率，直到小于允许值，输出聚类结果。

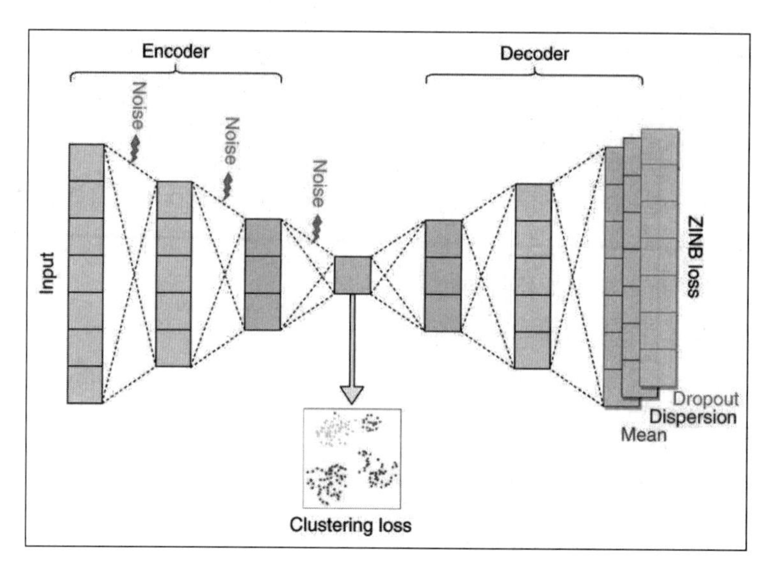

图 4.6

一般而言，对于大多数的聚类分析任务，综合运行时间及准确度方面的考虑，K-means算法相对优于其他。而深度学习模型随着技术的进步和理论的完善也有赶上并超越K-means模型的趋势。

4.2 经典 K-means 聚类算法实战

聚类是一个将数据集中在某些方面相似的数据成员进行分类组织的过程，聚类技术就是一种发现这种内在结构的技术，经常被称为无监督学习。

K-means算法是最著名的划分聚类算法，因其简洁和高效使得它成为所有聚类算法中使用最广泛的。给定一个数据点集合和需要的聚类数目K，K由用户指定，K-means算法根据某个距离函数反复把数据分入K个聚类中。

4.2.1 经典 K-means 算法的 Python 实现

K-means算法的步骤如下：

首先随机选取K个对象作为初始的聚类中心。然后计算每个对象与各个子聚类中心之间的距离，把每个对象分配给距离它最近的聚类中心。聚类中心以及分配给它们的对象就代表一个聚类。一旦全部对象都被分配了，每个聚类的聚类中心会根据聚类中现有的对象被重新计算。这个过程将不断重复直到满足某个终止条件。终止条件可以是以下任何一个：

- 没有（或最小数目）对象被重新分配给不同的聚类。
- 没有（或最小数目）聚类中心再发生变化。
- 误差平方和局部最小。

K-means算法的Python实现如下：

```
class KMeansClusterer:
    def __init__(self, ndarray, cluster_num):
        self.ndarray = ndarray
        self.cluster_num = cluster_num
        self.points = self.__pick_start_point(ndarray, cluster_num)

    def cluster(self):
        result = []
        for i in range(self.cluster_num):
            result.append([])
        for item in self.ndarray:
            distance_min = sys.maxsize
            index = -1
            for i in range(len(self.points)):
                distance = self.__distance(item, self.points[i])
                if distance < distance_min:
                    distance_min = distance
                    index = i
            result[index] = result[index] + [item.tolist()]
        new_center = []
        for item in result:
            new_center.append(self.__center(item).tolist())
        # 中心点未改变，说明达到稳态，结束递归
        if (self.points == new_center).all():
            return result

        self.points = np.array(new_center)

        return np.array(self.cluster())

    def __center(self, list):
        '''计算一组坐标的中心点
        '''
        # 计算每一列的平均值
        return np.array(list).mean(axis=0)

    def __distance(self, p1, p2):
        '''计算两点间距
        '''
        tmp = 0
        for i in range(len(p1)):
            tmp += pow(p1[i] - p2[i], 2)
        return pow(tmp, 0.5)

    def __pick_start_point(self, ndarray, cluster_num):

        if cluster_num < 0 or cluster_num > ndarray.shape[0]:
            raise Exception("簇数设置有误")

        # 随机点的下标
        indexes = random.sample(np.arange(0, ndarray.shape[0], step=1).tolist(),
cluster_num)
        points = []
        for index in indexes:
            points.append(ndarray[index].tolist())
```

```
        return np.array(points)
```

下面我们做一个测试，这里笔者随机生成了3套伪二维随机数，对其聚类后进行可视化展示，代码如下：

```
array = np.random.random(size=(1024,2))                          # 生成随机数据
k_means = KMeansClusterer(array,cluster_num=3)                   # 聚类3个类别
cluster = (k_means.cluster())                                    # 进行聚类计算
x_0 = [];y_0 = []
for pari in (cluster[0]):
    x_0.append(pari[0])
    y_0.append(pari[1])
x_1 = [];y_1 = []
for pari in (cluster[1]):
    x_1.append(pari[0])
    y_1.append(pari[1])
x_2 = [];y_2 = []
for pari in (cluster[2]):
    x_2.append(pari[0])
    y_2.append(pari[1])
import matplotlib.pyplot as plt
plt.scatter(x_0, y_0, marker='o')
plt.scatter(x_1, y_1, marker='^')
plt.scatter(x_2, y_2, marker='*')

plt.colorbar()
plt.show()
```

最终结果的可视化展示如图4.7所示。

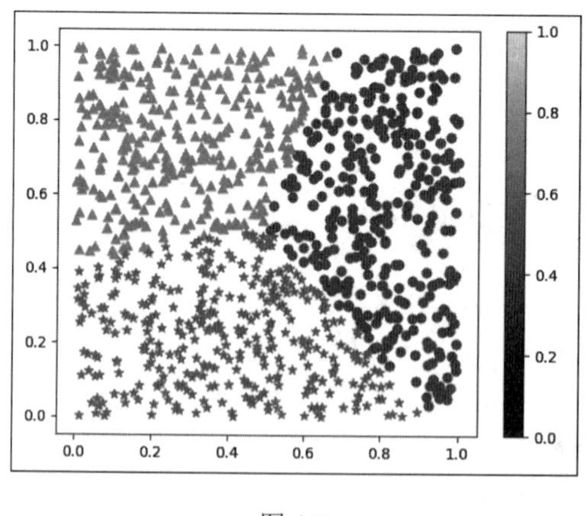

图 4.7

这里实际上是对随机生成的数据进行一个按比例划分，因为我们在设计数据的时候就是随机生成了3套数据，这3套数据的一个共同特征就是数据是随机的，因此可视化展示时就按分布进行划分。这也符合我们初始模型设计的结果。

4.2.2 基于 Iris 数据集的可视化分析

现在我们做一个现实中的案例分析，即对鸢尾花（Iris）数据集进行可视化分析。

Iris数据集是常用的分类实验数据集，包括150个样本，分为3类（Setosa，Versicolour，Virginica）。每个样本包括花萼长度、花萼宽度、花瓣长度、花瓣宽度4个特征。由于样本特征已经属于高维数据，不便以图解形式分类。为了直观上对3种鸢尾花的分类有一个感性的认识，我们可以通过PCA降维处理，使其样本只包含两个新特征，代码如下（关于PCA降维的知识我们将在第6章中进行介绍，这里读者先学习代码即可）：

```
from sklearn.datasets import load_iris              # 导入数据集
from sklearn.decomposition import PCA               # 导入函数库
from 第四章 import k_means
import matplotlib.pyplot as plt
import numpy as np
iris=load_iris()
pca=PCA(n_components=2,random_state=17)     # PCA降维设置保留的主成分个数为2
trans_data=pca.fit_transform(iris.data)     # 调用fit_transform方法，返回新的数据集
index1=np.where(iris.target==0)
index2=np.where(iris.target==1)
index3=np.where(iris.target==2)
labels=['setosa', 'versicolor', 'virginica']
plt.plot(trans_data[index1][:,0],trans_data[index1][:,1],'r*', marker='o')
plt.plot(trans_data[index2][:,0],trans_data[index2][:,1],'g*', marker='^')
plt.plot(trans_data[index3][:,0],trans_data[index3][:,1],'b*', marker='*')
plt.legend(labels)
plt.show()
```

在这里笔者使用了sklearn自带的Iris数据集以及相应的PCA降维方法，完成后的Iris降维如图4.8所示。

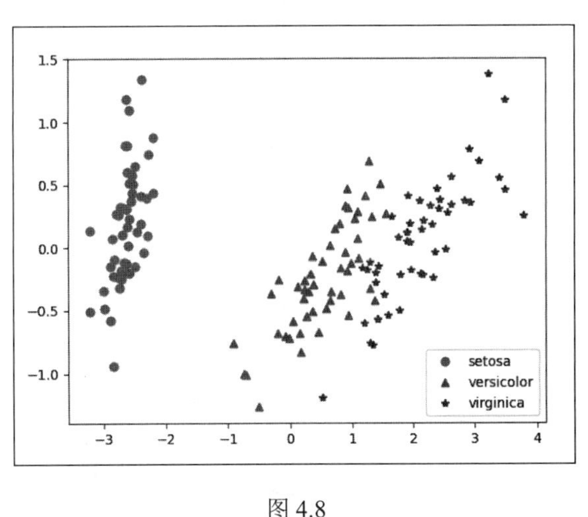

图 4.8

注意　数据降维后我们是根据原始的标签对其进行标注，因此可以看到数据是完全按照原有的规则进行可视化分布展示的。

下面对完成的数据进行一次修正，即不加入原始的标签，通过K-means算法自动对其进行标注。代码如下：

```
from sklearn.datasets import load_iris              # 导入数据集
from sklearn.decomposition import PCA               # 导入函数库
```

```
from 第4章 import k_means
import matplotlib.pyplot as plt
import numpy as np
iris=load_iris()
pca=PCA(n_components=2,random_state=17)          # 设置保留的主成分个数为2
trans_data=pca.fit_transform(iris.data)          # 调用fit_transform方法，返回新的数据集

k_means = k_means.KMeansClusterer(trans_data,cluster_num=3)
cluster = (k_means.cluster())

x_0 = [];
y_0 = []
for pari in (cluster[0]):
    x_0.append(pari[0])
    y_0.append(pari[1])

x_1 = [];
y_1 = []
for pari in (cluster[1]):
    x_1.append(pari[0])
    y_1.append(pari[1])

x_2 = [];
y_2 = []
for pari in (cluster[2]):
    x_2.append(pari[0])
    y_2.append(pari[1])

import matplotlib.pyplot as plt

plt.scatter(x_0, y_0, marker='o')
plt.scatter(x_1, y_1, marker='^')
plt.scatter(x_2, y_2, marker='*')
plt.colorbar()
plt.show()
```

此时通过K-means聚类后的结果的可视化展示如图4.9所示。

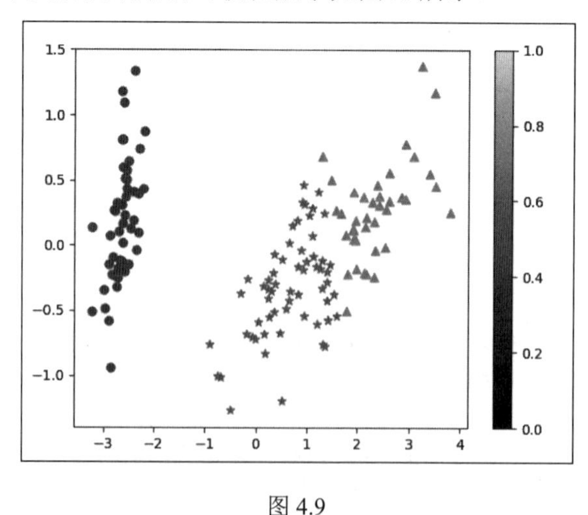

图 4.9

可以看到通过K-means后的聚类结果与基于原始标签的数据相似度很大，即可以认为这两

个可视化展示的结果在一定程度上相似，而我们完成的K-means算法，可以很好地对真实结果进行展示。

4.2.3 投某音还是投某宝？基于 K-means 的广告效果聚类分析

假如某公司有很多投放广告的渠道，每个渠道的客户性质可能不同，例如在某音投放广告和在某宝投放广告，效果可能会有差异。而现在需要对广告效果进行分析实现有针对性的广告效果测量和优化工作。

本节将带领读者实战一个基于K-means的广告效果聚类分析。通过各类广告渠道90天内的日均UV、平均注册率、平均搜索率、访问深度、平均停留时长、订单转化率、投放时间、素材类型、广告类型、合作方式、广告尺寸和广告卖点等特征，将渠道分类，找出每类渠道的重点特征，为接下来的业务讨论和数据分析提供支持。

1. 第一步：数据处理

在这里笔者提供了一份基于13个维度的数据集，如图4.10所示。

渠道代号	日均UV	平均注册率	平均搜索量	访问深度	平均停留时间	订单转化率	投放总时间	素材类型	广告类型	合作方式	广告尺寸	广告卖点
A203	3.69	0.0071	0.0214	2.3071	419.77	0.0258	20	jpg	banner	roi	140*40	打折
A387	178.7	0.004	0.0324	2.0489	157.94	0.003	19	jpg	banner	cpc	140*40	满减
A388	91.77	0.0022	0.053	1.8771	357.93	0.0026	4	jpg	banner	cpc	140*40	满减
A389	1.09	0.0074	0.3382	4.2426	364.07	0.0153	10	jpg	banner	cpc	140*40	满减
A390	3.37	0.0028	0.174	2.1934	313.34	0.0007	30	jpg	banner	cpc	140*40	满减
A391	0.95	0.0141	0.4155	4.2113	415.56	0.0276	2	jpg	banner	cpc	140*40	满减
A392	3.3	0.0028	0.0852	1.7358	155.19	0.0007	4	jpg	banner	cpc	140*40	满减
A393	11.91	0.0032	0.0539	2.3751	243.29	0.0032	4	jpg	banner	cpc	140*40	满减
A394	49.21	0.0038	0.0448	2.3813	257.53	0.003	6	jpg	banner	cpc	140*40	满减
A395	46.31	0.0044	0.0559	2.2621	231.91	0.0029	16	jpg	banner	cpc	140*40	满减

图 4.10

此数据集共889行，由于某些原因，数据在每个维度可能会有缺失或者存在异常值，完整的维度介绍如下：

- 渠道代号：渠道唯一标识。
- 日均 UV：每天的独立访问量。
- 平均注册率=日均注册用户数/平均每日访问量。
- 平均搜索量：每个访问的搜索量。
- 访问深度：总页面浏览量/平均每天的访问量。
- 平均停留时长=总停留时长/平均每天的访问量。
- 订单转化率=总订单数量/平均每天的访客量。
- 投放时间：每个广告在外投放的天数。
- 素材类型：jpg、swf、gif、sp。
- 广告类型：banner、tips、不确定、横幅、暂停。
- 合作方式：roi、cpc、cpm、cpd。
- 广告尺寸：140*40、308*388、450*300、600*90、480*360、960*126、900*120、390*270。
- 广告卖点：打折、满减、满赠、秒杀、直降、满返。

知道了数据集中所包含的维度名称与内容，接下来就是导入相关的库和加载对应数据，代码如下：

```
import pandas as pd
import numpy as np
import matplotlib as mpl
import matplotlib.pyplot as plt
from sklearn.preprocessing import MinMaxScaler,OneHotEncoder
from sklearn.metrics import silhouette_score        # 导入轮廓系数指标
from sklearn.cluster import KMeans                  # KMeans模块
# 设置属性防止中文乱码
mpl.rcParams['font.sans-serif'] = [u'SimHei']
mpl.rcParams['axes.unicode_minus'] = False

raw_data = pd.read_csv(r'./ad_performance.csv')
print(raw_data.head())
```

这里加载了Pandas作为数据读取库，同时使用sklearn作为K-means的聚合算法，相对于前面所实现的K-means算法，使用现成的库可以更为方便地使用相关算法。读取结果如图4.11所示。

	渠道代号	日均UV	平均注册率	平均搜索量	访问深度	平均停留时间	订单转化率	投放总时间	素材类型	广告类型	合作方式	广告尺寸	广告卖点
0	A203	3.69	0.0071	0.0214	2.3071	419.77	0.0258	20.0	jpg	banner	roi	140*40	打折
1	A387	178.70	0.0040	0.0324	2.0489	157.94	0.0030	19.0	jpg	banner	cpc	140*40	满减
2	A388	91.77	0.0022	0.0530	1.8771	357.93	0.0026	4.0	jpg	banner	cpc	140*40	满减
3	A389	1.09	0.0074	0.3382	4.2426	364.07	0.0153	10.0	jpg	banner	cpc	140*40	满减
4	A390	3.37	0.0028	0.1740	2.1934	313.34	0.0007	30.0	jpg	banner	cpc	140*40	满减

图 4.11

图4.11中展示了前5行数据，其中渠道代号是唯一标识，日均UV到投放总时间是数值型（float和int）变量，后面是字符型变量。

下面还可以用如下代码了解数据类型分类以及原始数据的描述信息：

```
print(raw_data.info())                        # 打印类型分布
print(raw_data.describe().round(2).T)         # 打印原始数据基本描述信息
```

打印的描述信息如图4.12所示。

	count	mean	std	min	25%	50%	75%	max
日均UV	889.0	540.85	1634.41	0.06	6.18	114.18	466.87	25294.77
平均注册率	889.0	0.00	0.00	0.00	0.00	0.00	0.00	0.04
平均搜索量	889.0	0.03	0.11	0.00	0.00	0.00	0.01	1.04
访问深度	889.0	2.17	3.80	1.00	1.39	1.79	2.22	98.98
平均停留时间	887.0	262.67	224.36	1.64	126.02	236.55	357.98	4450.83
订单转化率	889.0	0.00	0.01	0.00	0.00	0.00	0.00	0.22
投放总时间	889.0	16.05	8.51	1.00	9.00	16.00	24.00	30.00

图 4.12

图4.12展示了调用describe()函数计算的所有特征的统计描述信息，round(2)显式地提示只保留2位小数。

下面一个非常重要的内容是查看数据是否有缺失值。代码如下：

```
na_cols = raw_data.isnull().any(axis=0)
print(na_cols)
```

渠道代号	False
日均UV	False
平均注册率	False
平均搜索量	False
访问深度	False
平均停留时间	True
订单转化率	False
投放总时间	False
素材类型	False
广告类型	False
合作方式	False
广告尺寸	False
广告卖点	False
dtype: bool	

图 4.13

结果如图4.13所示。

从图4.13中可以很容易看到此数据集中“平均停留时间”存在缺失值，当然如果数据集中总数据量不多的话，可以很容易通过视觉查看到缺失的类，而对于数据较多的数据集通过目测方法就不容易查找到对应的目标。

而查看具体缺失值条数的函数可以由如下代码完成：

```
raw_data.isnull().sum().sort_values(ascending=False)   # 查看具有缺失值的行的总记录数
```

请读者自行打印验证。

2. 第二步：数据探查

要对数据集进行数据探查，首先需要知道每个维度相对于其他维度的相关信息，代码如下：

```
print(raw_data.corr().round(2).T)   # 打印原始数据相关性信息
```

结果如图4.14所示。

	日均UV	平均注册率	平均搜索量	访问深度	平均停留时间	订单转化率	投放总时间
日均UV	1.00	-0.05	-0.07	-0.02	0.04	-0.05	-0.04
平均注册率	-0.05	1.00	0.24	0.11	0.22	0.32	-0.01
平均搜索量	-0.07	0.24	1.00	0.06	0.17	0.13	-0.03
访问深度	-0.02	0.11	0.06	1.00	0.72	0.16	0.06
平均停留时间	0.04	0.22	0.17	0.72	1.00	0.25	0.05
订单转化率	-0.05	0.32	0.13	0.16	0.25	1.00	-0.00
投放总时间	-0.04	-0.01	-0.03	0.06	0.05	-0.00	1.00

图 4.14

在这里通过图表的方式展示了不同维度之间的相关性信息，而此时读者可能会有疑问：在前面的数据集介绍中说明此数据集中共有13个维度，可图中为何仅展示了7个维度。这是因为部分维度是以字符串形式存在的说明性文字，在计算相关性时会自动被忽略。此时将这7个维度进行可视化展示，代码如下：

```
import seaborn as sns
corr = raw_data.corr().round(2)
sns.heatmap(corr,cmap='Reds',annot = True)
plt.show()
```

在这里我们使用了Seaborn中对数据相关性的展示方式，此时形成的可视化图形如图4.15所示。

从图4.15中可以看到，“访问深度”和“平均停留时间”相关性比较高，说明这两个变量在建立模型的时候作用是一样的或者效果是一样的，可以考虑组合这两个变量或者删除其一。

3. 第三步：数据处理

数据了解得差不多了，我们开始处理数据，把常规数据通过清洗、转换、规约、聚合、抽样等方式变成机器学习可以识别或者提升准确度的数据。

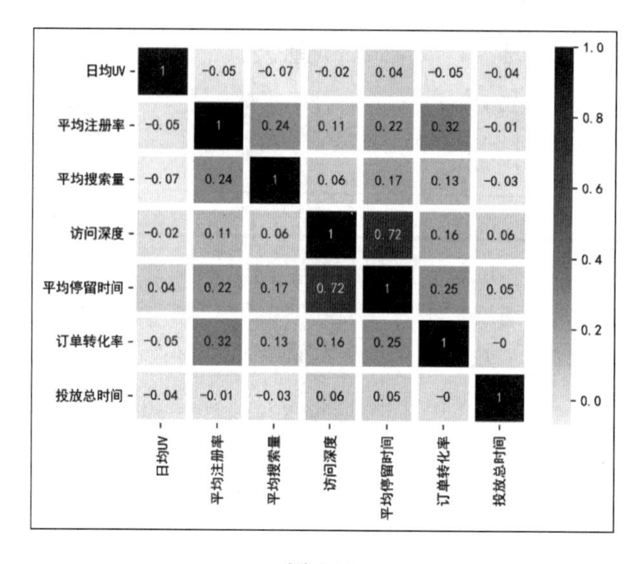

图 4.15

首先，删除我们在第二步发现的相关性较高的数据，即删除平均停留时间，代码如下：

```
raw_data2 = raw_data.drop(['平均停留时间'],axis=1)
```

然后，处理数据集中的描述性文字。对其的处理通过初始的数据定义可以看到，由于每个维度的数据都被分在不同的类别之中，因此我们采用类别变量的独热（one-hot）编码对其进行设置，代码如下：

```
cols=["素材类型","广告类型","合作方式","广告尺寸","广告卖点"]
for x in cols:
    data=raw_data2[x].unique()
    print("变量【{0}】的取值有：\n{1}".format(x,data))
    print("-·"*20)
```

打印出所有的需要对值进行独热编码的内容，其类别如图4.16所示。

```
变量【素材类型】的取值有：
['jpg' 'swf' 'gif' 'sp']
-·-·-·-·-·-·-·-·-·-·-·-·-·-·-·-·-·-·-·-·
变量【广告类型】的取值有：
['banner' 'tips' '不确定' '横幅' '通栏' '暂停']
-·-·-·-·-·-·-·-·-·-·-·-·-·-·-·-·-·-·-·-·
变量【合作方式】的取值有：
['roi' 'cpc' 'cpm' 'cpd']
-·-·-·-·-·-·-·-·-·-·-·-·-·-·-·-·-·-·-·-·
变量【广告尺寸】的取值有：
['140*40' '308*388' '450*300' '600*90' '480*360' '960*126' '900*120'
 '390*270']
-·-·-·-·-·-·-·-·-·-·-·-·-·-·-·-·-·-·-·-·
变量【广告卖点】的取值有：
['打折' '满减' '满赠' '秒杀' '直降' '满返']
-·-·-·-·-·-·-·-·-·-·-·-·-·-·-·-·-·-·-·-·
```

图 4.16

从图4.16中可以看到每个类别都有多种不同的取值，因此对其的处理可以直接由如下函数完成：

```
# 字符串分类独热编码处理
cols = ['素材类型','广告类型','合作方式','广告尺寸','广告卖点']
model_ohe = OneHotEncoder(sparse=False)                 # 建立OneHotEncode对象
ohe_matrix = model_ohe.fit_transform(raw_data2[cols])   # 直接转换
print(ohe_matrix[:2])
```

其中需要说明的是，OneHotEncoder类是sklearn自带的建立独热编码的帮助类，可以很简便地帮助用户建立相应的独热编码，结果请读者自行打印，。

而同时Pandas也可以帮助读者完成独热编码的设定，代码如下：

```
# 用Pandas的方法
ohe_matrix1=pd.get_dummies(raw_data2[cols])            # 只做演示，不在后续步骤中使用
ohe_matrix1.head(5)                                    # 只做演示，不在后续步骤中使用
```

最后，对数据进行标准化处理和合并维度，代码如下：

```
sacle_matrix = raw_data2.iloc[:, 1:7]                  # 获得要转换的矩阵
model_scaler = MinMaxScaler()                          # 建立MinMaxScaler模型对象
data_scaled = model_scaler.fit_transform(sacle_matrix) # MinMaxScaler标准化处理
X = np.hstack((data_scaled, ohe_matrix))
```

在这里我们采用极值的方式完成数据的标准化处理，然而实际上sklearn还提供了更多的标准化方法，例如MaxAbsScaler、PolynomialFeatures、Binarizer等，每一种方法可以适应不同的数据内容，具体还需要读者在实际中多多测试。在本例中我们使用极值对数据进行标准化处理即可。

4. 第四步：模型的建立

处理完数据下一步就是完成模型的训练，在这里我们采用sklearn自带的K-means数据对模型进行拟合，代码如下（轮廓系数在代码后说明）：

```
# 通过平均轮廓系数检验得到最佳K-means聚类模型
score_list = list()                              # 用来存储每个K下模型的平局轮廓系数
silhouette_int = -1                              # 初始化的平均轮廓系数阈值
for n_clusters in range(2, 8):                   # 遍历从2到8几个有限组
    model_kmeans = KMeans(n_clusters=n_clusters) # 建立聚类模型对象
    labels_tmp = model_kmeans.fit_predict(X)     # 训练聚类模型
    silhouette_tmp = silhouette_score(X, labels_tmp)  # 得到每个K下的平均轮廓系数
    if silhouette_tmp > silhouette_int:               # 如果平均轮廓系数更高
        best_k = n_clusters                           # 将最好的K存储下来
        silhouette_int = silhouette_tmp               # 保存平均轮廓得分
        best_kmeans = model_kmeans                    # 保存模型实例对象
        cluster_labels_k = labels_tmp                 # 保存聚类标签
    score_list.append([n_clusters, silhouette_tmp])   # 将每次K及其得分追加到列表
print('{:*^60}'.format('K值对应的轮廓系数:'))
print(np.array(score_list))                           # 打印输出所有K下的详细得分
print('最优的K值是:{0} \n对应的轮廓系数是:{1}'.format(best_k, silhouette_int))
```

上述代码自动完成了K-means的训练。在这里读者会接触一个新词“轮廓系数”，简单来说轮廓系数是用于评价聚类效果好坏的一种指标，可以理解为描述聚类后各个类别的轮廓清晰度的指标，其包含有两种因素——内聚度和分离度。此时我们不对其进行进一步讲解，读者只需要知道轮廓系数S的取值范围为[–1, 1]，轮廓系数越大聚类效果越好。

5. 第五步：聚类结果特征分析与展示

最后一步我们需要对数据结果进行特征分析并把结果进行可视化展示。

通过上面模型，我们其实给每个观测（样本）打了个标签clusters，即其属于7类中的哪一类（这里请读者注意，不同的操作对具体分类的数目可能有不同）：

```
# 将原始数据与聚类标签整合
cluster_labels = pd.DataFrame(cluster_labels_k, columns=['clusters'])  # 获得训练集
下的标签信息
merge_data = pd.concat((raw_data2, cluster_labels), axis=1)  # 将原始处理过的数据跟聚
类标签整合
print(merge_data.head())
```

上面的代码向我们展示了对每条广告效果进行分类的结果，clusters是归属的类别，结果如图4.17所示。

	渠道代号	日均UV	平均注册率	平均搜索量	访问深度	...	广告类型	合作方式	广告尺寸	广告卖点	clusters
0	A203	3.69	0.0071	0.0214	2.3071	...	banner	roi	140*40	打折	1
1	A387	178.70	0.0040	0.0324	2.0489	...	banner	cpc	140*40	满减	1
2	A388	91.77	0.0022	0.0530	1.8771	...	banner	cpc	140*40	满减	1
3	A389	1.09	0.0074	0.3382	4.2426	...	banner	cpc	140*40	满减	1
4	A390	3.37	0.0028	0.1740	2.1934	...	banner	cpc	140*40	满减	1

图 4.17

这里需要提示读者的是，读者在自行演示时clusters的数值可能为1和4之间的任意一个整数，这是正常的，因为对每个类别分配的序号是代码在后台随机决定的，对整体没有影响。

接下来我们需要看一下各个类别的占比情况，代码如下：

```
# 计算每个聚类类别下的样本量和样本占比
clustering_count = pd.DataFrame(merge_data['渠道代号'].groupby (merge_data
['clusters']).count()).T.rename({'渠道代号': 'counts'})  # 计算每个聚类类别的样本量
clustering_ratio = (clustering_count / len(merge_data)).round(2).rename({'counts':
'percentage'})  # 计算每个聚类类别的样本量占比
print(clustering_count)
print("# "*30)
print(clustering_ratio)
```

而每个类别中最为重要和显著的特征又可以如下展示：

```
# 计算各个聚类类别内部最显著的特征值
cluster_features = []              # 空列表，用于存储最终合并后的所有特征信息
for line in range(best_k):         # 读取每个类索引
    label_data = merge_data[merge_data['clusters'] == line]  # 获得特定类的数据

    part1_data = label_data.iloc[:, 1:7]              # 获得数值型数据特征
    part1_desc = part1_data.describe().round(3)      # 得到数值型特征的描述性统计信息
    merge_data1 = part1_desc.iloc[2, :]               # 得到数值型特征的均值

    part2_data = label_data.iloc[:, 7:-1]             # 获得字符串型数据特征
    part2_desc = part2_data.describe(include='all')  # 获得字符串型数据特征的描述性统计
信息
    merge_data2 = part2_desc.iloc[2, :]               # 获得字符串型数据特征的最频繁值
```

```
    merge_line = pd.concat((merge_data1, merge_data2), axis=0)  # 将数值型和字符串型
典型特征沿行合并
    cluster_features.append(merge_line)                  # 将每个类别下的数据特征追加到列表

  #  输出完整的类别特征信息
  cluster_pd = pd.DataFrame(cluster_features).T      # 将列表转化为矩阵
  print('{:*^60}'.format('每个类别主要的特征:'))
  all_cluster_set = pd.concat((clustering_count, clustering_ratio,
cluster_pd),axis=0)                                  # 将每个聚类类别的所有信息合并
  print(all_cluster_set)
```

这里是对每个类别中的最主要特征进行提取，其目的是帮助用户更好地理解分类的理由，结果如图4.18所示。

*************************每个类别主要的特征:*************************

	0	1	2	3	4	5	6
counts	157	148	137	75	166	136	70
percentage	0.18	0.17	0.15	0.08	0.19	0.15	0.08
日均UV	2692.807	349.04	1953.641	1889.469	1384.627	527.274	331.656
平均注册率	0.005	0.002	0.004	0.003	0.003	0.003	0.002
平均搜索量	0.051	0.091	0.098	0.104	0.094	0.184	0.007
访问深度	0.938	0.757	1.111	5.954	7.626	0.922	1.001
订单转化率	0.007	0.005	0.008	0.009	0.016	0.02	0.003
投放总时间	8.562	8.554	8.494	8.133	8.821	7.95	8.848
素材类型	jpg	jpg	swf	swf	jpg	swf	jpg
广告类型	banner	不确定	不确定	tips	不确定	不确定	不确定
合作方式	cpc	cpc	roi	cpc	cpc	roi	cpc
广告尺寸	308*388	600*90	600*90	450*300	600*90	600*90	600*90
广告卖点	满减	打折	打折	打折	直降	直降	满返

图 4.18

从图4.17中很容易看到，每个类别所关注的维度具有不同的取值，而此时也是作为一种数据解释化方法对结果进行介绍。

下面就是需要对数据进行可视化展示，完整代码如下：

```
# 各类别数据预处理
num_sets = cluster_pd.iloc[:6, :].T.astype(np.float64)     # 获取要展示的数据
num_sets_max_min = model_scaler.fit_transform(num_sets)   # 获得标准化后的数据

# 画图
fig = plt.figure(figsize=(6,6))                             # 建立画布
ax = fig.add_subplot(111, polar=True)                       # 增加子网格，注意polar参数
labels = np.array(merge_data1.index)                        # 设置要展示的数据标签
cor_list = ['g', 'r', 'y', 'b',"beige","floralwhite","indigo"]  # 定义不同类别的颜色
angles = np.linspace(0, 2 * np.pi, len(labels), endpoint=False) # 计算各个区间的角度
angles = np.concatenate((angles, [angles[0]]))              # 建立相同的首尾字段以便于闭合
# 画雷达图
for i in range(len(num_sets)):                              # 循环每个类别
    data_tmp = num_sets_max_min[i, :]                       # 获得对应类数据
    data = np.concatenate((data_tmp, [data_tmp[0]]))        # 建立相同的首尾字段以便于闭合
    ax.plot(angles, data, 'o-', c=cor_list[i], label="第%d类渠道"%(i))  # 画线
    ax.fill(angles, data,alpha=1)
# 设置图像显示格式
ax.set_title("各聚类类别显著特征对比", fontproperties="SimHei")   # 设置标题
```

```
ax.set_rlim(-0.2, 1.2)                                          # 设置坐标轴尺度范围
plt.legend(loc="upper right" ,bbox_to_anchor=(1.2,1.0))         # 设置图例位置
plt.show()
```

最终展示结果如图4.19所示。

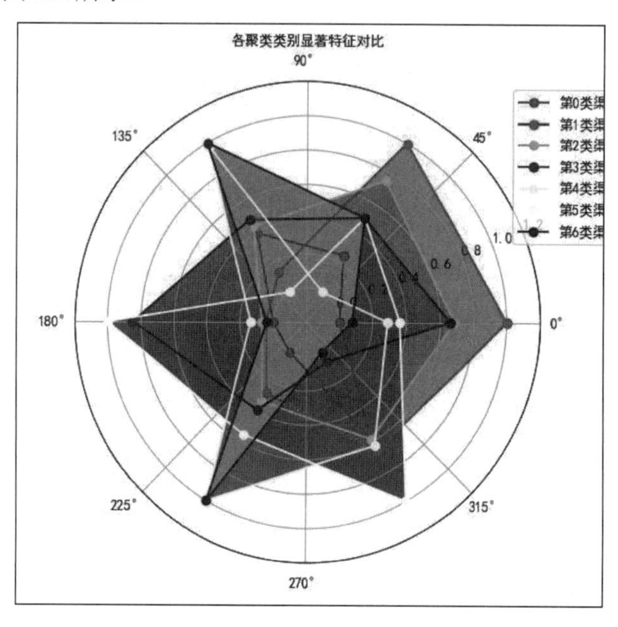

图 4.19

4.3 基于密度的聚类算法 DBSCAN

前面我们介绍了K-means算法，并基于此进行了广告聚类问题实战。然而对于K-means来说，并不是所有的场合都适用，例如当数据集中的数据并不是以球形进行聚类时，K-means的效果就相对较差，如图4.20所示。

图 4.20

与基于距离的聚类算法不同的是，基于密度的聚类算法可以发现任意形状的聚类。在基于密度的聚类算法中，在数据集中寻找被低密度区域分离的高密度区域，将分离出的高密度区域作为一个独立的类别。

DBSCAN是一种很典型的密度聚类算法，和我们前面介绍的K-means类相比，DBSCAN可以用于更多的数据集，特别是那些在分布上有较强交叉性的数据集。本节我们将对这一部分内容进行介绍。

4.3.1 DBSCAN 算法原理与 Python 实现

DBSCAN是一种基于密度的空间聚类算法。该算法将具有足够密度的区域划分为簇，并在具有噪音的空间数据库中发现任意形状的簇，它将簇定义为密度相连的点的最大集合。

1. 基本概念

DBSCAN算法中有两个重要参数：Eps和MinPts。Eps是定义密度时的邻域半径，MinPts是定义核心点时的阈值。

在 DBSCAN 算法中将数据点分为以下 3 类。

- 核心点：如果一个对象在其半径 Eps 内含有超过 MinPts 数目的点，则该对象为核心点。
- 边界点：如果一个对象在其半径 Eps 内含有点的数量小于 MinPts，但是该对象落在核心点的邻域内，则该对象为边界点。
- 噪音点：如果一个对象既不是核心点也不是边界点，则该对象为噪音点。

通俗地讲，核心点对应稠密区域内部的点，边界点对应稠密区域边缘的点，而噪音点对应稀疏区域中的点。各个点的位置如图4.21所示。

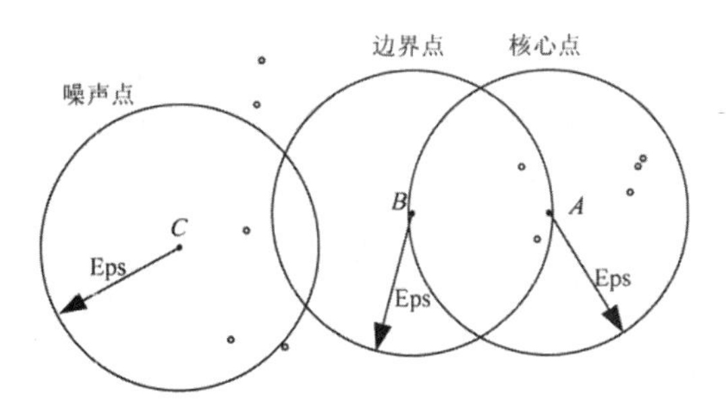

图 4.21

在图4.21中假设MinPts=5，Eps如图中箭头线所示，则点A为核心点，点B为边界点，点C为噪音点。点A因为在其Eps邻域内含有7个点，超过了Eps=5，所以是核心点。

点B和点C因为在其Eps邻域内含有点的个数均少于5，所以不是核心点；点B因为落在了点A的Eps邻域内，所以点B是边界点；点C因为没有落在任何核心点的邻域内，所以是噪音点。

进一步来讲，DBSCAN算法还涉及以下一些概念（读者了解即可）。

（1）E 邻域：给定对象半径为 E 内的区域称为该对象的 E 邻域，对于 $x_j \in D$，其ϵ-邻域包含样本集 D 中与x_j的距离不大于ϵ的子样本集，即 $N\epsilon = \{x_i \in D \mid \text{distance}(x_i, x_j) \leqslant \epsilon\}$，这个子样本集的个数记为$|N\epsilon(x_j)|$。

（2）核心对象：如果给定对象 E 邻域内的样本点数大于或等于MinPts，则称该对象为核心对象。也就是说对于任一样本$x_j \in D$，如果其ϵ-邻域对应的$N\epsilon(x_j)$至少包含MinPts个样本，即如果$|N\epsilon(x_j)| \geqslant$MinPts，则$x_j$是核心对象。

（3）直接密度可达：对于样本集合D，如果x_i位于x_j的ϵ-邻域中，且x_j是核心对象，则称x_i由x_j密度直达。注意反之不一定成立，即此时不能说x_j由x_i密度直达，除非x_i也是核心对象。

（4）密度可达：对于x_i和x_j，如果存在样本序列 $p_1, p_2, \ldots, p_T$，满足 $p_1 = x_i$，$p_T = x_j$，且 $p_t + 1$

由 p_t 密度直达，则称x_j由x_i密度可达。也就是说，密度可达满足传递性。此时序列中的传递样本 $p_1,p_2,\ldots,p_{T-1}$ 均为核心对象，因为只有核心对象才能使其他样本密度直达。注意密度可达也不满足对称性，这个可以由直接密度可达的不对称性得出。

（5）密度相连：对于x_i和x_j，如果存在核心对象样本x_k，使x_i和x_j均由x_k密度可达，则称x_i和x_j密度相连。注意密度相连关系是满足对称性的。

可以发现，密度可达是直接密度可达的传递闭包，并且这种关系是非对称的。密度相连是对称关系。DBSCAN目的是找到密度相连对象的最大集合。

2. 算法描述

DBSCAN算法对簇的定义很简单，由密度可达关系导出的最大密度相连的样本集合，即为最终聚类的一个簇。

DBSCAN算法的簇里面可以有一个或者多个核心点。如果只有一个核心点，则簇里其他的非核心点样本都在这个核心点的Eps邻域里。如果有多个核心点，则簇里的任意一个核心点的Eps邻域中一定有一个其他的核心点，否则这两个核心点无法密度可达。这些核心点的Eps邻域里所有的样本的集合组成一个DBSCAN聚类簇。

DBSCAN算法的描述如下：

输入：数据集，邻域半径Eps，邻域中数据对象数目阈值MinPts。
输出：密度联通簇。

DBSCAN算法的计算复杂度为$O(n^2)$，n为数据对象的数目。这种算法对于输入参数Eps和MinPts是敏感的，如图4.22所示。

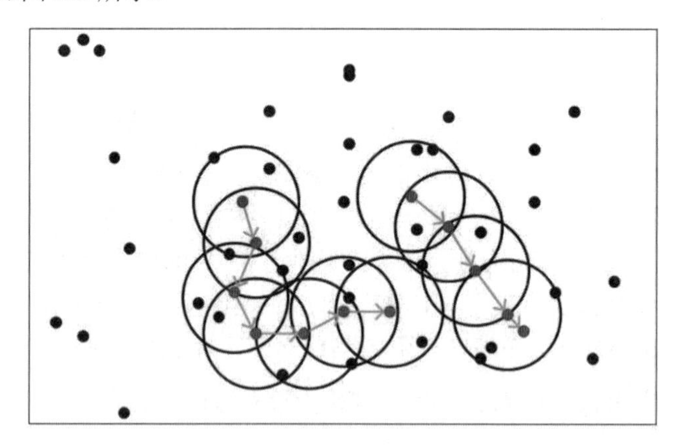

图 4.22

3. DBSCAN 算法的 Python 实现

完整的DBSCAN算法如下：

```
import random
import math
import numpy as np

def dbscan(Data, Eps, MinPts):
    # 计算两个点之间的欧氏距离，参数为两个元组
```

```
def dist(t1, t2):
    dis = math.sqrt((np.power((t1[0] - t2[0]), 2) + np.power((t1[1] - t2[1]), 2)))
    # print("两点之间的距离为: "+str(dis))
    return dis
num = len(Data)                           # 点的个数
# print("点的个数: "+str(num))
unvisited = [i for i in range(num)]     # 没有访问的点的列表
# print(unvisited)
visited = []                              # 已经访问的点的列表
C = [-1 for i in range(num)]
# C为输出结果，默认是一个长度为num、值全为-1的列表
# 用k来标记不同的簇，k = -1表示噪音点
k = -1
# 如果还有没访问的点
while len(unvisited) > 0:
    # 随机选择一个unvisited对象
    p = random.choice(unvisited)
    unvisited.remove(p)
    visited.append(p)
    # N为p的Eps邻域中的对象的集合
    N = []
    for i in range(num):
        if (dist(Data[i], Data[p]) <= Eps):  # and (i!=p):
            N.append(i)
    # 如果p的Eps邻域中的对象数大于指定阈值，说明p是一个核心对象
    if len(N) >= MinPts:
        k = k + 1
        # print(k)
        C[p] = k
        # 对于p的Eps邻域中的每个对象pi
        for pi in N:
            if pi in unvisited:
                unvisited.remove(pi)
                visited.append(pi)
                # 找到pi的邻域中的核心对象，将这些对象放入N中
                # M是位于pi的邻域中的点的列表
                M = []
                for j in range(num):
                    if (dist(Data[j], Data[pi]) <= Eps):  # and (j!=pi):
                        M.append(j)
                if len(M) >= MinPts:
                    for t in M:
                        if t not in N:
                            N.append(t)
            # 若pi不属于任何簇，C[pi] == -1说明C中第pi个值没有改动
            if C[pi] == -1:
                C[pi] = k
    # 如果p的Eps邻域中的对象数小于指定阈值，说明p是一个噪音点
    else:
        C[p] = -1
return C
```

笔者为了演示DBSCAN算法，在这里准备了一组自定义数据，这是一套由1024个坐标组成的2维数组，将数据读取后进行聚类并图形化展示，完整代码如下：

```
import matplotlib.pyplot as plt
import random
import numpy as np
import math
import DBSCAN    # 导入我们实现的DBSCAN模型
from sklearn import datasets

list_1 = []
list_2 = []

# 数据集载入
def loadDataSet(fileName, splitChar='\t'):
    dataSet = []
    with open(fileName) as fr:
        for line in fr.readlines():
            curline = line.strip().split(splitChar)
            fltline = list(map(float, curline))
            dataSet.append(fltline)
    return dataSet

dataSet = loadDataSet('dbscan.txt', splitChar=',')
C = DBSCAN.dbscan(dataSet, 2, 7)        # 设置的Eps和MinPts参数
x = []
y = []
for data in dataSet:
    x.append(data[0])
    y.append(data[1])
plt.scatter(x, y, c=C, marker='o')
plt.show()
```

最终结果如图4.23所示。

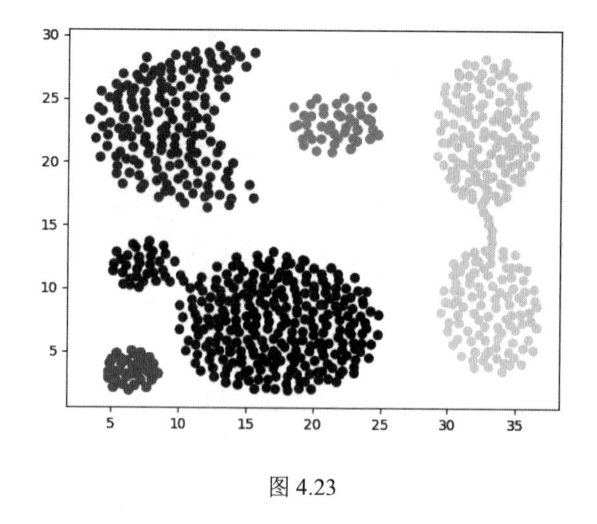

图 4.23

然而实际上最终的聚类和我们输入的Eps和MinPts参数有关，有兴趣的读者可以调节不同的参数对结果进行展示。

4.3.2　基于 sklearn 的 DBSCAN 实战

相对于我们手动实现的DBSCAN算法，更为常用的是调用已实现的DBSCAN函数。在sklearn中，DBSCAN算法类为sklearn.cluster.DBSCAN。除了DBSCAN算法本身的参数，还有一类需要设置的是最近邻度量的参数，下面我们对这些参数做一个总结。

（1）Eps：DBSCAN算法参数，即我们的ϵ-邻域的距离阈值，和样本距离超过ϵ的样本点不在ϵ-邻域内。一般需要通过在多组值里面选择一个合适的阈值，默认值是0.5。Eps过大，则更多的点会落在核心对象的ϵ-邻域，此时我们的类别数可能会减少，本来不应该是一类的样本也会被划为一类。反之则类别数会增大，本来是一类的样本却被划分开。

（2）MinPts：DBSCAN算法参数，即样本点要成为核心对象所需要的ϵ-邻域的样本数阈值。一般需要通过在多组值里面选择一个合适的阈值，默认值是5。通常和Eps一起调参。在Eps一定的情况下，MinPts过大，则核心对象会过少，此时簇内部本来是一类的样本可能会被标为噪音点，类别数也会变多。反之MinPts过小的话，则会产生大量的核心对象，可能会导致类别数过少。

（3）metric：最近邻距离度量参数。可以使用的距离度量较多，一般来说DBSCAN使用默认的欧氏距离（即p=2的明可夫斯基距离）就可以满足我们的需求。

（4）algorithm：最近邻搜索算法参数，算法一共有三种，第一种是蛮力实现，第二种是KD树实现，第三种是球树实现。这三种方法请读者自行查看。对于这个参数，一共有4种可选输入：brute对应第一种蛮力实现，kd_tree对应第二种KD树实现，ball_tree对应第三种球树实现，auto则会在这三种算法中做权衡，选择一个拟合最好的最优算法。需要注意的是，如果输入样本特征是稀疏的时候，无论我们选择哪种算法，最后sklearn都会去用蛮力实现brute。个人的经验，一般情况使用默认的auto就够了。如果数据量很大或者特征也很多，用auto建树时间可能会很长，效率不高，建议选择KD树实现kd_tree，此时如果发现kd_tree速度比较慢或者已经知道样本分布不是很均匀时，可以尝试用ball_tree。

（5）leaf_size：最近邻搜索算法参数，是在使用KD树或者球树时， 停止建子树的叶子节点数量的阈值。这个值越小，则生成的KD树或者球树就越大，层数越深，建树时间越长；反之，则生成的KD树或者球树越小，层数越浅，建树时间越短。默认是30，因为这个值一般只影响算法的运行速度和使用内存的大小，因此一般情况下可以不管它。

（6）p：最近邻距离度量参数。只用于明可夫斯基距离和带权重明可夫斯基距离中p值的选择，p=1为曼哈顿距离，p=2为欧氏距离。如果使用默认的欧氏距离则不需要管这个参数。

以上就是DBSCAN类的主要参数介绍，前面我们自己实现的DBSCAN需要调参的就是Eps和min_samples，这两个值的组合对最终的聚类效果有很大的影响。

下面我们实现一个sklearn DBSCAN聚类实例。

1. 第一步：数据的准备

我们生成一组随机数据，为了体现DBSCAN在交叉数据上的聚类优势，我们生成了三簇数据，代码如下：

```
import numpy as np
import matplotlib.pyplot as plt
from sklearn import datasets
X1, y1=datasets.make_circles(n_samples=5000, factor=.6,noise=.05)
```

```
X2, y2 = datasets.make_blobs(n_samples=1000, n_features=2, centers=[[1.2,1.2]], cluster_std=[[.1]], random_state=9)

X = np.concatenate((X1, X2))
plt.scatter(X[:, 0], X[:, 1], marker='o')
plt.show()
```

2. 第二步：使用K-means进行聚类

在使用DBSCAN进行聚类之前使用K-means对数据集进行一次聚类，代码如下：

```
from sklearn.cluster import KMeans
y_pred = KMeans(n_clusters=3, random_state=9).fit_predict(X)
plt.scatter(X[:, 0], X[:, 1], c=y_pred)
plt.show()
```

我们对聚类结果进行可视化展示，如图4.24所示。

可以很明显地看到采用K-means算法得到的聚类结果并不能很好地对数据进分类，仅仅是得到了3个基于“范围”的聚类结果。

3. 第三步：使用DBSCAN进行聚类

从图4.24中可以看到K-means对于非凸数据集的聚类表现不好，那么如果使用DBSCAN效果如何呢？我们先直接用默认参数，看看聚类效果，代码如下：

```
from sklearn.cluster import DBSCAN
y_pred = DBSCAN().fit_predict(X)
plt.scatter(X[:, 0], X[:, 1], c=y_pred)
plt.show()
```

结果如图4.25所示。

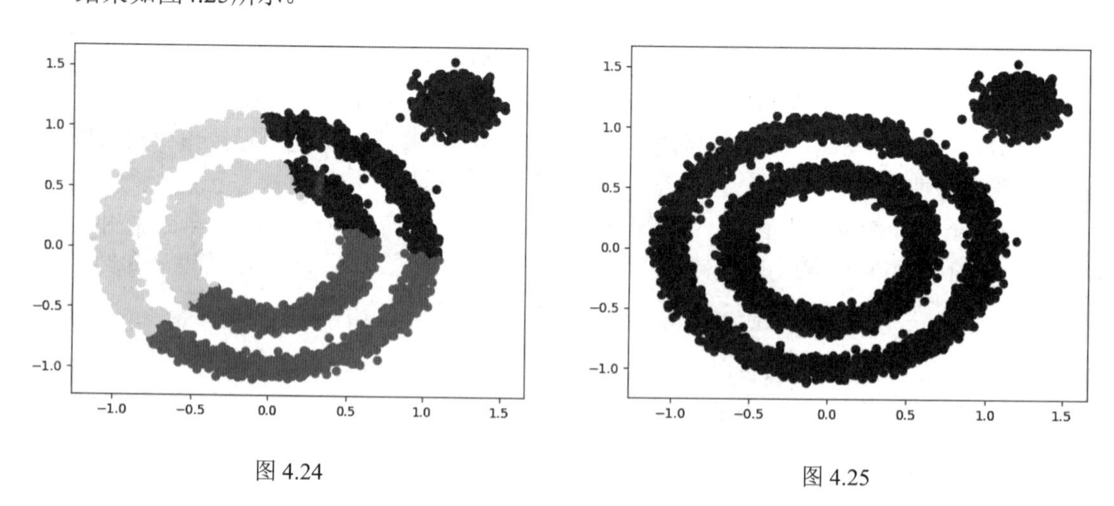

图 4.24　　图 4.25

可以看到在没有调参的状态下，DBSCAN的聚类结果没有任何分辨能力，完全就是将其作为一个单一的类别进行输出。

下面需要对DBSCAN的两个关键的参数Eps和min_samples进行调参。从图4.25中我们可以发现，类别数太少，需要增加类别数，那么我们可以减少ϵ-邻域的大小，默认是0.5，我们减到0.1看看效果。代码如下：

```
y_pred = DBSCAN(eps = 0.1).fit_predict(X)
plt.scatter(X[:, 0], X[:, 1], c=y_pred)
plt.show()
```

此时的聚类结果如图4.26所示。

此时可以看到，虽然聚类效果依旧不能令人满意，但是起码右上的数据已经被独立整合出来。下面我们继续对参数进行调节，代码如下：

```
y_pred = DBSCAN(eps = 0.1, min_samples = 10).fit_predict(X)
plt.scatter(X[:, 0], X[:, 1], c=y_pred)
plt.show()
```

此时我们通过对参数进行进一步修正得到如图4.27所示的结果。

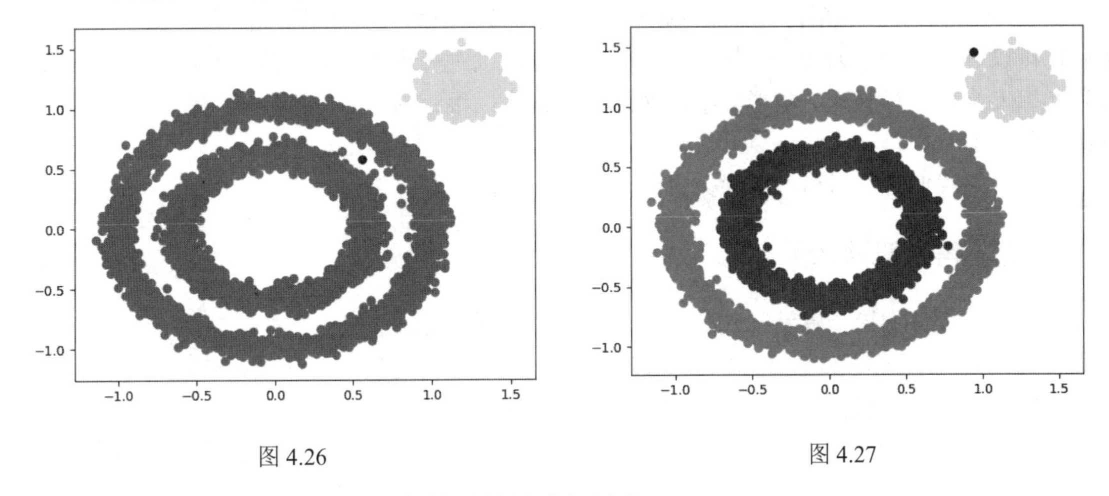

图 4.26　　图 4.27

可以看到此时DBSCAN已经能够对结果进行区分。

4.3.3 DBSCAN 的优缺点比较

和传统的K-means算法相比，DBSCAN 算法不需要输入簇数*K*而且可以发现任意形状的聚类簇，同时，在聚类时可以找出异常点。

DBSCAN算法的主要优点如下：

- 可以对任意形状的稠密数据集进行聚类，而 K-means 之类的聚类算法一般只适用于凸数据集。
- 可以在聚类的同时发现异常点，对数据集中的异常点不敏感。
- 聚类结果没有偏倚，而 K-means 之类的聚类算法的初始值对聚类结果有很大影响。

DBSCAN算法的主要缺点如下：

- 样本集的密度不均匀、聚类间距差相差很大时，聚类质量较差，这时用 DBSCAN 算法一般不适合。
- 样本集较大时，聚类收敛时间较长。
- 调试参数比较复杂时，主要需要对距离阈值 Eps、邻域样本数阈值 MinPts 进行联合调参，不同的参数组合对最后的聚类效果有较大影响。
- 对于整个数据集只采用了一组参数。如果数据集中存在不同密度的簇或者嵌套簇，则 DBSCAN 算法不能处理。

- DBSCAN 算法可过滤噪音点，这同时也是其缺点，造成了其不适用于某些领域，如对网络安全领域中恶意攻击的判断。

4.4 基于层次的聚类算法

前面我们学习了基于划分的聚类算法，并通过实战学习了这些聚类的使用。尽管基于划分的聚类算法能够实现把数据集划分成指定数量的簇，但是在某些情况下，需要把数据集划分成不同层上的簇，这些基于划分的算法就不太适用。

比如，作为一家公司的经理，你可以把所有的雇员组织成较大的簇，如主管、经理和职员；然后你可以进一步划分为较小的簇，例如，职员簇可以进一步划分为子簇：高级职员，一般职员和实习人员。所有的这些簇形成了层次结构，你可以很容易地对各层次上的数据进行汇总或者特征化。

本节开始我们将学习另一种聚类算法，即基于层次的聚类算法。

4.4.1 基于层次算法的原理

使用基于划分的聚类算法，例如我们前面所介绍的K-means的一个问题是，需要指定一个划分簇的数量K。然而在实践中，簇的数量K往往没有办法提前确定，或者随着关注的数据特征不同，想要的K值也随之变化。对于分布如图4.28所示的数据。直观来看，图中展示的数据划分为2个簇或4个簇都是合理的，但是，如果每一个圈的内部包含的是大量数据形成的数据集，那么也许分成16个簇才是所需要的。

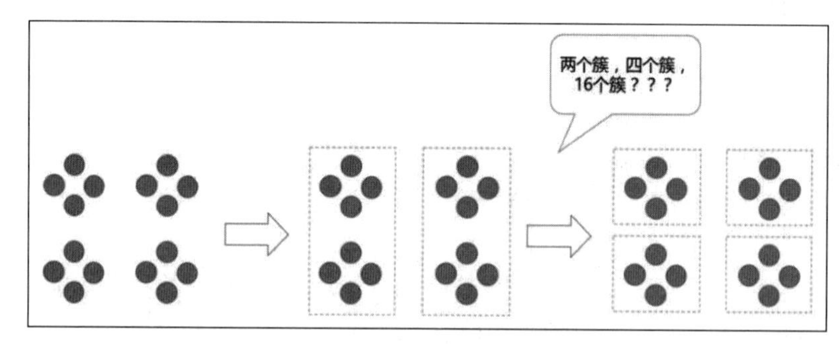

图 4.28

所以，讨论数据集应该聚类成多少个簇，通常是在讨论我们在什么尺度（层次）上关注这个数据集。层次聚类算法相比划分聚类算法的优点之一是可以在不同的尺度上展示数据集的聚类情况。

基于层次的聚类算法（Hierarchical Clustering）可以是凝聚的（Agglomerative），也可以是分裂的（Divisive），取决于层次的划分是自底向上还是自顶向下。

- 自顶向下：它首先把所有对象置于一个簇中，该簇是层次结构的根。然后，它把根上的簇划分为多个较小的子簇，并且递归地把这次簇划分成更小的簇，直到满足终止条件。常见的自顶向下的算法有 Hierarchical K-means 层次聚类算法。

- 自底向上：首先把数据集中的每个对象作为一个簇，然后迭代地把簇合并成为更大的簇，直到最终形成一个大簇，或者满足某个终止条件。基于自底向上算法有凝聚算法、BIRCH 算法、CURE 算法、变色龙算法等。

1. 自顶向下算法：Hierarchical K-means 算法

Hierarchical K-means算法是自顶向下的层次聚类算法，用到了基于划分的聚类算法——K-means，算法流程如下：

步骤01 把原始数据集放到一个簇 C，这个簇形成了层次结构的最顶层。

步骤02 使用 K-means 算法把簇 C 划分成指定的 K 个子簇 C_i, $i = 1,2,\ldots,k$，形成一个新的层。

步骤03 对于步骤 2 所生成的 K 个簇，递归使用 K-means 算法划分成更小的子簇，直到每个簇不能再划分（只包含一个数据对象）或者满足设定的终止条件。

图4.29展示了一组数据进行了二次K-means算法的过程。

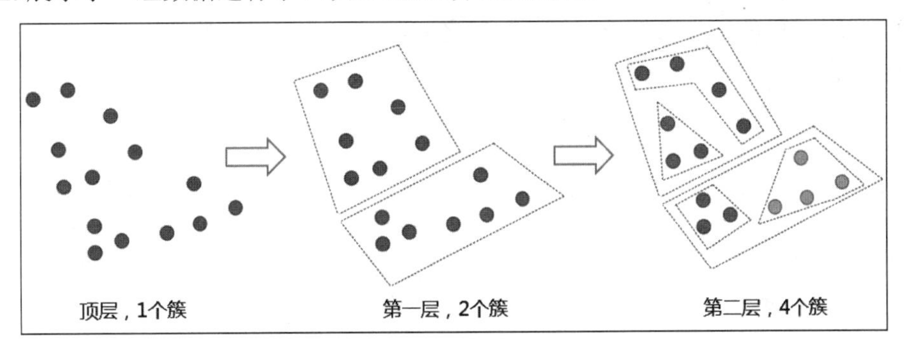

图 4.29

Hierarchical K-means算法有一个很大的问题：一旦两个点在最开始被划分到了不同的簇，即使这两个点距离很近，在后面的过程中也不会被聚类到一起，如图4.30所示。

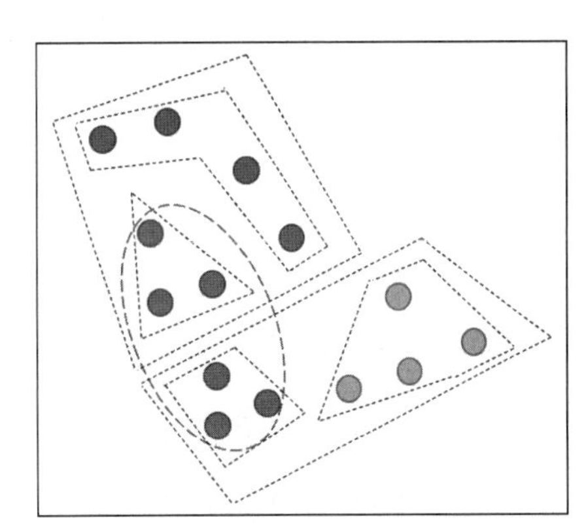

图 4.30

图4.30中，椭圆框中的对象聚类成一个簇可能是更优的聚类结果，但是由于橙色对象和绿色对象在第一次K-means时就被划分到不同的簇，之后再也不可能被聚类到同一个簇。

2. 自底向上算法：Agglomerative Clustering 算法

相比于Hierarchical K-means算法存在的问题，Agglomerative Clustering算法能够保证距离近的对象被聚类到一个簇中，该算法采用的“自底向上”聚类的思路。

算法思路如下：

（1）对于数据集D，$D=\{x_1,x_2,\ldots,x_n\}$：将数据集中的每个对象生成一个簇，得到簇列表C，$C=\{c_1,c_2,\ldots,c_n\}$。

（2）每个簇只包含一个数据对象：$c_i=\{x_i\}$。

（3）重复如下步骤，直到C中只有一个簇：

步骤01 从 C 的簇中找到两个距离最近的两个簇：c_i, c_j 。

步骤02 合并簇 c_i 和 c_j，形成新的簇 c_{i+j}。

步骤03 从 C 中删除簇 c_i 和 c_j，添加簇 c_{i+j}。

接下来需要解决的一个问题是对两个簇之间距离进行计算。

3. 计算两个簇之间的距离

在上面描述的算法中涉及计算两个簇之间的距离，对于簇C_1和C_2，计算它们之间的距离有以下几种方式。

（1）单连锁（Single link）：两个簇之间最近的两个点的距离作为簇之间的距离，该方式的缺陷是受噪点影响大，容易产生长条状的簇，如图4.31所示。

（2）全连锁（Complete link）：两个簇之间最远的两个点的距离作为簇之间的距离，采用该距离计算方式得到的聚类比较紧凑，如图4.32所示。

（3）平均连锁（Average link）：两个簇之间两两点之间距离的平均值，该方式可以有效地排除噪点的影响，如图4.33所示。

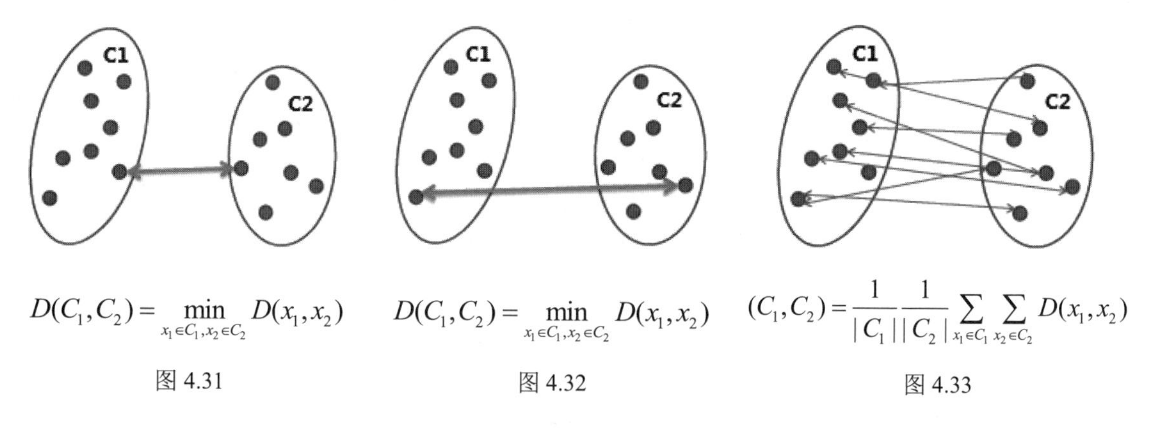

图 4.31　　　图 4.32　　　图 4.33

4.4.2 Agglomerative 算法与示例

下面我们通过一个示例演示Agglomerative算法。

1. Agglomerative 算法

对于如图4.34所示的数据进行如下操作：

步骤01 对应 A 到 F 六个点，分别生成 6 个簇。

步骤02 找到当前簇中距离最短的两个点。这里我们使用单连锁的方式来计算距离，发现 A 点和 B 点距离最短，将 A 和 B 组成一个新的簇，此时簇列表中包含五个簇，分别是{A，B}，{C}，{D}，{E}，{F}，如图 4.35 所示。

步骤03 重复步骤 2、发现{C}和{D}的距离最短，连接之，然后是簇{C,D}和簇{E}距离最短，以此类推，直到最后只剩下一个簇，得到如图 4.36 所示的示意图。

步骤04 此时原始数据的聚类关系是按照层次来组织的，选取一个簇间距离的阈值，可以得到一个聚类结果。比如在如图 4.37 所示的虚线的阈值下，数据被划分为两个簇：簇{A，B，C，D，E}和簇{F}。

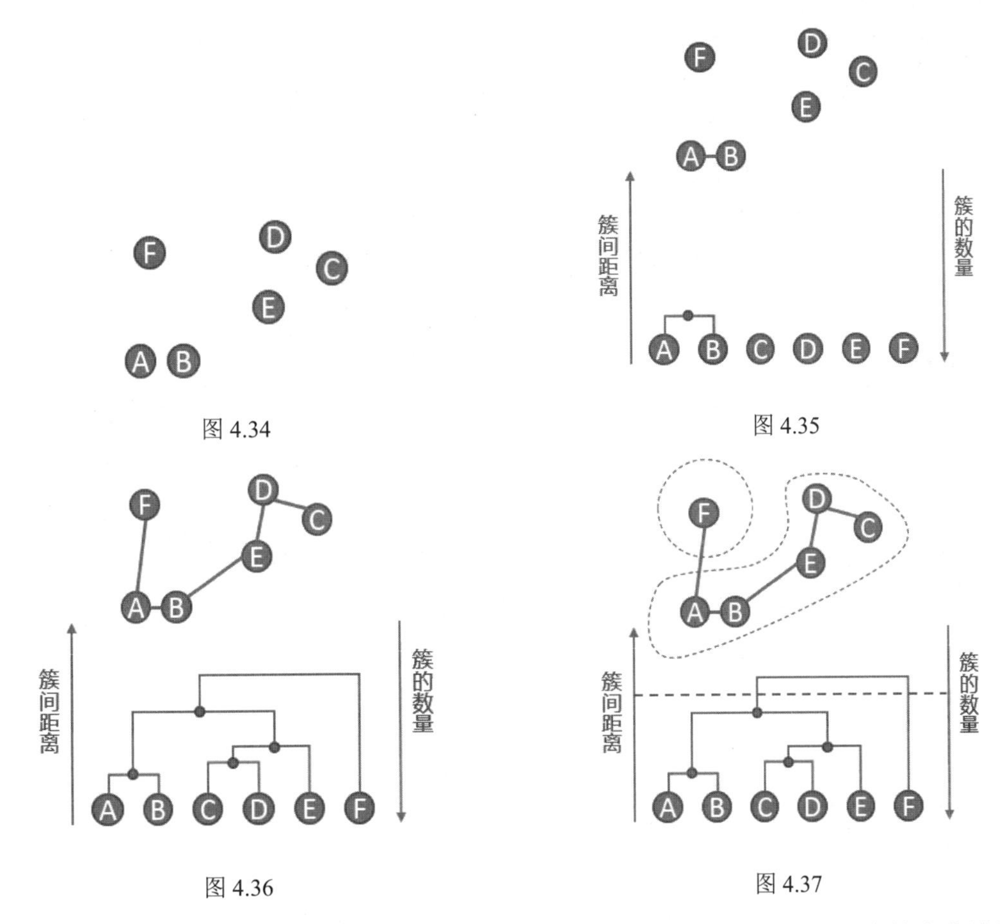

图 4.34　图 4.35　图 4.36　图 4.37

Agglomerative聚类算法的优点是，能够根据需要在不同的尺度上展示对应的聚类结果；缺点同Hierarchical K-means算法一样，一旦两个距离相近的点被划分到不同的簇，之后再也不可能被聚类到同一个簇，即无法撤销先前步骤的工作。

2. Agglomerative 算法示例

下面我们使用Agglomerative算法进行一个简单演示，由于Agglomerative算法本身比较复杂，我们直接使用sklearn来完成这个算法示例。

（1）在sklearn中调用Agglomerative算法，代码如下：

```
class sklearn.cluster.AgglomerativeClustering(n_clusters=2, affinity='euclidean',
memory=None, connectivity=None, compute_full_tree='auto', linkage='ward',
pooling_func=<function mean>)
```

参数说明如下：

- n_clusters：一个整数，指定分类簇的数量。
- connectivity：一个数组或者可调用对象或者 None，用于指定连接矩阵。
- affinity：一个字符串或者可调用对象，用于计算距离。可以为'euclidean', 'l1', 'l2', 'cosine', 'precomputed'，如果 linkage='ward'，则 affinity 必须为'euclidean'。
- memory：用于缓存输出的结果，默认为不缓存。

- compute_full_tree：通常当训练了 n_clusters 后，训练过程就会停止，但是如果 compute_full_tree=True，则会继续训练从而生成一颗完整的树。
- linkage：一个字符串，用于指定链接算法。
  - ward：单链接（single-linkage）算法，采用 dmindmin。
  - complete：全链接（complete-linkage）算法，采用 dmaxdmax。
  - average：均连接（average-linkage）算法，采用 davgdavg。

需要使用的属性：

- labels：每个样本的簇标记。
- n_leaves_：分层树的叶节点数量。
- n_components：连接图中连通分量的估计值。
- children：一个数组，给出了每个非节点数量。

（2）下面是一个使用Agglomerative算法的演示例子，代码如下：

① 创建辅助数据和画图函数：

```
from sklearn import cluster
from sklearn.metrics import adjusted_rand_score
import numpy as np
import matplotlib.pyplot as plt
from sklearn.datasets import make_blobs
# 产生数据函数
def create_data(centers,num=100,std=0.7):
    X,labels_true = make_blobs(n_samples=num,centers=centers, cluster_std=std)
    return X,labels_true
# 数据作图函数
def plot_data(X,labels_true):
    labels=np.unique(labels_true)
    fig=plt.figure()
    ax=fig.add_subplot(1,1,1)
    colors='rgbycm'
    for i,label in enumerate(labels):
        position=labels_true==label
        ax.scatter(X[position,0],X[position,1],label="cluster %d"%label),
        color=colors[i%len(colors)]

    ax.legend(loc="best",framealpha=0.5)
    ax.set_xlabel("X[0]")
    ax.set_ylabel("Y[1]")
    ax.set_title("data")
plt.show()
# 调用并作图的函数
X,labels_true = create_data(centers=2)
plot_data(X,labels_true)
```

在这里我们生成了2组数据，初始的数据类别展示结果如图4.38所示。

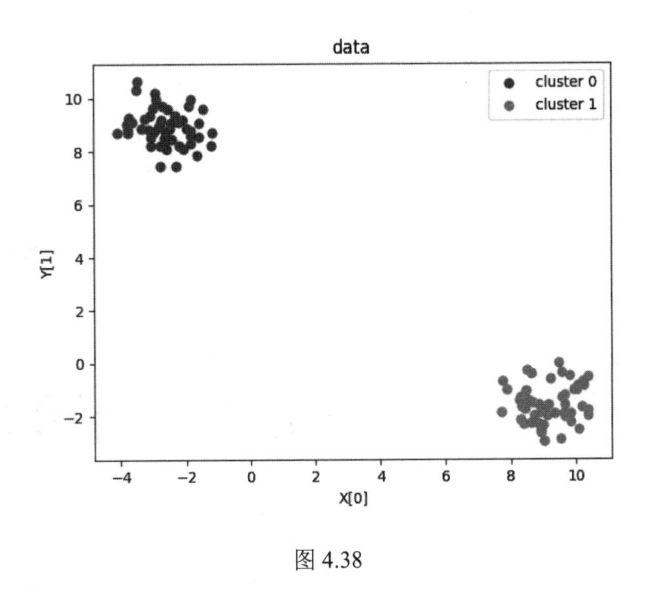

图 4.38

② 使用聚类算法对不同的类别进行分析：

```
from sklearn.cluster import AgglomerativeClustering
ac = AgglomerativeClustering(n_clusters=2, affinity='cosine', linkage='complete')
labels_ = ac.fit_predict(X)
print('cluster labels:%s' % labels_)
plot_data(X,labels_true)
```

打印结果如图4.39所示。

```
cluster labels:[1 0 1 1 0 0 0 0 1 0 1 1 0 0 0 0 0 1 1 0 0 1 0 0 1 0 1 0 0 1 0 0 1 0 0 1 1
 0 0 1 0 1 0 1 1 1 0 0 1 1 0 1 1 1 1 0 0 1 0 1 1 1 1 0 0 0 0 0 0 1 1 1 0 0
 0 1 1 1 1 0 1 0 1 0 1 0 0 0 1 0 1 0 1 1 1 0 1 1 1 1]
```

图 4.39

这里生成了一组序列，其序号对应着输入的数据被归并到某个类中的编号，例如本例中我们生成了2组数据，而在通过Agglomerative算法计算结果后，对每条数据赋予了一个数据类型编号。

最后请读者自行打印结果验证并思考。

4.5 本章小结

聚类算法是一个非常有用的数据分类和数据整合的算法。本章首先介绍了聚类算法中最常用也是最经典的算法——K-means算法。聚类就是利用“物以类聚、人以群分”的原理对内容进行分组。通过计算样本彼此间的距离（欧氏距离、马氏距离、汉明距离、余弦距离等）来估计样本所属类别。

而对于无法使用K-means完成的聚类，笔者也分别演示了使用基于密度聚类以及通过层次聚类的算法，相信这些聚类算法能够很好地帮助读者解决实际中可能会遇到的各种问题。

第 5 章

线性回归与可视化实战

线性回归是数据分析中最基础的数学模型，几乎各个领域的研究中都能看到线性回归的影子，例如量化金融、计量经济学等。甚至目前炙手可热的深度学习也在一定程度上构建在线性回归的基础上。本章将以线性回归为讲解对象，详细介绍其相关内容。

5.1 线性回归的基本内容与 Python 实现

首先我们说一下什么是回归。

在实际生活中的大部分场景下，数据一般都是不规则的，即都不会“严丝合缝”地正好匹配我们在理论数学上学到的那些公式、定理，我们对这种数据偏移的情况称为“误差”。误差的产生有很多种情况，可能是测量误差，也可能是系统本身的误差，还可能是统计时的误差。

那么我们在做数据挖掘时需要一种方法来克服误差，从而能够真实地反映数据所蕴含的特定规律。我们把这种方法称为“线性回归”。

5.1.1 什么是线性回归

如果读者还不了解线性回归的基本内容，那么还有个说法。在实际生活中很多情况都是复杂的，有些东西可能无法用一个特定的模型去描述，我们只是尽可能地用好的、简单点的模型来描述客观的现实世界。这里面有个概率上的问题——即使已有数据点位于一条直线上，我们也不能保证，下一个测量的点就一定位于这条直线上，只是说有非常大的概率位于这条直线上，这就是所谓的回归，如图5.1所示。

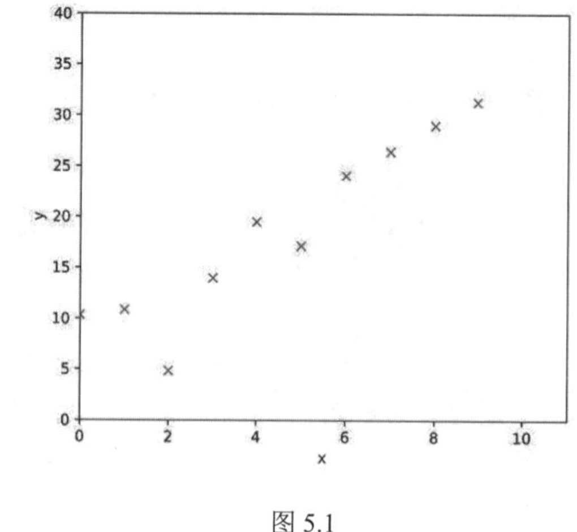

图 5.1

这个想法用数学思维来表述的话，回归就是一个或多个自变量和因变量之间的函数关系。

而回归分析或者说回归模型存在的理由就是，利用观测到的数据去建立这样一个函数关系，然后利用这个函数关系进行预测。

一般情况下线性回归又分为一元线性回归与多元线性回归，其区别主要在于参数的多少。在一元线性回归中，输入只有一个特征。假设现有输入特征为x，需要预测的目标特征为y，一元线性回归模型为：

$$y = ax + b$$

其中a与b都是参数。

而当输入特征的维度由一维增加到d维（d>1），即被称为多元线性回归。这时候的输入由一个一维向量变为一个$n \times d$的矩阵。每一行是每一个样本所有特征的数值向量，而目标特征仍然为列向量$y = (y_1, y_2, \ldots, y_n)$，则多元线性模型为：

$$y = w_1 x_1 + w_2 x_2 + \cdots + w_n w_n + w_0$$

其中的向量$w = (w_1, w_2, \ldots, w_d)$是一组不全为0的参数。

那么如何建立线性回归的模型呢？就像上面问题中所叙述的，两个点确定一条直线，那这么多点，岂不是要确定很多条直线了。现实生活中，如果你时间紧、任务重又不懂线性回归，而且要求很不精确，那么你可以找两个相聚较远而且不那么特殊的点来确定这条直线。但这在计算时实在是太粗略了，完全没考虑其他的点。

实际上，我们采用的是叫作最小二乘法的算法（LS算法）。最小二乘法是统计分析中最常用的逼近计算的一种算法，其交替计算结果使得最终结果尽可能逼近真实结果。在通过不停地判断和选择当前目标下的最优路径，使得能够在最短路径下达到最优的结果，从而提高线性回归的计算效率。

5.1.2　最小二乘法详解

最小二乘法是一种数学优化技术，也是一种机器学习的常用算法。它通过最小化误差的平方来匹配寻找数据的最佳函数。利用最小二乘法可以简便地求得未知的数据，并使得这些求得的数据与实际数据之间误差的平方和为最小。最小二乘法还可用于曲线拟合。其他一些优化问题，也可以通过最小化能量或最大化熵用最小二乘法来表达。

最小二乘法不是本章的重点内容，笔者只通过一个图示演示一下LS算法的原理。LS算法原理如图5.2所示。

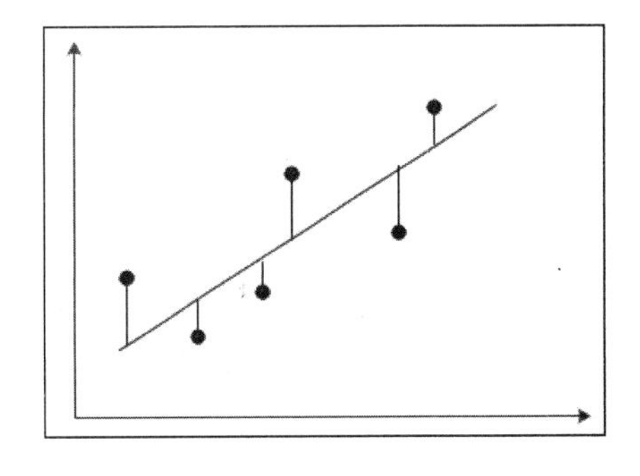

图 5.2

从图5.2中可以看到，若干个点依次分布在向量空间中，如果希望找出一条直线和这些点达到最佳匹配，那么最简单的一个方法就是希望这些点到直线的值最小，即下面的最小二乘法实现公式的结果值最小。

$$f(x) = ax + b$$

$$\delta = \sum (f(x_i) - y_i)^2$$

这里直接引用的是真实值与计算值的差的平方和，具体而言，这种差值有个专门的名称，即“残差”。基于此，表达残差的方式有以下3种：

- ∞范数：残差绝对值的最大值$\max_{1 \leqslant i \leqslant m} |r_i|$，即所有数据点中残差距离的最大值。
- L1 范数：绝对残差和$\sum_{i=1}^{m}|r_i|$，即所有数据点残差距离之和。
- L2 范数：残差平方和$\sum_{i=1}^{m}|r_i^2|$，即所有数据点残差距离平方之和。

所谓最小二乘法，也就是L2范数的一个具体应用。通俗地说，就是看模型计算出的结果与真实值之间的相似性。

因此，最小二乘法的定义如下：

对于给定的数据(x_i, y_i)（$i=1,\ldots,m$），在取定的假设空间H中，求解$f(x) \in H$，使得残差$\delta = \sum (f(x_i) - y_i)^2$的L2范数最小。

实际上，函数$f(x)$是一条多项式函数曲线（在本例中假定为一条直线方程）：

$$y = ax + b$$

所谓的最小二乘法就是找到一组权重$\boldsymbol{w}$，使得$\delta = \sum (f(x_i) - y_i)^2$最小。那么如何能使得最小二乘法最小呢？

对于求出最小二乘法的结果，可以使用数学上的微积分处理方法，这是一个求极值的问题，只需要对权值（a和b）依次求偏导数，最后令偏导数为0，即可求出极值点。

$$\frac{\partial f}{\partial a} = \sum_{i=1}^{n} 2x_i \left(ax_i + b - y_i\right)$$

$$\frac{\partial f}{\partial b} = \sum_{i=1}^{n} 2\left(ax_i + b - y_i\right)$$

具体实现了最小二乘法的代码如下：

```
import numpy as np
from matplotlib import pyplot as plt
A = np.array([[5],[4]])
C = np.array([[4],[6]])
B = A.T.dot(C)
AA = np.linalg.inv(A.T.dot(A))
l=AA.dot(B)
P=A.dot(l)
x=np.linspace(-2,2,10)
x.shape=(1,10)
xx=A.dot(x)
fig = plt.figure()
ax= fig.add_subplot(111)
ax.plot(xx[0,:],xx[1,:])
ax.plot(A[0],A[1],'ko')
ax.plot([C[0],P[0]],[C[1],P[1]],'r-o')
ax.plot([0,C[0]],[0,C[1]],'m-o')
ax.axvline(x=0,color='black')
```

```
ax.axhline(y=0,color='black')
margin=0.1
ax.text(A[0]+margin, A[1]+margin, r"A",fontsize=20)
ax.text(C[0]+margin, C[1]+margin, r"C",fontsize=20)
ax.text(P[0]+margin, P[1]+margin, r"P",fontsize=20)
ax.text(0+margin,0+margin,r"O",fontsize=20)
ax.text(0+margin,4+margin, r"y",fontsize=20)
ax.text(4+margin,0+margin, r"x",fontsize=20)
plt.xticks(np.arange(-2,3))
plt.yticks(np.arange(-2,3))
ax.axis('equal')
plt.show()
```

最终结果如图5.3所示。

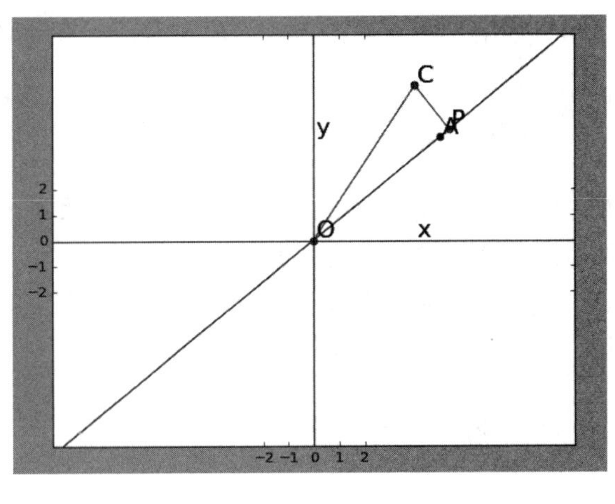

图 5.3

5.1.3 道士下山的故事——随机梯度下降算法

在介绍随机梯度下降算法之前，给大家讲一个道士下山的故事（见图5.4）。

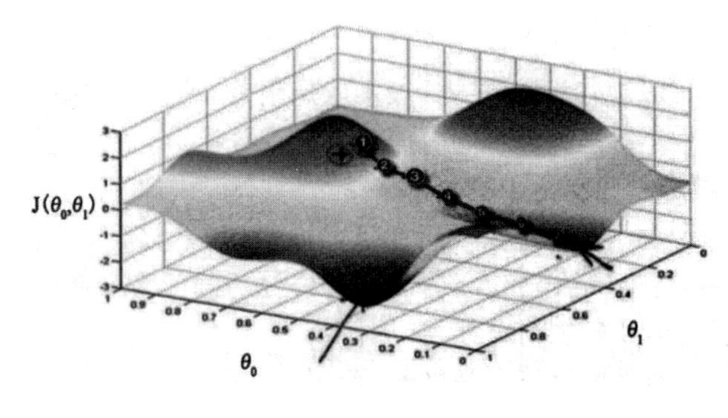

图 5.4

这是一个模拟随机梯度下降算法的演示图。为了便于理解，我们将其比喻成道士想要下去的一座山。

设想道士有一天和道友一起到一座不太熟悉的山上去玩，在兴趣盎然中很快登上了山顶。但是天有不测，下起了雨。如果这时需要道士和其同来的道友用最快的速度下山，那该怎么办呢？

如果想以最快的速度下山，那么最快的办法就是顺着坡度最陡峭的地方走下去。由于不熟悉路，道士在下山的过程中，每走过一段路程就需要停下来观望，从而选择最陡峭的下山路。这样一路走下来的话，就可以在最短时间内走到底。

图5.4中的路可以近似地表示为：

① → ② → ③ → ④ → ⑤ → ⑥ → ⑦

每个数字代表每次停顿的地点，这样只需要在每个停顿的地点选择最陡峭的下山路即可。

这就是道士下山的故事，随机梯度下降算法和这个类似。如果想要找到最迅捷的下山方法，那么最简单的办法就是在下降一个坡度后，寻找一个当前能获得的最大坡度继续下降。这就是随机梯度算法的原理。

从上面的例子可以看到，随机梯度下降算法就是不停地寻找某个节点中下降幅度最大的那个趋势进行迭代计算，直到将数据收缩到符合要求的范围为止。若要用数学公式来表达的话，公式如下：

$$f(\theta)=\theta_0x_0+\theta_1x_1+...+\theta_nx_n=\sum\theta_ix_i$$

在上一节讲最小二乘法的时候，我们通过最小二乘法说明了直接求解最优化变量的方法，也介绍了求解的前提条件是计算值与实际值的残差的平方和最小。

在随机梯度下降算法中，对于系数则需要不停地计算基于当前位置下偏导数的解。同样使用数学公式表达的话就是不停地对系数 θ 求偏导数，即：

$$\frac{\partial f}{\partial\theta}=\frac{\partial}{\partial\theta}\left(\sum_{i=1}^{n}\left(f(\theta)-y_i\right)^2\right)=\sum_{i=1}^{n}2\left(f(\theta)-y_i\right)x_i$$

公式中的θ会向着梯度下降得最快的方向减少，从而推断出θ的最优解。

因此，随机梯度下降算法最终被归结为通过迭代计算特征值求出最合适的值。θ求解的公式如下：

$$\theta=\theta-\alpha(f(\theta)-y_i)x_i$$

公式中的α是下降系数，用较为通俗的话表示就是用来计算每次下降的幅度大小。系数越大，每次计算中的差值越大；系数越小，差值越小，但是计算时间也相对延长。

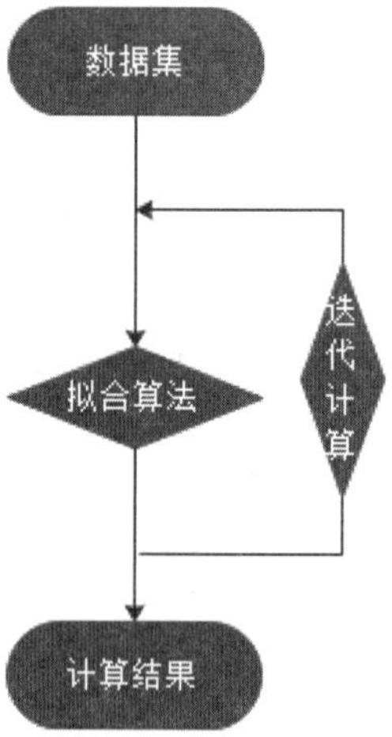

图 5.5

随机梯度下降算法通过一个模型来表示的话，模型如图5.5所示。

从图5.5中可以看到，实现随机梯度下降算法的关键是拟合算法的实现。本例的拟合算法实现较为简单，通过不停地修正数据值来达到数据的最优值。

随机梯度下降算法在神经网络特别是机器学习中的应用较广，但由于其天生的缺陷，噪声较多，使得在计算过程中并不是都向着整体最优解的方向优化，往往可能只是一个局部最优解。为了克服这些困难，最好的办法就是增大数据量，在不停地使用数据进行迭代处理的时候确保整体的方向是全局最优解，或者最优结果在全局最优解附近，示例代码见程序5-1。

【程序 5-1】

```
x = [(2, 0, 3), (1, 0, 3), (1, 1, 3), (1,4, 2), (1, 2, 4)]
```

```
    y = [5, 6, 8, 10, 11]
    epsilon = 0.002
    alpha = 0.02
    diff = [0, 0]
    max_itor = 1000
    error0 = 0
    error1 = 0
    cnt = 0
    m = len(x)
    theta0 = 0
    theta1 = 0
    theta2 = 0
    while True:
        cnt += 1
        for i in range(m):
            diff[0] = (theta0 * x[i][0] + theta1 * x[i][1] + theta2 * x[i][2]) - y[i]
            theta0 -= alpha * diff[0] * x[i][0]
            theta1 -= alpha * diff[0] * x[i][1]
            theta2 -= alpha * diff[0] * x[i][2]
        error1 = 0
        for lp in range(len(x)):
            error1 += (y[lp] - (theta0 + theta1 * x[lp][1] + theta2 * x[lp][2])) ** 2/2
        if abs(error1 - error0) < epsilon:
            break
        else:
            error0 = error1
    print('theta0 : %f, theta1 : %f, theta2 : %f, error1 : %f' % (theta0, theta1, theta2,
error1))
    print('Done: theta0 : %f, theta1 : %f, theta2 : %f' % (theta0, theta1, theta2))
    print('迭代次数: %d' % cnt)
```

最终结果打印如下：

```
theta0 : 0.100684, theta1 : 1.564907, theta2 : 1.920652, error1 : 0.569459
Done: theta0 : 0.100684, theta1 : 1.564907, theta2 : 1.920652
迭代次数: 2118
```

从结果上看，迭代2118次即可获得最优解。

5.1.4　基于一元线性回归的比萨饼价格计算

下面我们做一个简单的线性回归实战——基于一元线性回归的比萨饼价格计算。假设某比萨店比萨价格与比萨大小的关系如表5.1所示。

表 5.1　某比萨店比萨价格与比萨大小的关系

大小（cm）	价格（元）
8	19
12	26
13	30

（续表）

大小（cm）	价格（元）
15	35
17	39

下面我们将使用一元线性回归建立相关模型。完整的线性回归模型代码如下：

```
import numpy as np
import matplotlib.pyplot as plt

class SingleLinearRegression:
    def __init__(self):                          # 初始化a和b
        self.a_=None;
        self.b_=None;
    def fit(self,x_train,y_train):               # 训练函数，训练出a和b
        x_mean = np.mean(x_train)
        y_mean = np.mean(y_train)                # 求x和y的平均值
        fenzi = 0.0;
        fenmu = 0.0;                             # 对分子分母初始化
        for x_i, y_i in zip(x_train, y_train):             # 将x和y打包成元组的形式
            fenzi += (x_i - x_mean) * (y_i - y_mean)       # 根据最小二乘法求出参数
            fenmu += (x_i - x_mean) ** 2
        self.a_ = fenzi / fenmu
        self.b_ = y_mean - self.a_ * x_mean                # 得到a和b
        return self
    def predict(self,x_test_group): # 预测函数，用户输入一组x（为一维向量）中可以进行y的预测
        result=[]                           # 初始化一个列表，用来储存预测值y
        for x_test in x_test_group:         # 对于每个输入的x都计算它对应的预测值y并加入列表中
            result.append(self.a_*x_test+self.b_)
        y_predict=np.array(result)          # 将列表转换为矩阵向量形式方便运算
        return y_predict
    def r_square(self,y_true,y_predict):                   # 打分函数，评估该模型的准确率
        mse=np.sum((y_true-y_predict)**2)/len(y_true)      # 计算均方误差mse
        var=np.var(y_true)                                 # 计算方差
        r=1-mse/var                                        # 计算拟合优度r的平方
        return r
    def get_variable(self):
        return self.a_,self.b_
```

在线性回归模型中我们使用了最小二乘法对回归进行优化，并设定了均方误差作为评价指标（这一部分内容在下一小节介绍），最终的计算代码如下：

```
x = np.array([8, 12, 13, 15, 17])                # 输入x值
y = np.array([19, 26, 30, 35, 39])               # 输入y值
l=SingleLinearRegression()                       # 创建一个对象，接下来调用对象的方法
l.fit(x,y)
# 画出散点图和预测图
plt.scatter(x, y, color='b')                     # 画出原来值的散点图
plt.plot(x,l.predict(x), color='r')              # 画出预测后的线
plt.xlabel('x')  # 写上标签
plt.ylabel('y')
plt.show()  # 作图函数
```

```
    a,b = l.get_variable()
    print(a,b)
```

我们首先输入x值，之后对其进行拟合并画出最终的线性回归曲线，如图5.6所示。

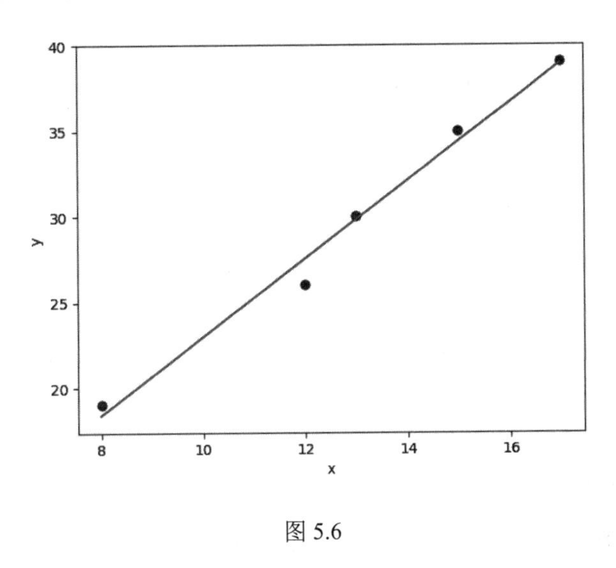

图 5.6

其中的参数请读者自行打印完成。

5.1.5　线性回归的评价指标

在进行线性回归的分析中，笔者完成了一个一元线性回归，代码虽然简单，但是涉及一个较为重要的内容，即线性回归的评价指标。

在线性回归中，数据使用线性预测函数来建模，并且未知的模型参数也是通过数据来估计，这些模型被叫作线性模型。最常用的线性回归建模是给定x值的y的条件均值是x的仿射函数。特殊情况下，线性回归模型可以用一个中位数或一些其他的给定x的条件下y的条件分布的分位数作为x的线性函数表示。像所有形式的回归分析一样，线性回归也把焦点放在给定x值的y的条件概率分布，而不是x和y的联合概率分布（多元分析领域）。

线性回归是回归分析中第一种经过严格研究并在实际应用中广泛使用的类型。这是因为线性依赖于其未知参数的模型比非线性依赖于其未知参数的模型更容易拟合，而且产生的估计的统计特性也更容易确定。

线性回归模型经常用最小二乘逼近来拟合，但它们也可以用别的方法来拟合，比如用最小化“拟合缺陷”在一些其他规范里（比如最小绝对误差回归），或者在回归中最小化最小二乘损失函数的惩罚。相反，最小二乘逼近可以用来拟合那些非线性的模型。

在回归任务(对连续值的预测)中，常见的评估指标有：平均绝对误差(Mean Absolute Error，MAE）、均方误差（Mean Square Error，MSE）、均方根误差（Root Mean Square Error，RMSE）和平均绝对百分比误差（Mean Absolute Percentage Error，MAPE），其中用得最为广泛的就是MAE和MSE。

1. 平均绝对误差（MAE）

MAE用来衡量预测值与真实值之间的平均绝对误差，MAE越小表示模型越好，其定义如下：

$$\mathrm{MAE}=\frac{1}{n}\sum_{i=1}^{n}|y_i-\hat{y}_i|,\in[0,+\infty)$$

Python实现的MAE如下：

```
def MAE(y, y_pre):
    return np.mean(np.abs(y - y_pre))
```

2. 均方误差（MSE）

MSE用来衡量预测值与真实值之间的均方误差，MSE越小表示模型越好，其定义如下：

$$\mathrm{MSE}=\frac{1}{n}\sum_{i=1}^{n}(y_i-\hat{y}_i)^2,\in[0,+\infty)$$

Python实现的MSE如下：

```
def MSE(y, y_pre):
    return np.mean((y - y_pre) ** 2)
```

3. 均方根误差（RMSE）

RMSE是在MSE的基础之上开根号而来，RMSE越小表示模型越好，其定义如下：

$$\mathrm{RMSE}=\sqrt{\frac{1}{n}\sum_{i=1}^{n}(y_i-\hat{y}_i)^2},\in[0,+\infty)$$

Python实现的RMSE如下：

```
def RMSE(y, y_pre):
    return np.sqrt(MSE(y, y_pre))
```

4. 平均绝对百分比误差（MAPE）

MAPE和MAE类似，只是在MAE的基础上做了标准化处理，MAPE越小表示模型越好，其定义如下：

$$\mathrm{MAPE}=\frac{100\%}{n}\sum_{i=1}^{n}\left|\frac{y_i-\hat{y}_i}{y_i}\right|,\in[0,+\infty)$$

Python实现的MAPE如下：

```
def MAPE(y, y_pre):
    return np.mean(np.abs((y - y_pre) / y))
```

当然还有其他一些评价指标可以供读者在实际中使用，评价指标的目的终归是找到一个能够使得回归模型尽量贴近真实曲线的过程。评价指标的具体使用还要根据读者在实际中的应用。

5.1.6 线性回归应用

1. 数学领域

数学领域中线性回归有很多实际用途，其主要分为以下两大类：

- 如果目标是预测或者映射，线性回归可以用来对观测数据集和 x 值拟合出一个预测模型。当完成这样一个模型以后，对于一个新增的 x 值，在没有给定与它相配对的 y 的情况下，可以用这个拟合过的模型预测出一个 y 值。
- 给定一个变量 y 和一些变量 $x_1,\ldots,x_p$，这些变量有可能与 y 相关，线性回归分析可以用来量化 y 与 x_j 之间相关性的强度，评估出与 y 不相关的 x_j，并识别出哪些 x_j 的子集包含了关于 y 的冗余信息。

2. 趋势线

一条趋势线代表着时间序列数据的长期走势。它告诉我们一组特定数据（如GDP、石油价格和股票价格等）是否在一段时期内增长或下降。虽然我们可以用肉眼观察数据点在坐标系的位置大体画出趋势线，但更恰当的方法是利用线性回归计算出趋势线的位置和斜率。

3. 流行病学

有关吸烟对死亡率和发病率影响的早期证据来自采用了回归分析的观察性研究。为了在分析观测数据时减少伪相关，除加入最感兴趣的变量之外，通常研究人员还会在他们的回归模型里包括一些额外变量。

例如，假设我们有一个回归模型，在这个回归模型中吸烟行为是我们最感兴趣的独立变量，其相关变量是经数年观察得到的吸烟者寿命。研究人员可能将社会经济地位当成一个额外的独立变量，以确保任何经观察所得的吸烟对寿命的影响不是由于教育或收入差异引起的。

然而，我们不可能把所有可能混淆结果的变量都加入到实证分析中。例如，某种不存在的基因可能会增加人死亡的概率，还会让人的吸烟量增加。因此，比起采用观察数据的回归分析得出的结论，随机对照试验常能产生更令人信服的因果关系证据。当可控实验不可行时，回归分析的衍生，如工具变量回归，可尝试用来估计观测数据的因果关系。

4. 金融分析

资产定价模型综合考虑投资回报和风险预期，利用线性回归建立投资风险最佳平衡曲线。

5. 经济学

线性回归是经济学的主要实证工具。例如，它可以用来预测消费支出、固定投资支出、存货投资、一国出口产品的购买力、进口支出，要求持有流动性资产、劳动力需求、劳动力供给等。

5.2　多元线性回归实战

前面我们介绍了线性回归的基本内容与一元线性回归。在回归分析中，如果有两个或两个以上的自变量，就称为多元回归。事实上，一种现象常常是与多个因素相联系的，由多个自变量的最优组合共同来预测或估计因变量，比只用一个自变量进行预测或估计更有效，更符合实际。因此多元线性回归比一元线性回归的实用意义更大。

5.2.1 多元线性回归的基本内容

在线性关系相关性条件下，两个或者两个以上自变量对一个因变量为多元线性回归分析，表现这一数量关系的数学公式称为多元线性回归模型。多元线性回归模型是一元线性回归模型的扩展，其基本原理与一元线性回归模型类似，只是在计算上更为复杂。多元线性回归计算公式如下：

假设y与一般变量$x_1,x_2,\ldots,x_k$的线性回归模型为：

$$y=\beta_0+\beta_1x_1+\beta_2x_2+\ldots+\beta_kx_k+\varepsilon$$

其中$\beta_0,\beta_1,\ldots,\beta_k$是$k+1$个未知参数，$\beta_0$称为回归常数，$\beta_1,\ldots,\beta_k$称为回归系数；$y$称为被解释变量；$x_1,x_2,\ldots,x_k$是$k$个精确可控的一般变量，称为解释变量。

当$k=1$时，上式即为一元线性回归模型，$k\geqslant 2$时，上式就叫作多元线性回归模型。ε是随机误差，与一元线性回归一样，通常假设：

$$\begin{cases}E(\varepsilon)=0\\ \operatorname{var}(\varepsilon)=\sigma^2\end{cases}$$

同样，多元线性总体回归方程为：

$$y=\beta_0+\beta_1x_1+\beta_2x_2+\ldots+\beta_kx_k$$

系数β_1表示在其他自变量不变的情况下，自变量x_1变动到一个单位时引起的因变量y的平均单位。其他回归系数的含义相似，从集合意义上来说，多元回归是多维空间上的一个平面。

多元线性样本回归方程为：

$$\hat{y}=\hat{\beta}_0+\hat{\beta}_1x_1+\hat{\beta}_2x_2+\ldots+\hat{\beta}_kx_k$$

多元线性回归方程中回归系数的估计同样可以采用最小二乘法。残差平方和：$\mathrm{SSE}=\sum(y-\hat{y})=0$，根据微积分中求极小值的原理，可知残差平方和SSE存在极小值。欲使SSE达到最小，SSE对$\beta_0,\beta_1,\ldots,\beta_k$的偏导数必须为零。

将SSE对$\beta_0,\beta_1,\ldots,\beta_k$求偏导数，并令其等于零，加以整理后可得到$k+1$个方程式：

$$\frac{\partial\mathrm{SSE}}{\partial\beta_i}=-2\sum(y-\hat{y})=0 \qquad \frac{\partial\mathrm{SSE}}{\partial\beta_0}=-2\sum(y-\hat{y})x_i=0$$

通过求解这一组方差便可分别得到$\beta_0,\beta_1,\ldots,\beta_k$的值$\hat{\beta}_0,\hat{\beta}_1,\ldots,\hat{\beta}_k$，这也是回归方程中的回归系数的估计值，当自变量个数较多时，计算十分复杂。

对多元线性回归，也需要测定方程的拟合程度、检验回归方程和回归系数的显著性。

测定多元线性回归的拟合度程度，与一元线性回归中的判定系数类似，使用多重判定系数R^2，其定义为：

$$R^2=\frac{\mathrm{SSR}}{\mathrm{SST}}=1-\frac{\mathrm{SSE}}{\mathrm{SST}}=1-\frac{\sum(y-\hat{y})^2}{\sum(y-\bar{y})^2}$$

式中，SSR 为回归平方和，SSE 为残差平方和，SST 为总离差平方和。

同一元线性回归相类似，$0 \leqslant R^2 \leqslant 1$，$R^2$ 越接近1，回归平面拟合程度越高；反之，R^2 越接近0，拟合程度越低。R^2 的平方根成为负相关系数(R)，也成为多重相关系数。它表示因变量y与所有自变量全体之间线性相关程度，实际反映的是样本数据与预测数据间的相关程度。

判定系数 R^2 的大小受到自变量x的个数k的影响。在实际回归分析中可以看到，随着自变量x个数的增加，回归平方和（SSR）增大，R^2 也增大。由于增加自变量个数引起的 R^2 增大与拟合好坏无关，因此在自变量个数k不同的回归方程之间比较拟合程度时，R^2 不是一个合适的指标，必须加以修正或调整。

调整方法：把残差平方和与总离差平方和之比的分子分母分别除以各自的自由度，变成均方差之比，以剔除自变量个数对拟合优度的影响。调整的 R^2 为：

$$\bar{R}^2 = 1 - \frac{\mathrm{SSE}/(n-k-1)}{\mathrm{SST}/(n-1)} = 1 - \frac{\mathrm{SSE}}{\mathrm{SST}} \cdot \frac{n-1}{n-k-1} = 1 - \left(1 - R^2\right)\frac{n-1}{n-k-1}$$

由此可以看出，$\bar{R}^2$ 考虑的是平均的残差平方和，而不是残差平方和，因此，一般在线性回归分析中，$\bar{R}^2$ 越大越好。

F统计量也可以反映出回归方程的拟合程度。将F统计量的公式与 R^2 的公式进行结合转换，可得：

$$F = \frac{R^2/k}{\left(1-R^2\right)/(n-k-1)}$$

可见，如果回归方程的拟合度越高，F统计量就越显著；F统计量越显著，回归方程的拟合度也越高。

5.2.2　多元线性回归的 Python 实现

下面我们实现一个使用Python完成的多元线性回归。

依据上一节的分析，实现的多元线性回归代码如下：

```
import numpy as np
class LinearRegression:
    def __init__(self):
        '''初始化模型'''
        self.coef_ = None
        self.interception_ = None
        self._theta = None
    def fit_normal(self, X_train, y_train):
        '''根据训练数据集X_train,y_train训练模型'''
        X_b = np.hstack([np.ones((len(X_train), 1)), X_train])
        self._theta = np.linalg.inv(X_b.T.dot(X_b)).dot(X_b.T).dot(y_train)
        self.interception_ = self._theta[0]
        self.coef_ = self._theta[1:]
        return self
    def predict(self, X_predict):
        X_b = np.hstack([np.ones((len(X_predict), 1)), X_predict])
        return X_b.dot(self._theta)
```

这是一个简单的多元线性回归的代码，为了演示其使用我们并没有对其进行优化，而仅仅搭建了一个多元线性回归的主架构。其用法如下：

```
from sklearn.datasets import load_iris
from sklearn.model_selection import train_test_split

iris = load_iris()
# 获取花瓣长度作为x，花瓣宽度作为y
x, y = iris.data[:,2].reshape(-1,1), iris.data[:,3]
x_train, x_test, y_train, y_test = train_test_split(x, y, test_size=0.25, 
random_state=0)
import matplotlib.pyplot as plt

plt.rcParams['font.family'] = 'SimHei'
plt.rcParams['axes.unicode_minus'] = False
plt.rcParams['font.size'] = 15

plt.figure(figsize=(10, 6))
plt.scatter(x_train, y_train, c='orange', label='训练集')
plt.scatter(x_test, y_test, c='g', marker='D', label='测试集')
plt.plot(x, lr.predict(x), 'r-')
plt.legend()
plt.xlabel('花瓣长度')
plt.ylabel('花瓣宽度')
.show()
```

首先使用Iris数据集划分了训练集以及测试集，画图的结果如图5.7所示。

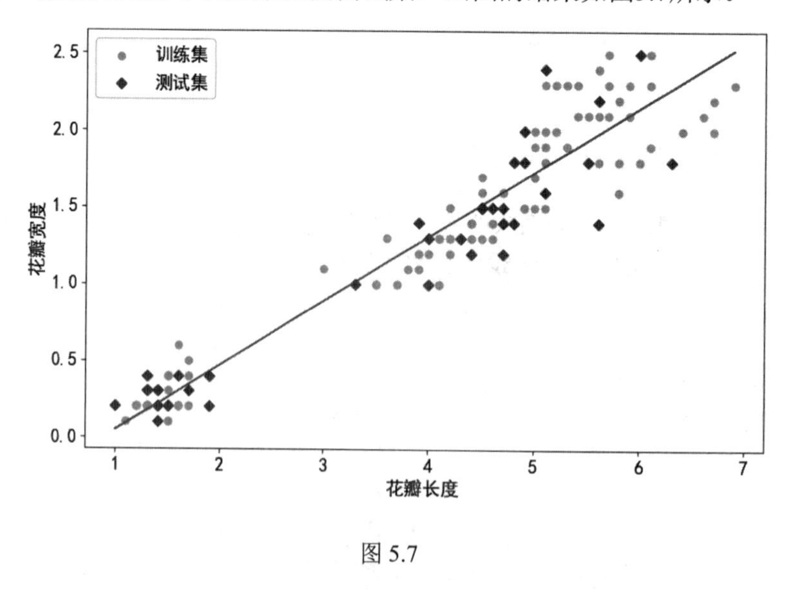

图 5.7

可以看到训练集与测试集在其中被划分。下一步就是对模型进行训练和预测，代码如下：

```
lr = LinearRegression()
# 使用训练集数据训练模型
lr.fit_normal(x_train, y_train)
y_hat = lr.predict(x_test)
print('实际值：', y_test[:5])
print('预测值：', y_hat[:5])
```

```
plt.figure(figsize=(15, 6))
plt.plot(y_test, label='真实值', color='r', marker='o')
plt.plot(y_hat, c='g', marker='o', ls='--', label='预测值')
plt.legend()
plt.show()
```

其中的y_hat是预测结果，我们将其与真实值对比并可视化结果，如图5.8所示。

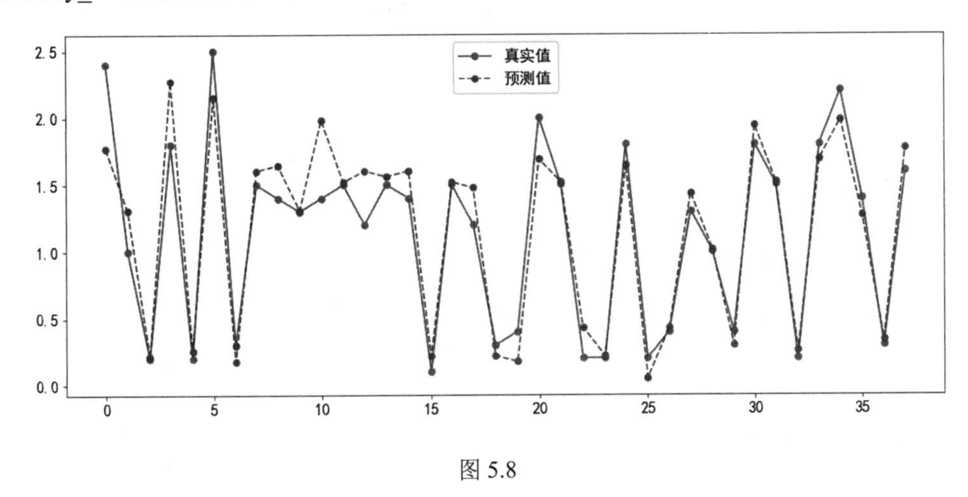

图 5.8

可以看到真实值和预测值在比对上还是有一定差距，这是由于笔者并没有对其进行优化所致。本节我们主要通过演示向读者介绍多元线性回归的基本内容，下一节我们将实战多元线性回归。

5.2.3　基于多元线性回归的房价预测实战

房价问题是人们生活中切实需要注意和了解的问题。房屋的大小、所处的位置是否靠近地铁，周围是否有购物场所等，都是每一位购房者需要知晓并借此决定房价的因素之一。

本节中笔者收集了一份有多个描述的房价清单，我们将根据此清单中涉及的各个因素去决定住房的最终报价。

1. 第一步：数据的整理

关于房屋售价的数据（部分）如图5.9所示。

Id	MSSubClas	MSZoning	otFrontag	LotArea	Street	Alley	LotShape	andContou	Utilities	LotConfig
1	60	RL	65	8450	Pave	NA	Reg	Lvl	AllPub	Inside
2	20	RL	80	9600	Pave	NA	Reg	Lvl	AllPub	FR2
3	60	RL	68	11250	Pave	NA	IR1	Lvl	AllPub	Inside
4	70	RL	60	9550	Pave	NA	IR1	Lvl	AllPub	Corner
5	60	RL	84	14260	Pave	NA	IR1	Lvl	AllPub	FR2
6	50	RL	85	14115	Pave	NA	IR1	Lvl	AllPub	Inside
7	20	RL	75	10084	Pave	NA	Reg	Lvl	AllPub	Inside
8	60	RL	NA	10382	Pave	NA	IR1	Lvl	AllPub	Corner
9	50	RM	51	6120	Pave	NA	Reg	Lvl	AllPub	Inside
10	190	RL	50	7420	Pave	NA	Reg	Lvl	AllPub	Corner

图 5.9

这是一份关于个变量的数据集，其目的是决定房屋的最终售价，即我们需要预测的最终目标。

（1）首先是关于数据的获取，我们可以通过Pandas读取对应数据到程序中，并展示房屋价格的分布情况，代码如下：

```
import seaborn as sns
import matplotlib.pyplot as plt
import pandas as pd

train = pd.read_csv("./train.csv")

sns.set_style("white")
sns.set_color_codes(palette='deep')
f, ax = plt.subplots(figsize=(8, 7))
# Check the new distribution
sns.distplot(train['SalePrice'], color="b");
ax.xaxis.grid(False)
ax.set(ylabel="Frequency")
ax.set(xlabel="SalePrice")
ax.set(title="SalePrice distribution")
sns.despine(trim=True, left=True)
plt.show()
```

在此我们可以看到房价在数据分布上也呈现出一个正态分布的情况，大多数的价格集中在150000～200000元，如图5.10所示。

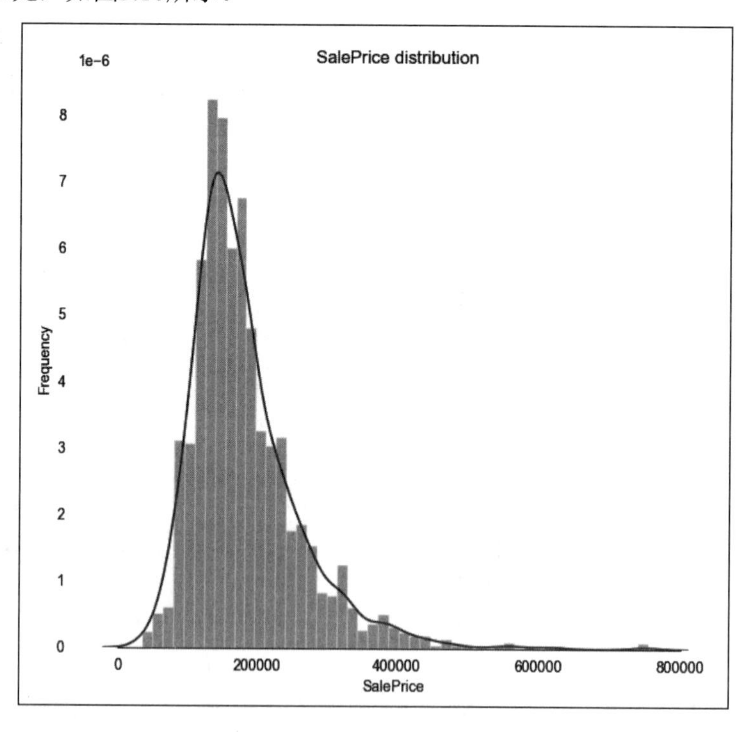

图 5.10

（2）下面需要对房屋的特征进行相关计算，代码如下：

```
corr = train.corr()
plt.subplots(figsize=(15,12))
sns.heatmap(corr, vmax=0.9, cmap="Blues", square=True)
```

在这里笔者使用了Pandas自带的相关系数的计算函数，整理并展示了相关系数的计算结果，如图5.11所示。

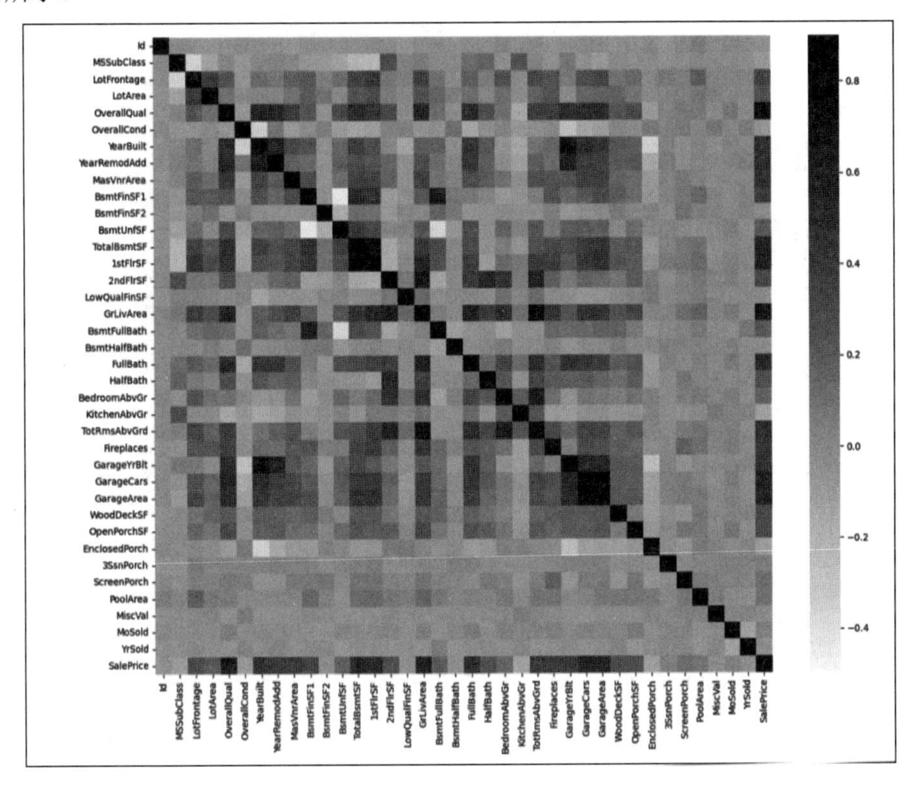

图 5.11

（3）接下来我们需要绘制一些与价格有较强相关性的数据特征，代码如下：

```
data = pd.concat([train['SalePrice'], train['OverallQual']], axis=1)
f, ax = plt.subplots(figsize=(8, 6))
fig = sns.boxplot(x=train['OverallQual'], y="SalePrice", data=data)
fig.axis(ymin=0, ymax=800000);

data = pd.concat([train['SalePrice'], train['YearBuilt']], axis=1)
f, ax = plt.subplots(figsize=(16, 8))
fig = sns.boxplot(x=train['YearBuilt'], y="SalePrice", data=data)
fig.axis(ymin=0, ymax=800000);
plt.xticks(rotation=45);

data = pd.concat([train['SalePrice'], train['TotalBsmtSF']], axis=1)
data.plot.scatter(x='TotalBsmtSF', y='SalePrice', alpha=0.3, ylim=(0,800000));

data = pd.concat([train['SalePrice'], train['LotArea']], axis=1)
data.plot.scatter(x='LotArea', y='SalePrice', alpha=0.3, ylim=(0,800000));

data = pd.concat([train['SalePrice'], train['GrLivArea']], axis=1)
data.plot.scatter(x='GrLivArea', y='SalePrice', alpha=0.3, ylim=(0,800000));

plt.show()
```

在这里分别展示了销售价格与部分因素之间的关系，如图5.12所示。

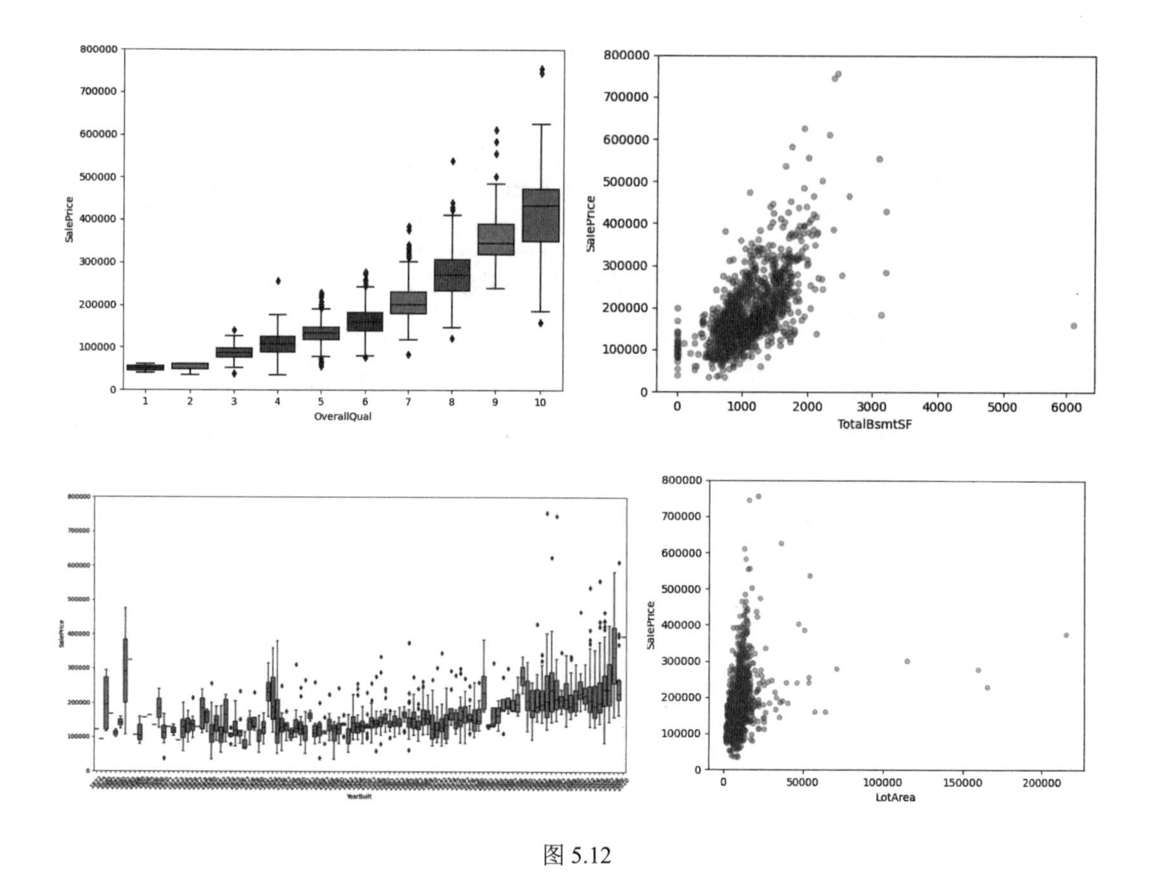

图 5.12

从图5.12中可以很清晰地看到这些特征都是集中在某个区域内分布，而这也正反映出价格分布呈现一个正态分布的状态。

（4）让我们回到价格的分布情况。在图5.10中我们看到，房屋价格虽然呈现一个正态分布，但是这并不是一个标准的正态分布，因此我们在对其进行预测之前需要重新进行处理，即应用log(1+x)变换来修复偏斜，代码如下：

```
train["SalePrice"] = np.log1p(train["SalePrice"])
sns.set_style("white")
sns.set_color_codes(palette='deep')
f, ax = plt.subplots(figsize=(8, 7))
# Check the new distribution
sns.distplot(train['SalePrice'] , color="b");

ax.xaxis.grid(False)
ax.set(ylabel="Frequency")
ax.set(xlabel="SalePrice")
ax.set(title="SalePrice distribution")
sns.despine(trim=True, left=True)

plt.show()
```

修正后的价格分布如图5.13所示。

相比较没有进行正态分布整体修正的模型，新的价格分布曲线更为合理。

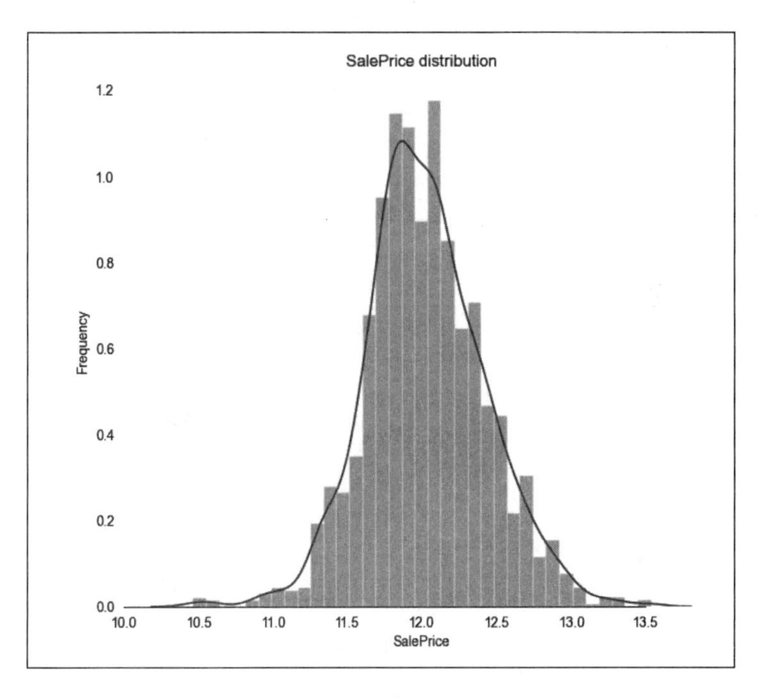

图 5.13

（5）最后进一步对数据进行处理，而数据处理的一个最基本的工作就是填补数据集中的缺失值，代码如下：

```
    train_labels = train['SalePrice'].reset_index(drop=True)
    train_features = train.drop(['SalePrice'], axis=1)

    def percent_missing(df):
        data = pd.DataFrame(df)
        df_cols = list(pd.DataFrame(data))
        dict_x = {}
    for i in range(0, len(df_cols)):
            # 注意填补缺失值的方法
            dict_x.update({df_cols[i]: round(data[df_cols[i]].isnull().mean() * 100,
2)})
        return dict_x
    missing = percent_missing(train_features)
    df_miss = sorted(missing.items(), key=lambda x: x[1], reverse=True)
    print('Percent of missing data')
    print(df_miss[0:10])
```

注意，在这里笔者采用的是使用对应特征均值的方法将缺失值进行补全。

2. 第二步：特征变换

下面我们需要对数据集中的特征进行变换操作，代码如下：

```
    train_features['BsmtFinType1_Unf'] = 1*(train_features['BsmtFinType1'] == 'Unf')
    train_features['HasWoodDeck'] = (train_features['WoodDeckSF'] == 0) * 1
    train_features['HasOpenPorch'] = (train_features['OpenPorchSF'] == 0) * 1
```

```
    train_features['HasEnclosedPorch'] = (train_features['EnclosedPorch'] == 0) * 1
    train_features['Has3SsnPorch'] = (train_features['3SsnPorch'] == 0) * 1
    train_features['HasScreenPorch'] = (train_features['ScreenPorch'] == 0) * 1
    train_features['YearsSinceRemodel'] = train_features['YrSold'].astype(int) -
train_features['YearRemodAdd'].astype(int)
    train_features['Total_Home_Quality'] = train_features['OverallQual'] +
train_features['OverallCond']
    train_features = train_features.drop(['Utilities', 'Street', 'PoolQC',], axis=1)
    train_features['TotalSF'] = train_features['TotalBsmtSF'] +
train_features['1stFlrSF'] + train_features['2ndFlrSF']
    train_features['YrBltAndRemod'] = train_features['YearBuilt'] +
train_features['YearRemodAdd']

    train_features['Total_sqr_footage'] = (train_features['BsmtFinSF1'] +
train_features['BsmtFinSF2'] +
                               train_features['1stFlrSF'] +
train_features['2ndFlrSF'])
    train_features['Total_Bathrooms'] = (train_features['FullBath'] + (0.5 *
train_features['HalfBath']) +
                              train_features['BsmtFullBath'] + (0.5 *
train_features['BsmtHalfBath']))
    train_features['Total_porch_sf'] = (train_features['OpenPorchSF'] +
train_features['3SsnPorch'] +
                             train_features['EnclosedPorch'] +
train_features['ScreenPorch'] +
                             train_features['WoodDeckSF'])
    train_features['TotalBsmtSF'] = train_features['TotalBsmtSF'].apply(lambda x:
np.exp(6) if x <= 0.0 else x)
    train_features['2ndFlrSF'] = train_features['2ndFlrSF'].apply(lambda x: np.exp(6.5)
if x <= 0.0 else x)
    train_features['GarageArea'] = train_features['GarageArea'].apply(lambda x:
np.exp(6) if x <= 0.0 else x)
    train_features['GarageCars'] = train_features['GarageCars'].apply(lambda x: 0 if x
<= 0.0 else x)
    train_features['LotFrontage'] = train_features['LotFrontage'].apply(lambda x:
np.exp(4.2) if x <= 0.0 else x)
    train_features['MasVnrArea'] = train_features['MasVnrArea'].apply(lambda x:
np.exp(4) if x <= 0.0 else x)
    train_features['BsmtFinSF1'] = train_features['BsmtFinSF1'].apply(lambda x:
np.exp(6.5) if x <= 0.0 else x)

    train_features['haspool'] = train_features['PoolArea'].apply(lambda x: 1 if x > 0
else 0)
    train_features['has2ndfloor'] = train_features['2ndFlrSF'].apply(lambda x: 1 if x >
0 else 0)
    train_features['hasgarage'] = train_features['GarageArea'].apply(lambda x: 1 if x >
0 else 0)
    train_features['hasbsmt'] = train_features['TotalBsmtSF'].apply(lambda x: 1 if x >
0 else 0)
    train_features['hasfireplace'] = train_features['Fireplaces'].apply(lambda x: 1 if
x > 0 else 0)
```

而对于可能产生关系或者对价格有着最终影响的特征，我们可以采用数学计算的方式产生更多的特征，代码如下：

```
# 进行特征变换的计算函数
def logs(res, ls):
    m = res.shape[1]
    for l in ls:
        res = res.assign(newcol=pd.Series(np.log(1.01+res[l])).values)
        res.columns.values[m] = l + '_log'
        m += 1
    return res

log_features = ['LotFrontage','LotArea','MasVnrArea','BsmtFinSF1','BsmtFinSF2',
                'BsmtUnfSF','TotalBsmtSF','1stFlrSF','2ndFlrSF','LowQualFinSF',
                'GrLivArea','BsmtFullBath','BsmtHalfBath','FullBath','HalfBath',
                'BedroomAbvGr','KitchenAbvGr','TotRmsAbvGrd','Fireplaces',
                'GarageCars','GarageArea','WoodDeckSF','OpenPorchSF',
                'EnclosedPorch','3SsnPorch','ScreenPorch','PoolArea','MiscVal',
                'YearRemodAdd','TotalSF']

train _features = logs(train_features, log_features)

def squares(res, ls):
    m = res.shape[1]
    for l in ls:
        res = res.assign(newcol=pd.Series(res[l]*res[l]).values)
        res.columns.values[m] = l + '_sq'
        m += 1
    return res

squared_features = ['YearRemodAdd', 'LotFrontage_log',
          'TotalBsmtSF_log', '1stFlrSF_log', '2ndFlrSF_log', 'GrLivArea_log',
          'GarageCars_log', 'GarageArea_log']
train _features = squares(train _features, squared_features)
```

通过对特征维度的打印可以看到，我们最终生成一个（1460, 133）的特征矩阵。

3. 第三步：模型训练

模型训练过程的代码如下：

```
# 将字符型数据剔除
all_features = pd.get_dummies(all_features).reset_index(drop=True)
all_features = all_features.dropna()

from sklearn.linear_model import LinearRegression

train_labels = all_features.iloc[:,-1].reset_index(drop=True)
X = all_features.iloc[:len(train_labels), :]
x = X.values
y = train_labels.values

lr = LinearRegression()
# 拟合训练数据
lr.fit(x,y)
```

在这里首先剔除了字符型数据，之后调用了sklearn中自带的多元线性回归模型，并根据处理好的数据做出符合需求的数据集，最后模型直接调用sklearn的fit函数对数据进行拟合。

5.3 本章小结

线性回归可能是统计学上运用最广泛的一类方法了。之所以说它是一类方法，是因为它包括了我们熟知的各种模型：一元线性回归、多元线性回归等。

线性回归的广泛运用，很大程度在于它的内在逻辑十分简单。一般情况下，就是找因变量y的影响因素，或者说是衡量自变量（x）对因变量（y）的影响程度，即便不理解其中的数学计算也可以很容易地凭借既定算法得到想要的结果。

本章带领读者初步学习了线性回归的用法，并着重演示了数据的可视化分析，这仅仅涉及回归分析的最基本内容，下一章将带领读者学习回归分析中的另一种重要的回归：逻辑回归。

第 6 章

逻辑回归与可视化实战

在开始本章的学习之前，有一个非常重要的概念需要牢记：逻辑回归不是用来解决回归问题的，而是用于解决分类问题！

逻辑回归又称逻辑回归分析，是一种广义的线性回归分析模型，常用于数据挖掘、疾病自动诊断、经济预测等领域。例如，探讨引发疾病的危险因素，并根据危险因素预测疾病发生的概率等，如图6.1所示。

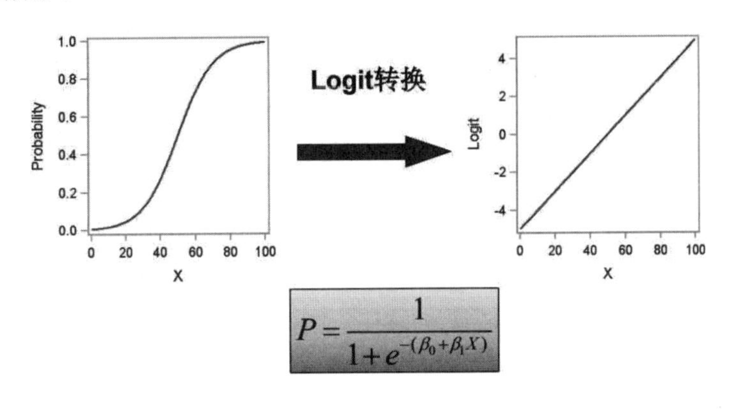

图 6.1

以胃癌病情分析为例，选择两组人群，一组是胃癌组，一组是非胃癌组，两组人群必定具有不同的体征与生活方式等。因此，因变量就为是否胃癌，值为“是”或“否”，自变量就可以包括很多了，如年龄、性别、饮食习惯、幽门螺杆菌感染等。自变量既可以是连续的，也可以是分类的。然后通过逻辑回归分析，得到自变量的权重，从而可以大致了解到底哪些因素是胃癌的危险因素。同时，根据自变量的权值和危险因素预测一个人患癌症的可能性。

6.1 逻辑回归的基本内容与 Python 实现

本节将介绍逻辑回归的基本内容，并用 Python 加以实现。

6.1.1 逻辑回归是一个分类任务

逻辑回归并不是一个回归，而是一个分类任务。

1. 分类任务和回归任务的区别

通常我们可以按照任务的种类，将任务分为回归任务和分类任务。那这两者的区别是什么呢？比较官方的说法：输入变量与输出变量均为连续变量的预测问题为回归问题，而输出变量为有限个离散变量的预测问题为分类问题。

通俗一点讲，我们要预测的结果是一个数，比如要通过一个人的饮食预测一个人的体重，体重的值可以有无限多个，有的人50kg，有的人51kg，在50和51之间也有无限多个数。针对这种预测结果是某一个确定数，而具体是哪个数有无限多种可能的问题，我们会训练出一个模型，传入参数后得到这个确定的数，这类问题我们称为回归问题。预测的这个变量（体重）因为有无限多种可能，在数轴上是连续的，所以我们称这种变量为连续变量。

我们要预测一个人身体健康或者不健康，预测会得癌症或者不会得癌症，预测他是水瓶座、天蝎座还是射手座，这种结果只有几个值或者多个值的问题，我们可以把每个值都当作一类，预测对象到底属于哪一类。这样的问题称为分类问题。如果一个分类问题的结果只有两个，比如“是”和“不是”两个结果，我们把结果为“是”的样例数据称为“正例”，将结果为“不是”的样例数据称为“负例”，对应地，这种结果的变量称为离散型变量。

2. 逻辑回归不是回归

从名字来理解逻辑回归。在逻辑回归中，逻辑一词是logistics的音译字，并不是因为这个算法是突出逻辑的特性。至于回归，前面讲过回归任务是结果为连续型变量的任务，而逻辑回归是用来做分类任务的，那为什么叫回归呢？一个最简单的理解就是，逻辑回归就是用回归的办法来做分类的。

我们从最简单的一种分类——二分类来进行说明。

二分类是将结果归于正例或者负例的任务。按照多元线性回归的思路，我们可以先对这个任务进行线性回归，学习出这个事情结果的规律，比如根据人的饮食、作息、工作和生存环境等条件预测一个人“有”或者“没有”得恶性肿瘤，可以先通过回归任务来预测人体内肿瘤的大小，取一个平均值作为阈值。

假如平均值为y，肿瘤大小超过y为恶性肿瘤，无肿瘤或肿瘤大小小于y的为非恶性肿瘤。这样通过线性回归加设定阈值的办法，就可以完成一个简单的二分类任务，如图6.2所示。

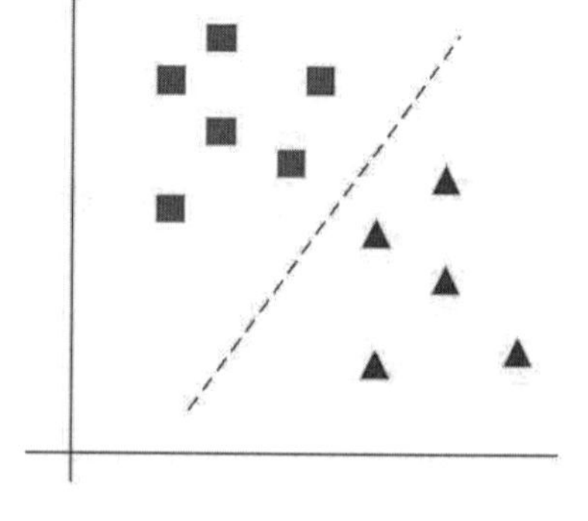

图 6.2

在图6.2中，x轴为肿瘤大小，y轴为确诊为肿瘤的可能性。虚线为阈值。因此预测肿瘤大小还是一个回归问题，得到的结果（肿瘤的大小）也是一个连续型变量。通过设定阈值，就成功将回归问题转化为了分类问题。

6.1.2 逻辑回归的基本内容

逻辑回归是一种广义线性回归，因此与线性回归分析有很多相同之处。它们的模型形式基本上相同，都具有$w'x+b$，其中w'和b是待求参数，其区别在于它们的因变量不同，线性回归直接将$w'x+b$作为因变量，即$y=w'x+b$，而逻辑回归则通过函数L将$w'x+b$对应一个隐状态p，即$p=L(w'x+b)$，然后根据p与$1-p$的大小决定因变量的值。

逻辑回归的因变量可以是二分类的，也可以是多分类的，但是二分类的更为常用，也更加容易解释，多类可以使用softmax方法进行处理。实际中最为常用的就是二分类的逻辑回归。

逻辑回归模型的适用条件：

- 因变量为二分类的分类变量或某事件的发生率，并且是数值型变量。但是需要注意，重复计数现象指标不适用于逻辑回归。
- 残差和因变量都要服从二项分布。二项分布对应的是分类变量，所以不是正态分布，进而不是用最小二乘法，而是用最大似然法来解决方程估计和检验问题。
- 变量和逻辑概率是线性关系。
- 观测对象间相互独立。

但是如果直接将线性回归的模型迁移到逻辑回归中，会造成方程两边取值区间不同和普遍的非直线关系。因为逻辑回归中因变量为二分类变量，某个概率作为方程的因变量估计值，取值范围为0～1，但是，方程右边取值范围是无穷大或者无穷小。所以，才引入逻辑回归。

下面我们使用Python实现一个简单的逻辑回归，部分内容需要读者在后续章节中进一步学习，现在只需要读者能够运行逻辑回归即可。代码如下：

```
import numpy as np
from sklearn.datasets import make_classification      # 导入随机生成的数据
import matplotlib.pyplot as plt

def init_data():
    # 生成二分类的分类数据
    X1, Y1 = make_classification(n_samples=200, n_features=2, n_redundant=0,
n_clusters_per_class=1, n_classes=2)

    dataMatIn = X1
    classLabels = Y1
    dataMatIn = np.insert(dataMatIn, 0, 1, axis=1)  # 特征数据集，添加1是构造常数项x0
    plt.scatter(X1[:, 0], X1[:, 1], c=Y1*10, s=3, marker='*')
    plt.show()
    return dataMatIn, classLabels

# Sigmoid函数和初始化数据
def sigmoid(z):
    return 1 / (1 + np.exp(-z))

# 梯度下降算法
def grad_descent(dataMatIn, classLabels):
    dataMatrix = np.mat(dataMatIn)                # (m,n)
    labelMat = np.mat(classLabels).transpose()
    m, n = np.shape(dataMatrix)
    weights = np.ones((n, 1))                     # 初始化回归系数 (n,1)
    alpha = 0.001                                 # 步长
    maxCycle = 500                                # 最大循环次数

    for i in range(maxCycle):
```

```
        h = sigmoid(dataMatrix * weights)       # Sigmoid函数
        weights = weights + alpha * dataMatrix.transpose() * (labelMat - h)  # 梯度
    return weights
# 计算结果
if __name__ == '__main__':
    dataMatIn, classLabels = init_data()
    r = grad_descent(dataMatIn, classLabels)
    print(r)
```

【代码解析】

首先构建了对应的数据集，之后通过Matplotlib将其展示。而sigmoid函数的作用是对生成的结果进行分类展示，在这里读者可以将其当成“分割函数”，将线性回归强行割裂成逻辑回归。梯度下降算法提供的是优化的动力，在下一节我们将详细对其进行讲解，而在最后通过调用这个算法完成对逻辑回归参数的优化。最终结果请读者自行打印完成。

6.1.3 链式求导法则

1. 原理

在前面梯度下降算法的介绍中，没有对其背后的原理做出更为详细的介绍。实际上梯度下降算法就是链式法则的一个具体应用，如果把前面公式中的损失函数以向量的形式表示为：

$$h(x) = f(w_{11}, w_{12}, w_{13}, w_{14}, \ldots, w_{ij})$$

那么其梯度向量为：

$$\Delta h = \frac{\partial f}{\partial W_{11}} + \frac{\partial f}{\partial W_{12}} + \ldots + \frac{\partial f}{\partial W_{ij}}$$

其实所谓的梯度向量就是求出函数在每个向量上的偏导数之和。这也是链式法则善于解决的方面。

下面以$e=(a+b)\times(b+1)$（其中，$a=2$，$b=1$）为例，计算其偏导数，如图6.3所示。

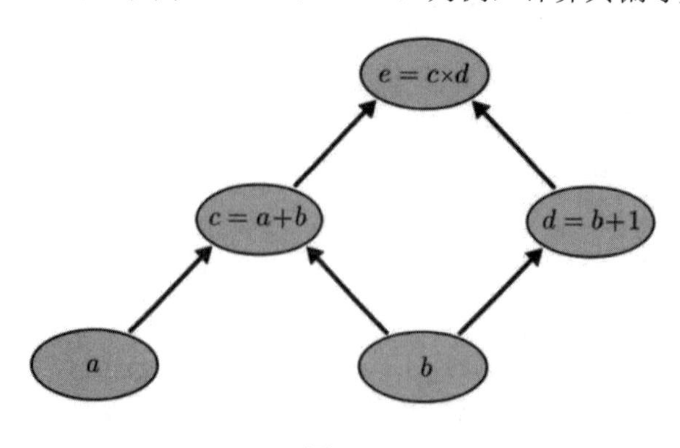

图 6.3

本例中为了求得最终值e对各个点的梯度，需要将各个点与e联系在一起，例如希望求得e对输入点a的梯度，则需要求得：

$$\frac{\partial e}{\partial a}=\frac{\partial e}{\partial c}\times\frac{\partial c}{\partial a}$$

这样就把 e 与 a 的梯度联系在一起了，同理可得：

$$\frac{\partial e}{\partial b}=\frac{\partial e}{\partial c}\times\frac{\partial c}{\partial b}+\frac{\partial e}{\partial d}\times\frac{\partial d}{\partial b}$$

也可以用图表示，如图6.4所示。

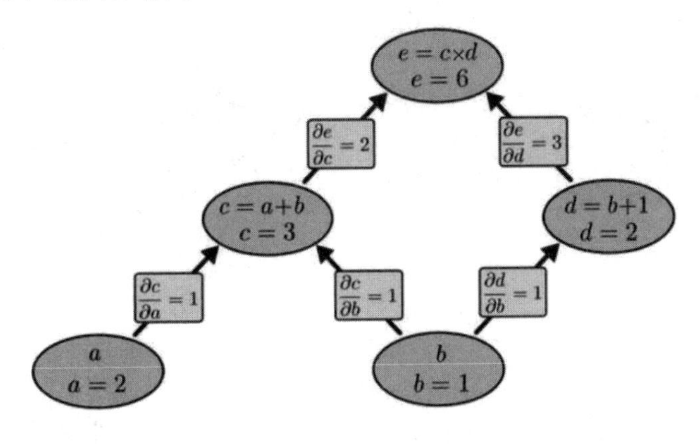

图 6.4

这样做的好处是显而易见的，求 e 对 a 的偏导数，只需建立一个从 e 到 a 的路径，通过相关的求导链接就可以得到所需要的值。求 e 对 b 的偏导数，也只需要建立所有 e 到 b 路径中的求导路径即可获得需要的值。

而在实际求导过程中，如果拉长了求导过程或者增加了其中的单元，就会大大增加计算过程，即很多偏导数的求导过程会被反复计算，因此在实际中对于权值达到上十万或者上百万的神经网络来说，这样的重复冗余所导致的计算量是很大的。

同样是为了求得对权重的更新，梯度下降算法将误差e看作以权重向量中每个元素为变量的高维函数，通过不断更新权重，寻找训练误差的最低点，按误差函数梯度下降的方向更新权值。具体流程如下：

（1）首先求得最后的输出层与真实值之间的差距，如图6.5所示。

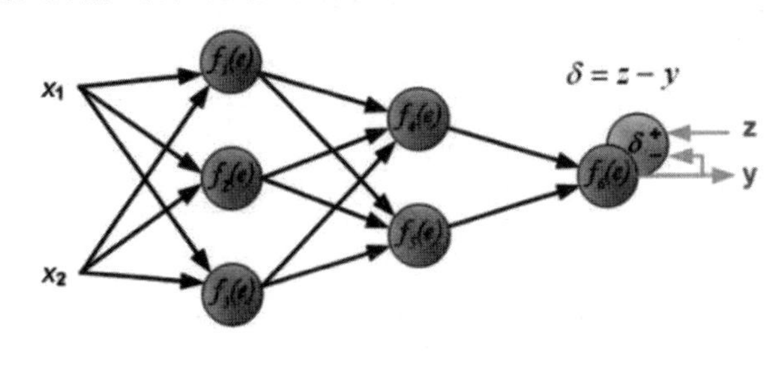

图 6.5

（2）然后以计算出的测量值与真实值为起点，反向传播到上一个节点，并计算出节点的误差值，如图6.6所示。

（3）最后将计算出的节点误差重新设置为起点，依次向后传播误差，如图6.7所示。

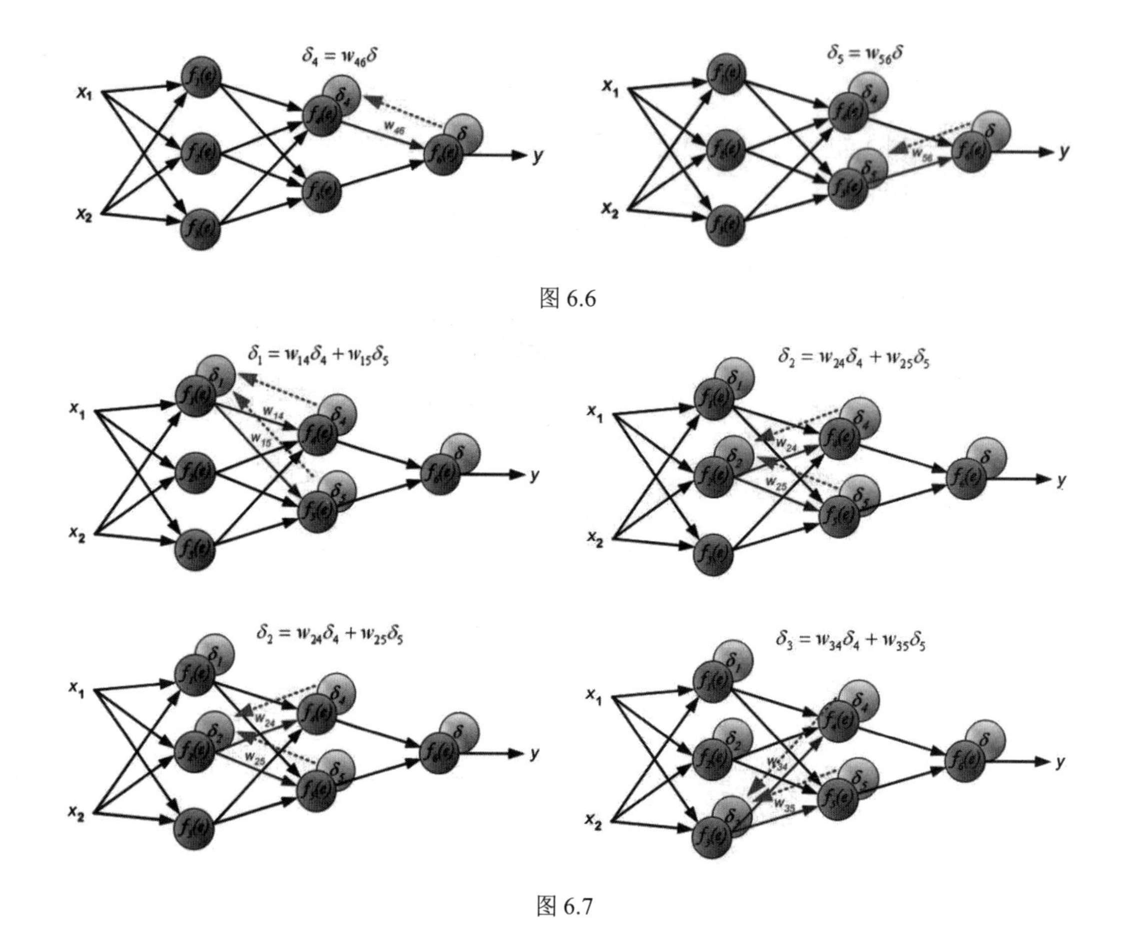

图 6.6

图 6.7

通俗地解释，一般情况下误差的产生是由于输入值与权重的计算产生了错误。输入值往往是固定不变的，因此对于误差的调节，需要对权重进行更新。权重的更新又是以输入值与真实值的偏差为基础的，当最终层的输出误差被反向一层层地传递回来后，每个节点被相应地分配适合其在神经网络地位中所担负的误差，即只需要更新其所需承担的误差量。梯度下降计算过程中权重的更新如图6.8、图6.9所示。

每一层都需要维护输出对当前层的微分值，该微分值相当于被复用于之前每一层里权值的微分计算。因此，空间复杂度没有变化。同时也没有重复计算，每一个微分值都在之后的迭代中使用。

2. 公式的推导

下面介绍一下公式的推导。公式的推导需要使用一些高等数学的知识，因此读者可以自由选择学习。

首先是算法的分析。前面已经说过，对于梯度下降算法，主要需要知道输出值与真实值之间的差值。

- 对于输出层单元，误差项是真实值与模型计算值之间的差值。
- 对于隐藏层单元，由于缺少直接的目标值来计算隐藏层单元的误差，因此需要以间接的方式来计算隐藏层的误差项对受隐藏层单元影响的每一个单元的误差进行加权求和。
- 对于权值的更新方面，主要依靠学习速率、该权值对应的输入以及单元的误差项。

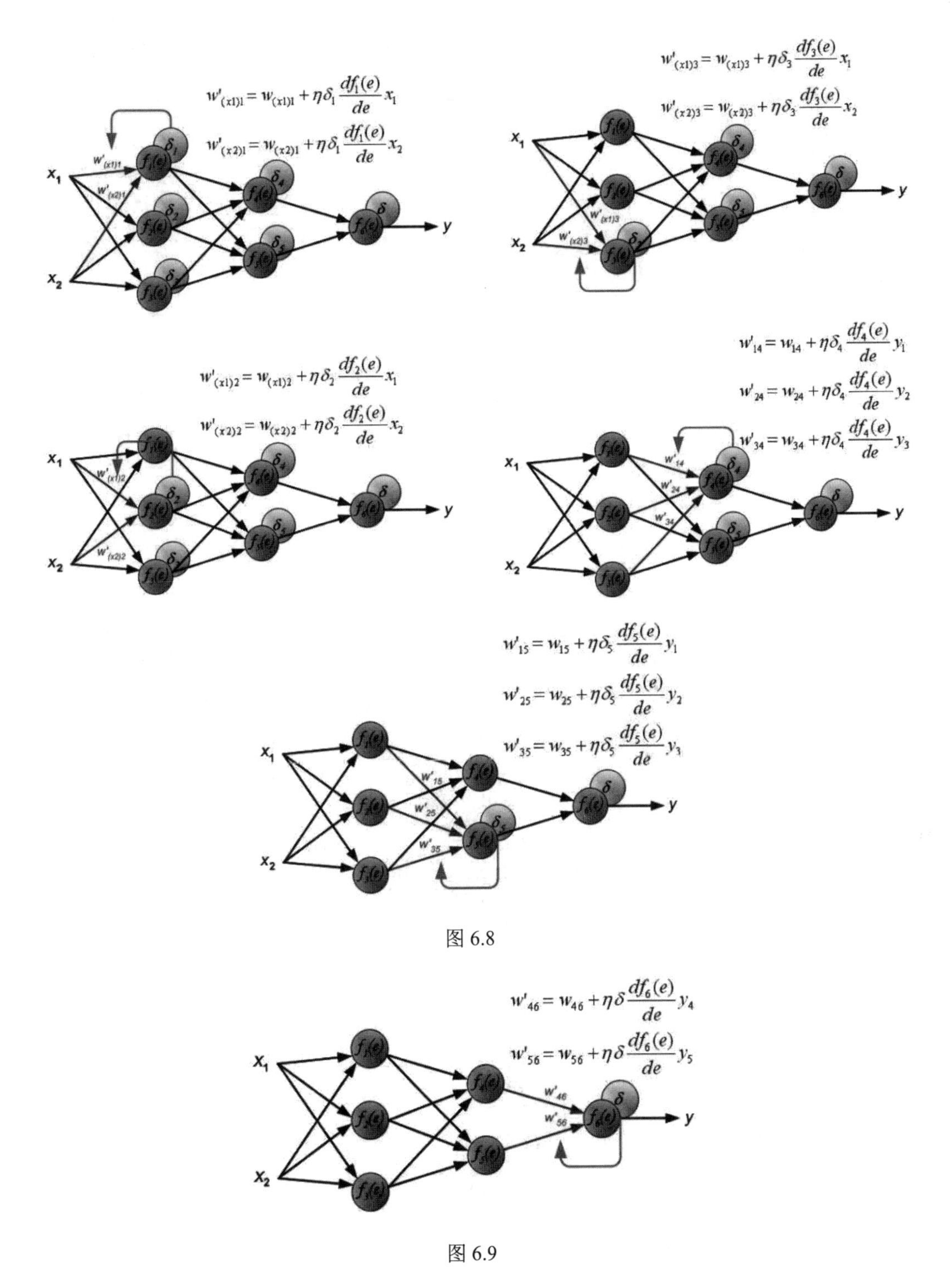

图 6.8

图 6.9

（1）定义一：前向传播算法

对于前向传播的值传递，隐藏层输出值定义如下：

$$a_h^{H1} = W_h^{H1} \times X_i$$
$$b_h^{H1} = f(a_h^{H1})$$

其中，X_i 是当前节点的输入值，W_h^{H1} 是连接到此节点的权重，a_h^{H1} 是输出值。f 是当前阶段的激活函数，b_h^{H1} 为当前节点的输入值经过计算后被激活的值。

对于输出层，定义如下：$$a_k = \sum W_{hk} \times b_h^{H1}$$

其中，W_{hk} 为输入的权重，b_h^{H1} 为输入到输出节点的输入值。这里对所有输入值进行权重计算后求和，作为神经网络的最后输出值 a_k。

（2）定义二：反向传播算法

与前向传播类似，首先需要定义两个值 δ_k 与 δ_h^{H1}：

$$\delta_k = \frac{\partial L}{\partial a_k} = (Y - T)$$

$$\delta_h^{H1} = \frac{\partial L}{\partial a_h^{H1}}$$

其中，δ_k 为输出层的误差项，其计算值为真实值与模型计算值之间的差值；Y 是计算值，T 是输出真实值；δ_h^{H1} 为输出层的误差。

通过前面的分析可以知道，所谓的梯度下降算法就是逐层将最终误差进行分解，即每一层只与下一层打交道。据此可以假设每一层均为输出层的前一个层级，通过计算前一个层级与输出层的误差得到权重的更新。权重的逐层反向传导如图6.10所示。

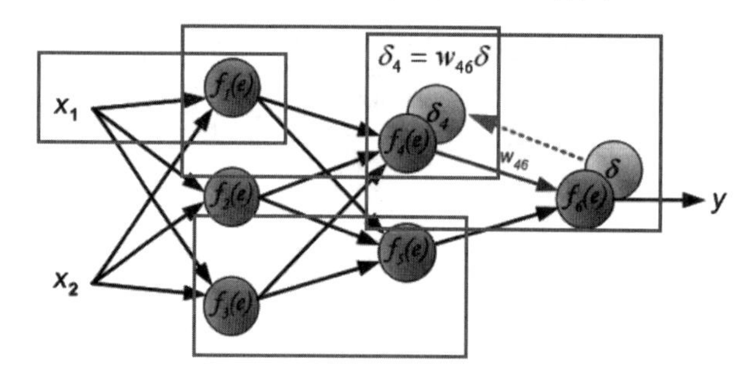

图 6.10

因此，梯度下降算法计算公式定义为：

$$\begin{aligned}
\delta_h^{H1} &= \frac{\partial L}{\partial a_h^{H1}} \\
&= \frac{\partial L}{\partial b_h^{H1}} \times \frac{\partial b_h^{H1}}{\partial a_h^{H1}} \\
&= \frac{\partial L}{\partial b_h^{H1}} \times f'(a_h^{H1}) \\
&= \frac{\partial L}{\partial a_k} \times \frac{\partial a_k}{\partial b_h^{H1}} \times f'(a_h^{H1}) \\
&= \delta_k \times \sum W_{hk} \times f'(a_h^{H1}) \\
&= \sum W_{hk} \times \delta_k \times f'(a_h^{H1})
\end{aligned}$$

当前层输出值对误差的梯度可以通过下一层的误差与权重和输入值的梯度乘积获得。在公式 $\sum W_{hk} \times \delta_k \times f'(a_h^{H1})$ 中，若 δ_k 为输出层，则可以通过 $\delta_k = \frac{\partial L}{\partial a_k} = (Y-T)$ 求得；若 δ_k 为非输出层，则可以使用逐层反馈的方式求得。

或者换一种表述形式将前面的公式表示为：

$$\delta^1 = \sum W_{ij}^1 \times \delta_j^{l+1} \times f'(a_i^1)$$

通过更为泛化的公式把当前层的输出对输入的梯度计算转化成求下一个层级的梯度计算值。

（3）定义三：权重的更新

反向传播算法计算的目的是更新权重，因此与梯度下降算法类似，其更新可以仿照梯度下降对权值的更新公式：

$$\theta = \theta - \alpha(f(\theta) - y_i)x_i$$

即：

$$W_{ji} = W_{ji} + \alpha \times \delta_j^l \times x_{ji}$$

$$b_{ji} = b_{ji} + \alpha \times \delta_j^l$$

其中，ji 表示为反向传播时对应的节点系数，通过对 δ_j^l 的计算就可以更新对应的权重值。

对于没有推导的 b_{ji}，其推导过程与 W_{ji} 类似，这一点请读者自行学习。

6.1.4　逻辑回归中的 Sigmoid 函数

在逻辑回归中最常使用的分割函数是Sigmoid函数（不是唯一）。其在运行过程中只接收一个值，输出也是一个经过公式计算后的值，且其输出值范围为0~1。Sigmoid函数公式为：

$$y = \frac{1}{1+\mathrm{e}^{-x}}$$

Sigmoid激活函数图形如图6.11所示。

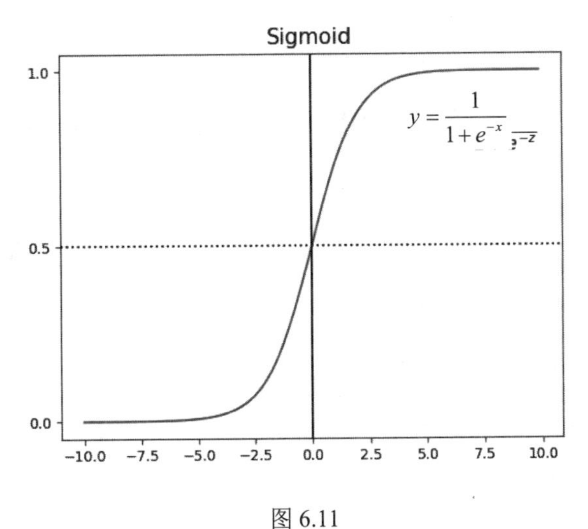

图 6.11

其倒函数求法较为简单，即：

$$y' = \frac{e^{-x}}{(1+e^{-x})^2}$$

换一种表示方式为：

$$f(x)' = f(x) \times (1 - f(x))$$

Sigmoid函数输入一个实数，之后将其压缩到0~1，较大的负数被映射成0，较大的正数被映射成1。

顺带说一句，Sigmoid函数在逻辑模型中曾经占据了很长一段时间的统治地位，但是随着研究的发展与深入，有越来越多的函数有望取代其位置，例如Softmax。主要原因在于Sigmoid非常容易引发区域饱和。当输入非常大或者非常小的时候，其梯度区域为零，会在传播过程中产生接近于0的梯度，这样在后续的传播时会造成梯度消散的现象，因此并不适合现在的逻辑回归模型使用。

实现Sigmoid函数的代码如下：

```
# Sigmoid曲线：
import matplotlib.pyplot as plt
import numpy as np

def Sigmoid(x):
    return 1.0 / (1.0 + np.exp(-x))

x = np.arange(-10, 10, 0.1)
h = Sigmoid(x)  # Sigmoid函数
plt.plot(x, h)
plt.axvline(0.0, color='k')
plt.axhline(y=0.5, ls='dotted', color='k')
plt.yticks([0.0,  0.5, 1.0])  # y axis label
plt.title(r'Sigmoid', fontsize = 15)
plt.text(5,0.8,r'$y = \frac{1}{1+e^{-z}}$', fontsize = 18)
plt.show()
```

读者可以自行运行并验证图形。

6.2 基于逻辑回归的鸢尾花（Iris）分类

前面介绍了逻辑回归的基本内容并通过Python实现了其中的部分功能，下面开始进入我们的实战部分，即基于逻辑回归去解决一些现实问题。

6.2.1 鸢尾花数据集简介与基础可视化分析

Iris也称鸢尾花数据集，是常用的分类实验数据集，由R.A. Fisher于1936年收集整理。其中包含3种植物种类，分别是山鸢尾（setosa）、变色鸢尾（versicolor）和维吉尼亚鸢尾（virginica），每类50个样本，共150个样本。

该数据集包含4个特征变量，1个类别变量（label），如表6.1所示。Iris每个样本都包含了4个特征（花萼（Speal）长度、花萼（Petal）宽度、花瓣长度），花瓣宽度，以及1个类别变量。我们需要建立一个分类器，通过这4个特征来预测鸢尾花卉种类是属于山鸢尾、变色鸢尾还是维吉尼亚鸢尾。其中有一个类别是线性可分的，其余两个类别线性不可分，这在最后的分类结果绘制图中可观察到。

表6.1 鸢尾花数据集的特征变量和类别变量

变 量 名	变量解释	数据类型
sepal_length	花萼长度（单位 cm）	float
sepal_width	花萼宽度（单位 cm）	float
petal_length	花瓣长度（单位 cm）	float
petal_width	花瓣宽度（单位 cm）	float
species	种类	categorical

（1）首先使用逻辑回归对Iris数据集进行分类预览，代码如下：

```
# 导入所需要的包
import pandas
import pandas as pd
import numpy as np
import matplotlib.pyplot as plt
import chart_studio.plotly as py
import plotly.graph_objs as go
from sklearn.decomposition import PCA
from sklearn import datasets
import pandas as np
from collections import defaultdict

iris_datas = datasets.load_iris()

data = pd.DataFrame(iris_datas.data, columns=['SpealLength', 'Spealwidth',
'PetalLength', 'PetalWidth'])
data["Species"] = iris_datas.target
print(data.head())
```

【代码解析】

首先导入需要的Python包，之后使用Pandas读取了sklearn中自带的Iris数据集。

打印前5条数据如图6.12所示。

	SpealLength	Spealwidth	PetalLength	PetalLength	Species
0	5.1	3.5	1.4	0.2	0
1	4.9	3.0	1.4	0.2	0
2	4.7	3.2	1.3	0.2	0
3	4.6	3.1	1.5	0.2	0
4	5.0	3.6	1.4	0.2	0

图6.12

（2）然后对花萼长度与宽度/花瓣长度与宽度进行可视化，判断是否仅依据其即可判别鸢尾花品种。代码如下：

```
print(data['Species'].value_counts())
data.plot.scatter(x='Spealwidth' , y='SpealLength' , c='green')
plt.show()
```

首先展示了Iris的全部分类情况，采用了绿色点对Spealwidth以及SpealLength进行展示，如图6.13所示。

因为鸢尾花有不同的种类，所以我们按不同的种类来看看：

```
data.plot.scatter(x='Spealwidth' , y='SpealLength' , c='Species' ,
colormap='viridis')
plt.show()
```

此时通过图形化展示可以看到，不同种类的Iris花萼被不同颜色加以区分，如图6.14所示。

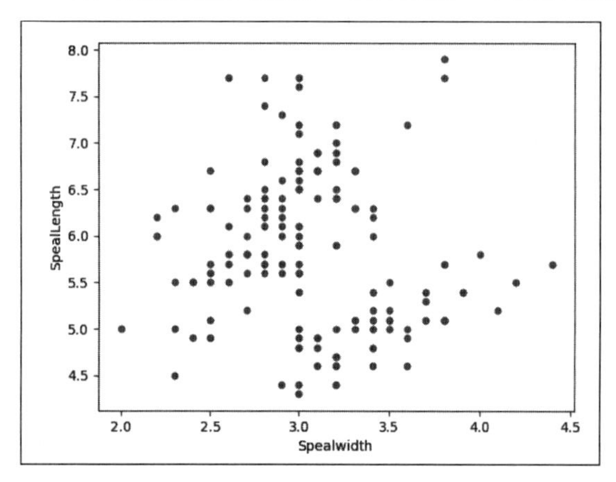

图 6.13

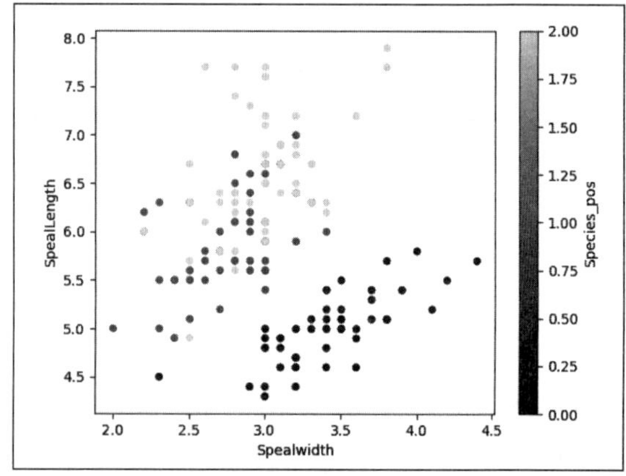

图 6.14

当然读者也可以使用Seaborn类完成对数据的展示，代码如下：

```
import seaborn as sns
sns.relplot(x='Spealwidth' , y='SpealLength' , hue='Species' , data=data)
plt.show()
```

具体读者可以自行显示验证。本示例演示的是花萼对分类的影响，读者还可以查看花瓣对分类的影响，请读者自行完成。

同样地，使用直方图的形式对数据进行展示，代码如下：

```
data.hist()
plt.show()
```

结果如图6.15所示，从图中可以很清楚地看到，鸢尾花的不同属性被以直方图的形式进行了呈现。

而如果此时以曲线的形式比较各个属性之间的大小情况，可以使用曲线图进行展示，代码如下：

```
data.plot(kind = "kde")
plt.show()
```

结果如图6.16所示，可以看到各个属性根据其特有的特性而呈现一个较为有规则的正态分布。

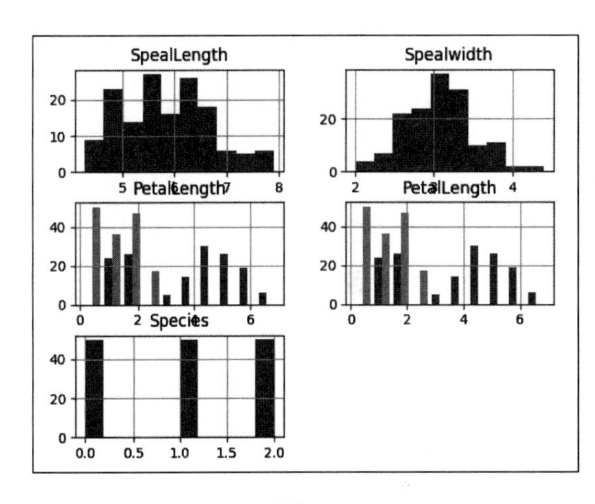

图 6.15

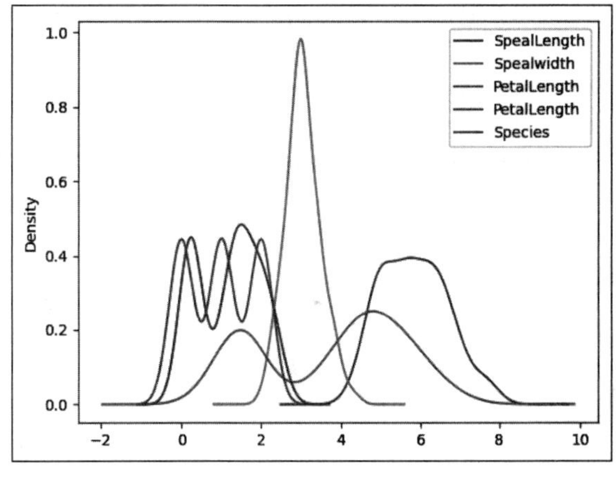

图 6.16

此时如果我们再用箱图查看各个属性之间的离群点和特异点的情况，可以使用如下代码完成：

```
data.plot(kind='box', subplots=True, layout=(2,3), sharex=False, sharey=False)
plt.show()
```

结果如图6.17所示。此时可以很清楚地看到不同种类之间的极值与总体的分布情况。

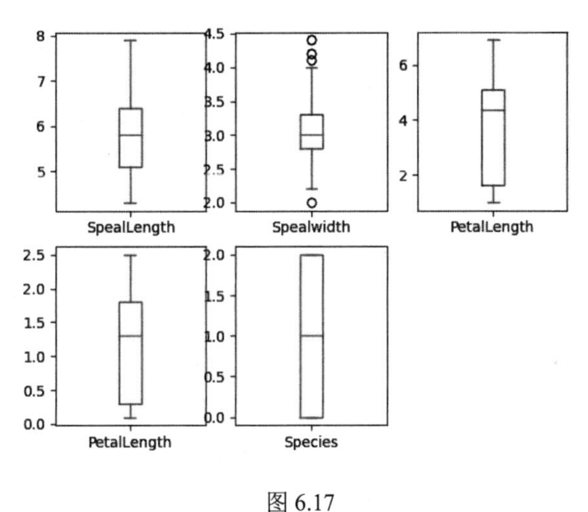

图 6.17

6.2.2　鸢尾花数据集进阶可视化分析

上一小节介绍了使用常规数据分析形式对Iris数据集进行可视化分析。本小节我们使用更多的高级数据分析形式对鸢尾花数据集进行分析。

1. 雷达图（RadViz）

RadViz是一种可视化多维数据的方式，基于基本的弹簧压力最小化算法（在复杂网络分析中也会经常应用）。简单来说，将一组点放在一个平面上，每一个点代表一个属性，例如Iris数据集中有四个点，被放在一个单位圆上，接下来我们可以设想每个数据集通过一个弹簧连接到每个点上，弹力和它们的属性值成正比（属性值已经标准化），数据集在平面上的位置是弹簧的均衡位置。不同类的样本用不同颜色表示。代码如下：

```
from pandas.plotting import radviz
radviz(data,'Species')
plt.show()
```

此时的RadViz对Iris的数据分析结果如图6.18所示。

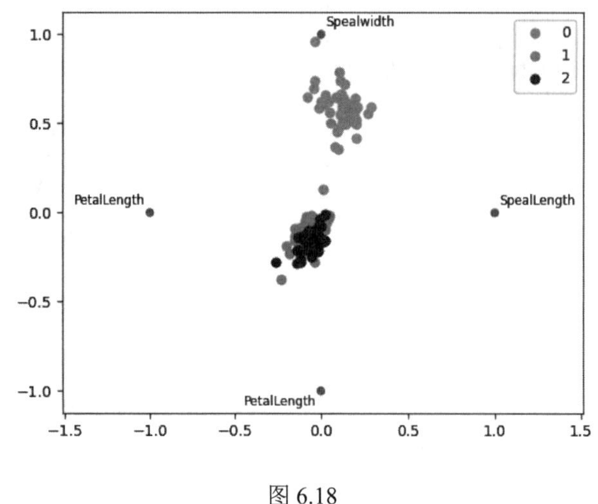

图 6.18

2. Andrews 曲线

Andrews曲线将每个样本的属性值转化为傅里叶序列的系数来创建曲线。通过将每一类曲线标成不同颜色可以可视化聚类数据，属于相同类别的样本的曲线通常更加接近，并构成了更大的结构。其用法如下：

```
from pandas.plotting import andrews_curves
andrews_curves(data,'Species')
plt.show()
```

此时的Andrews曲线对Iris的数据分析结果如图6.19所示。

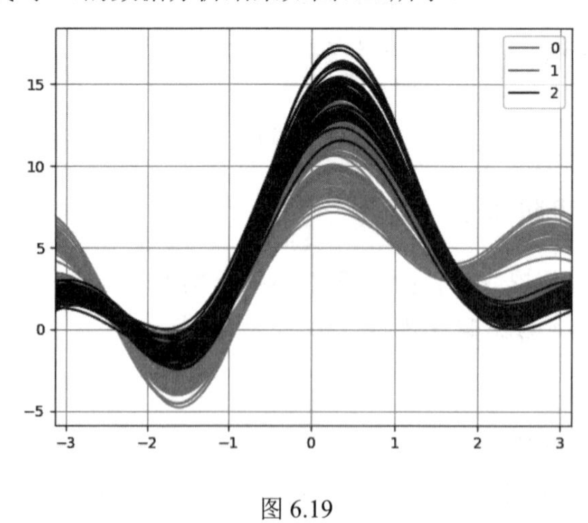

图 6.19

3. 平行坐标

平行坐标也是一种多维可视化技术。它可以看到数据中的类别以及从视觉上估计其他的统计量。使用平行坐标时，每个点用线段连接。每条垂直的线代表一个属性。一组连接的线段表示一个数据点，可能是一类的数据点会更加接近。平行坐标的用法如下所示：

```
from pandas.plotting import parallel_coordinates
parallel_coordinates(data,'Species')
plt.show()
```

结果如图6.20所示。此时可以看到不同种类的不同特征呈现出一个较为规则的分布形态，而这种形态也反映了对应的具有显著性差异的种类特征。

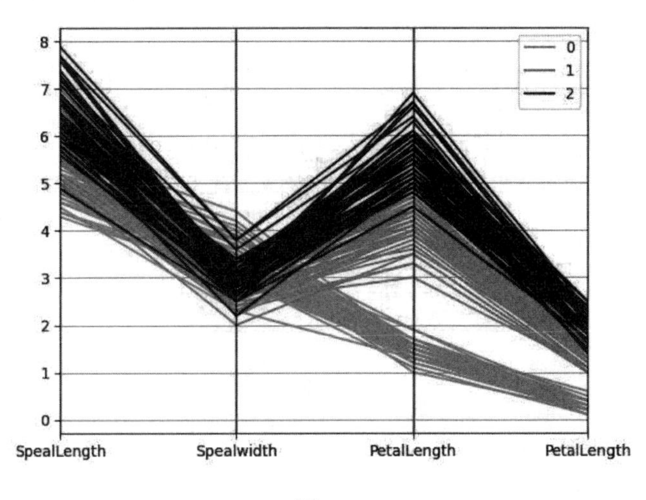

图 6.20

6.2.3　基于鸢尾花数据集的数据挖掘

前面我们通过各种算法对鸢尾花数据集进行了可视化分析。这些分析可以很好地对鸢尾花数据中涉及的各个特征层面进行可视化的直观分析。但是，目前为止这些分析都是基于表层数据，下面我们需要对这部分内容进行进一步的数据挖掘。

1. 主成分分析（PCA）

首先我们从主成分分析开始。主成分分析是由因子分析进化而来的一种降维的方法，通过正交变换，将原始特征转换为线性独立的特征，转换后得到的特征被称为主成分。

主成分分析可以将原始维度降维到n个维度。有一种特殊情况，就是通过主成分分析将维度降低为二维，这样的话，就可以将多维数据转换为平面中的点，来达到多维数据可视化的目的。使用PCA降维的完整代码如下：

```
from sklearn import decomposition
pca = decomposition.PCA(n_components=2)
X = pca.fit_transform(data.iloc[:,:-1].values)
pos = pd.DataFrame()
pos['X'] = X[:,0]
pos['Y'] = X[:,1]
pos['Species'] = data['Species']

ax = pos[pos['Species']==0].plot(kind='scatter', x='X', y='Y', marker =
'*',color='blue', label='Iris-virginica')
```

```
    ax = pos[pos['Species']==1].plot(kind='scatter', x='X', y='Y', marker = 's',
color='green', label='Iris-setosa', ax=ax)
    ax = pos[pos['Species']==2].plot(kind='scatter', x='X', y='Y', color='red',
label='Iris-versicolor', ax=ax)plt.show()
```

展示的结果如图6.21所示。

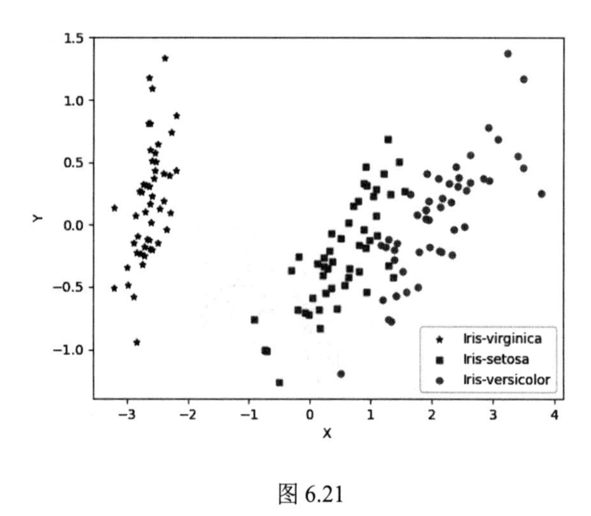

图 6.21

通过图6.21可以看到，不同样式与颜色的标记代表不同种类的鸢尾花，这也从侧面证明了使用PCA降维的结果是可信的。

2. 因素分析（FactorAnalysis，FA）

因素分析最初是心理学家斯皮尔曼发明的，用于研究人类的人格特质，著名的卡特尔16PF（16种相对独立的人格特征）就是应用因素分析方法得来的。基于高斯潜在变量的一个简单线性模型，假设每一个观察值都是由低维的潜在变量加正态噪音构成，使用因素分析的代码如下：

```
    from sklearn import decomposition
    pca = decomposition.FactorAnalysis(n_components=2)
    X = pca.fit_transform(data.iloc[:,:-1].values)
    pos = pd.DataFrame()
    pos['X'] = X[:,0]
    pos['Y'] = X[:,1]
    pos['Species'] = data['Species']
    ax = pos[pos['Species']==0].plot(kind='scatter', x='X', y='Y', marker = '*',
color='blue', label='Iris-virginica')
    ax = pos[pos['Species']==1].plot(kind='scatter', x='X', y='Y', marker = 's',
color='green', label='Iris-setosa', ax=ax)
    ax = pos[pos['Species']==2].plot(kind='scatter', x='X', y='Y', color='red',
label='Iris-versicolor', ax=ax)
    plt.show()
```

结果展示如图6.22所示。

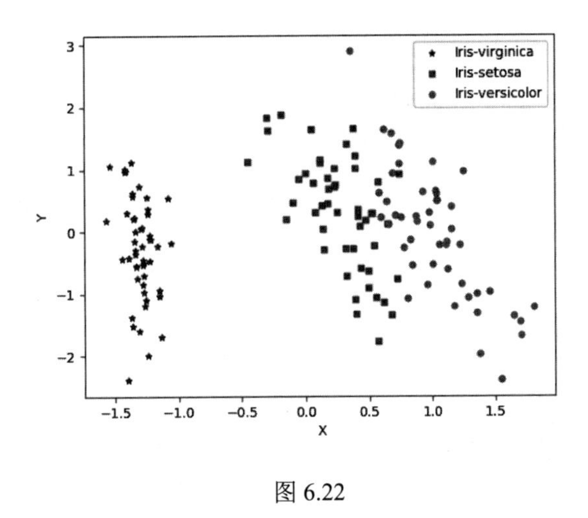

图 6.22

从图6.22中可以看到，通过因素分析得到的分布图，同样对鸢尾花类别做出了较好的展示。

3. 独立成分分析（ICA）

独立成分分析将多源信号拆分成最大可能独立性的子成分，它最初不是用来降维，而是用于拆分重叠的信号。代码如下：

```
from sklearn import decomposition
pca = decomposition.FastICA(n_components=2)
X = pca.fit_transform(data.iloc[:,:-1].values)
pos = pd.DataFrame()
pos['X'] = X[:,0]
pos['Y'] = X[:,1]
pos['Species'] = data['Species']
ax = pos[pos['Species']==0].plot(kind='scatter', x='X', y='Y', marker = '*',
color='blue', label='Iris-virginica')
ax = pos[pos['Species']==1].plot(kind='scatter', x='X', y='Y', marker = 's',
color='green', label='Iris-setosa', ax=ax)
ax = pos[pos['Species']==2].plot(kind='scatter', x='X', y='Y', color='red',
label='Iris-versicolor', ax=ax)
plt.show()
```

4. 多维度量尺（Multi-dimensional scaling，MDS）

多维度量尺试图寻找原始高维空间数据的距离的良好低维表征。简单来说，多维度量尺被用于数据的相似性，它试图用几何空间中的距离来建模数据的相似性，就是用二维空间中的距离来表示高维空间的关系。

数据可以是物体之间的相似度、分子之间的交互频率或国家间的交易指数。这一点与前面的方法不同，前面的方法的输入都是原始数据，而在多维度量尺的例子中，输入是基于欧氏距离的距离矩阵。多维度量尺算法是一个不断迭代的过程，因此，需要使用max_iter来指定最大迭代次数，同时计算的耗时也是这四个算法中最大的一个。多维度量尺的代码如下：

```
from sklearn import manifold
from sklearn.metrics import euclidean_distances
similarities = euclidean_distances(data.iloc[:,:-1].values)
```

```
    mds = manifold.MDS(n_components=2, max_iter=3000, eps=1e-9, dissimilarity=
'precomputed', n_jobs=1)
    X = mds.fit(similarities).embedding_
    pos = pd.DataFrame(X, columns=['X','Y'])
    pos['Species'] = data['Species']
    ax = pos[pos['Species']==0].plot(kind='scatter', x='X', y='Y', marker = '*',
color='blue', label='Iris-virginica')
    ax = pos[pos['Species']==1].plot(kind='scatter', x='X', y='Y', marker = 's',
color='green', label='Iris-setosa', ax=ax)
    ax = pos[pos['Species']==2].plot(kind='scatter', x='X', y='Y', color='red',
label='Iris-versicolor', ax=ax)
    plt.show()
```

使用多维度量尺对鸢尾花类别进行分类的结果如图6.23所示。

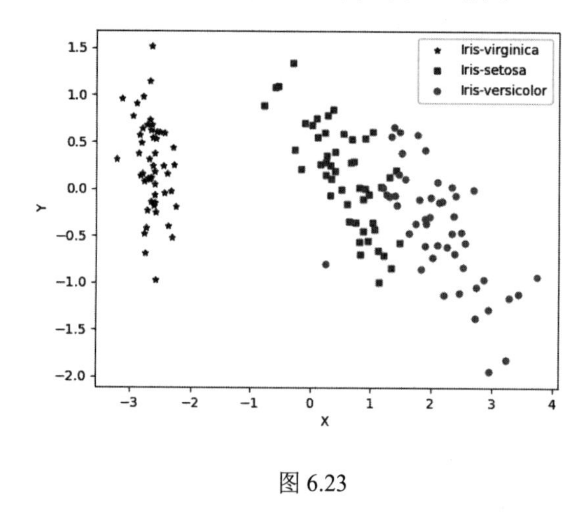

图 6.23

6.2.4 基于线性回归与 K-means 的鸢尾花数据集分类

上一章讲解了线性回归的内容，我们知道线性回归与逻辑回归在特征抽取的部分有一定的相似性。在我们使用逻辑回归对鸢尾花数据集进行分类之前，先复习一下线性回归与聚类分析相关的内容。

1. 基于线性回归的鸢尾花数据集分类

采用线性回归算法对鸢尾花的特征数据进行分析，预测花瓣长度、花瓣宽度、花萼长度、花萼宽度四个特征之间的线性关系。该部分的代码如下：

```
# 导入所需要的包
import pandas
import pandas as pd
import numpy as np
import matplotlib.pyplot as plt
import chart_studio.plotly as py
import plotly.graph_objs as go
from sklearn.decomposition import PCA
from sklearn import datasets
from sklearn import datasets
```

```
    import pandas as np
    iris_datas = datasets.load_iris()
    data = pd.DataFrame(iris_datas.data, columns=['SpealLength', 'Spealwidth',
'PetalLength', 'Petalwidth'])
    data["Species"] = iris_datas.target
    pos = pd.DataFrame(data)
    # 获取花瓣的长和宽，转换Series为ndarray
    x = pos['PetalLength'].values
    y = pos['Petalwidth'].values
    x = x.reshape(len(x),1)
    y = y.reshape(len(y),1)
    from sklearn.linear_model import LinearRegression
    clf = LinearRegression()
    clf.fit(x,y)
    pre = clf.predict(x)
    plt.scatter(x,y,s=100)
    plt.plot(x,pre,'r-',linewidth=4)
    for idx, m in enumerate(x):
       plt.plot([m,m],[y[idx],pre[idx]], 'g-')
    plt.show()
```

上述代码中首先导入需要使用的Python包，之后调用sklearn中的线性回归模型对数据进行分析。结果如图6.24所示。

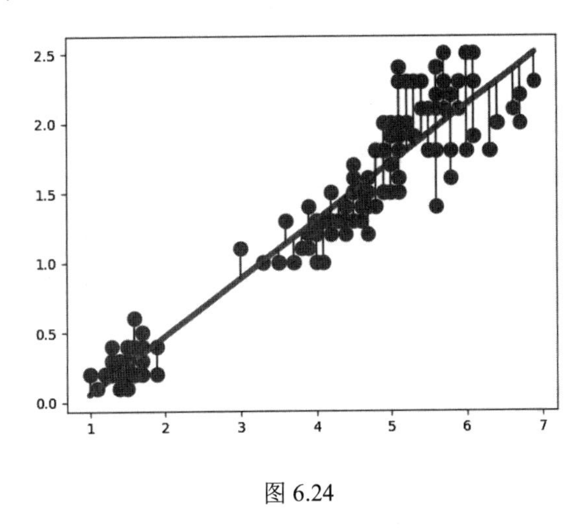

图 6.24

从图6.24中可以看到鸢尾花根据其类别在一条直线上拟合。下面我们打印这条直线的系数与截距：

```
print("系数: ", clf.coef_)
print("截距: ", clf.intercept_)
```

结果如下：

```
系数:  [[0.41575542]]
截距:  [-0.36307552]
```

而此时假设存在一个花瓣长度为5.0的花，需要预测其花瓣宽度，可以使用已经训练好的线性回归模型进行预测，使用方法如下：

```
print(clf.predict([[5.0]]) )
```

最终结果约为1.7，而对其的分类可以由读者自行决定。

2. 基于聚类分析的鸢尾花数据集分类

下面我们尝试使用聚类分析的方法对鸢尾花数据集进行分类，代码如下：

```
# 导入所需要的包
import pandas
import pandas as pd
import numpy as np
import matplotlib.pyplot as plt
import chart_studio.plotly as py
import plotly.graph_objs as go
from sklearn.decomposition import PCA
from sklearn import datasets
import pandas as np
from sklearn import datasets
iris_datas = datasets.load_iris()
data = pd.DataFrame(iris_datas.data, columns=['SpealLength', 'Spealwidth',
'PetalLength', 'Petalwidth'])
data["Species"] = iris_datas.target
from sklearn.cluster import KMeans
from sklearn.datasets import load_iris
iris = load_iris()
clf = KMeans()
clf.fit(iris.data,iris.target)
predicted = clf.predict(iris.data)
pos = pd.DataFrame(data)
L1 = pos['SpealLength'].values
L2 = pos['Spealwidth'].values
plt.scatter(L1, L2, c=predicted, marker='s',s=100,cmap=plt.cm.Paired)
plt.title("KMeans")
plt.show()
```

使用K-means的结果如图6.25所示。

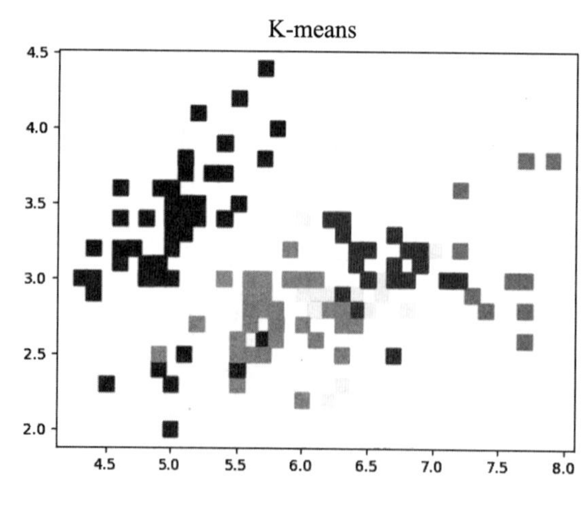

图 6.25

6.2.5　基于逻辑回归的鸢尾花数据集分类

在前面的内容中使用了多种方法对鸢尾花数据集进行分析，同时也复习了聚类算法与线性回归。然而相信读者也发现了，无论是线性回归或者聚类分析都无法直接对鸢尾花进行分类，而总是根据算法的特性将结果落在一个范围或者接近的区间内。那么有没有一个直接的算法能够简单明确地告诉用户分类计算的结果究竟是哪个类别。

逻辑回归就是为了解决这个问题而创建的。本小节笔者将带领读者使用逻辑回归对鸢尾花数据集进行分类计算。

1. 第一步：数据分析

同样地在进行逻辑回归的应用之前，我们需要对数据进行初步的分析。代码如下：

```
# 导入所需要的包
import pandas
import pandas as pd
import numpy as np
import matplotlib.pyplot as plt
from sklearn import datasets
iris_datas = datasets.load_iris()
data = pd.DataFrame(iris_datas.data, columns=['SpealLength', 'Spealwidth',
'PetalLength', 'Petalwidth'])
data["Species"] = iris_datas.target
groups = data.groupby(by = "Species")
means, sds = groups.mean(), groups.std()
means.plot(yerr = sds, kind = 'bar', figsize = (9, 9), table = True)
plt.show()
```

此时我们对鸢尾花数据集根据其不同的特征进行分析，结果如图6.26所示。

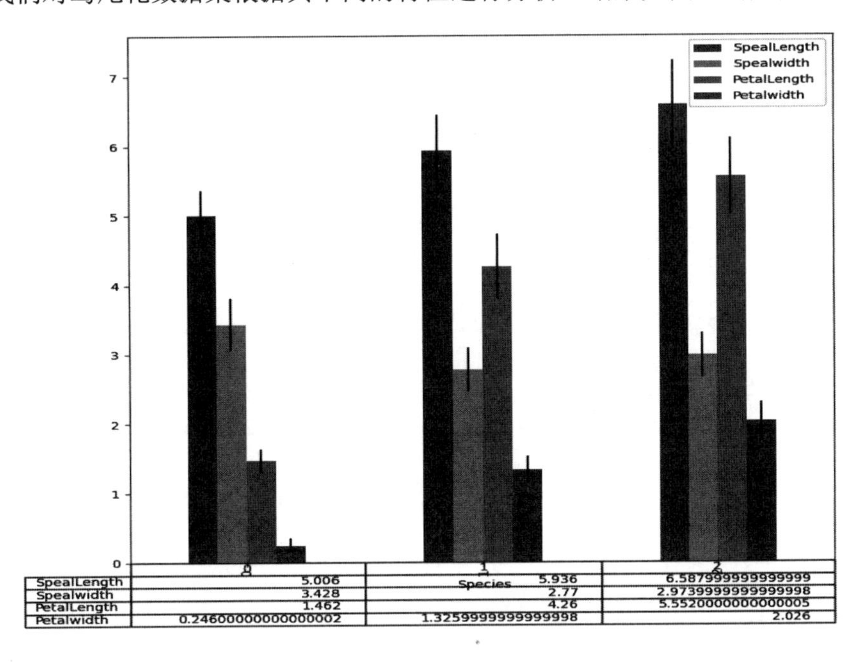

	0	1	2
SpealLength	5.006	5.936	6.587999999999999
Spealwidth	3.428	2.77	2.9739999999999998
PetalLength	1.462	4.26	5.5520000000000005
Petalwidth	0.24600000000000002	1.3259999999999998	2.026

图 6.26

从图6.26中可以看到不同种类的鸢尾花其特征分布也是随着种类的差别而呈现一个不同的样式。下面一步我们需要绘制两两之间的相关性散点图，代码如下：

```
    col_map = {0: 'orange', 1: 'green', 2: 'pink'}
    pd.plotting.scatter_matrix(data.loc[:, 'SpealLength':'Spealwidth']
    , diagonal = 'kde', color = [col_map[lb] for lb in data['Species']], s = 75, figsize
= (11, 6))
    plt.show()
```

结果如图6.27所示。特征散点图成对角分布，4个特征两两组合（任意两个特征作为x轴、y轴），不同品种的花用不同颜色标注，即0（setosa，橙色）、1（versicolo，绿色）、2（virginica，粉色），共有12种组合（其实只有6种，因为另外6种与之对称）。

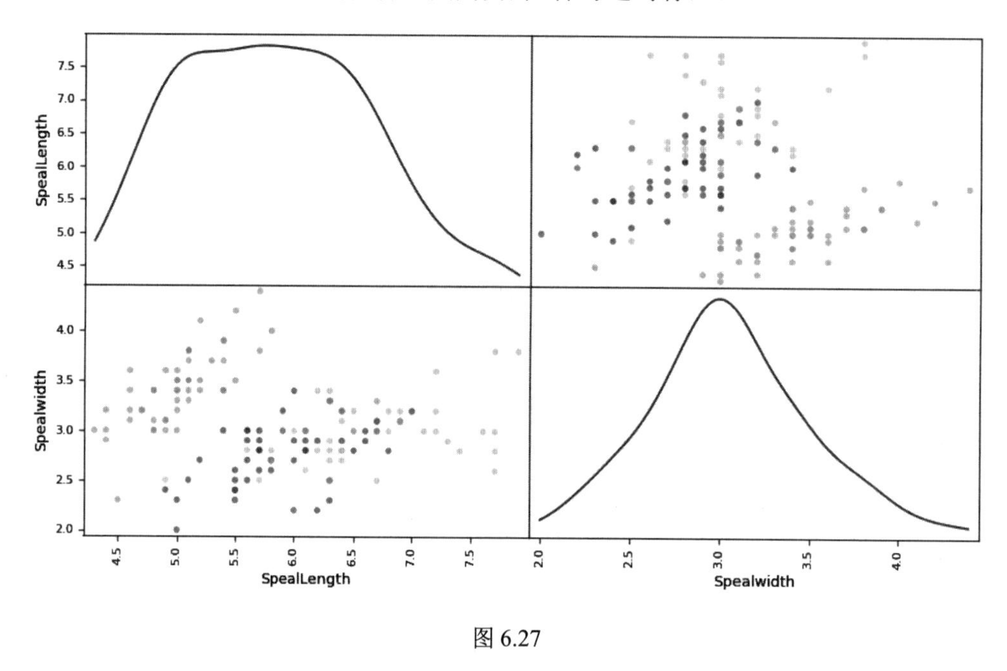

图 6.27

接下来我们使用前两列数据，即花萼长度与宽度完成逻辑回归内容。绘制这两列的数据散点图，代码如下：

```
    from sklearn.model_selection import train_test_split
    import chart_studio.plotly as py
    import plotly.graph_objs as go
    X = data.iloc[:,:2].values              # 取前两列数据
    Y = data["Species"]
    x_train, x_test, y_train, y_test = train_test_split(X,Y, test_size = 0.3,
random_state = 0)

    plt.scatter(x = X[:,0], y = X[:,1])
    plt.show()
```

请读者自行验证。

2. 第二步：建立逻辑回归模型

对于使用逻辑回归搭建模型可以使用如下步骤完成：

步骤01 导入模型，调用逻辑回归 LogisticRegression()函数。

LogisticRegression()函数的参数说明如下：

- penalty：正则化选择参数（惩罚项的种类），默认方式为 L2 正则化。
- C：正则项系数的倒数。
- solver：对于多分类任务，使用 newton-cg、sag、saga 和 lbfgs 来解决多项式损失。
- multi_class：默认值为 ovr，适用于二分类问题；对于多分类问题，用 multinomial 在全局的概率分布上最小化损失。

步骤02 训练 LogisticRegression 分类器：调用 fit(x,y)方法来训练模型，其中 x 为数据的属性，y 为所属类型。

步骤03 利用训练得到的模型对数据集进行预测，返回预测结果。

建立逻辑回归模型的代码如下：

```
from sklearn.model_selection import train_test_split
import chart_studio.plotly as py
import plotly.graph_objs as go
X = data.iloc[:,:2].values                    # 取前两列数据
Y = data["Species"]
x_train, x_test, y_train, y_test = train_test_split(X,Y, test_size = 0.3,
random_state = 0)

from sklearn.linear_model import LogisticRegression
lr =
LogisticRegression(penalty='l2',solver='newton-cg',multi_class='multinomial')
lr.fit(x_train,y_train)
```

这是一个非常简单的基于逻辑回归的模型，使用了花萼属性对鸢尾花的类别进行分类。下面我们就需要对这个模型的结果进行评估。

3. 第三步：评估逻辑回归模型

最简单的评估方法就是使用测试集对模型结果进行验证，代码如下：

```
print("Logistic Regression模型训练集的准确率：%.3f" %lr.score(x_train, y_train))
print("Logistic Regression模型测试集的准确率：%.3f" %lr.score(x_test, y_test))
```

打印结果如下：

```
Logistic Regression模型训练集的准确率：0.829
Logistic Regression模型测试集的准确率：0.822
```

从打印结果上来看模型的准确率在训练集和测试集上较为接近，这也从侧面反映了我们的模型训练结果。

4. 第四步：可视化分类结果

下面我们绘制逻辑回归分类器在鸢尾花数据集上的决策边界（Decision Boundry），不同类别的数据点用不同颜色标注。为了能可视化分类效果，我们会画出决策边界。完整代码如下：

```
# 导入所需要的包
import pandas
import pandas as pd
import numpy as np
import matplotlib.pyplot as plt
from sklearn import datasets
iris_datas = datasets.load_iris()
data = pd.DataFrame(iris_datas.data, columns=['SpealLength', 'Spealwidth',
'PetalLength', 'Petalwidth'])
data["Species"] = iris_datas.target
from sklearn.model_selection import train_test_split
import chart_studio.plotly as py
import plotly.graph_objs as go
X = data.iloc[:,:2].values                # 取前两列数据
Y = data["Species"]
x_train, x_test, y_train, y_test = train_test_split(X,Y, test_size = 0.3,
random_state = 0)
from sklearn.linear_model import LogisticRegression
lr =
LogisticRegression(penalty='l2',solver='newton-cg',multi_class='multinomial')
lr.fit(x_train,y_train)
print("Logistic Regression模型训练集的准确率: %.3f" %lr.score(x_train, y_train))
print("Logistic Regression模型测试集的准确率: %.3f" %lr.score(x_test, y_test))
x1_min, x1_max = X[:, 0].min() - .5, X[:, 0].max() + .5  # 第0列的范围
x2_min, x2_max = X[:, 1].min() - .5, X[:, 1].max() + .5  # 第1列的范围
h = .02
x1, x2 = np.meshgrid(np.arange(x1_min, x1_max, h), np.arange(x2_min, x2_max, h)) #
生成网格采样点
grid_test = np.stack((x1.flat, x2.flat), axis=1)       # 测试点
grid_hat = lr.predict(grid_test)                       # 预测分类值
# grid_hat = lr.predict(np.c_[x1.ravel(), x2.ravel()])
grid_hat = grid_hat.reshape(x1.shape)                  # 使之与输入的形状相同
plt.figure(1, figsize=(6, 5))
# 预测值的显示，输出为三个颜色区块，分布表示分类的三类区域
plt.pcolormesh(x1, x2, grid_hat,cmap=plt.cm.Paired)
# plt.scatter(X[:, 0], X[:, 1], c=Y,edgecolors='k', cmap=plt.cm.Paired)
plt.scatter(X[:50, 0], X[:50, 1], marker = '*', edgecolors='red', label='setosa')
plt.scatter(X[50:100, 0], X[50:100, 1], marker = '+', edgecolors='k',
label='versicolor')
plt.scatter(X[100:150, 0], X[100:150, 1], marker = 'o', edgecolors='k',
label='virginica')
plt.xlabel('花萼长度-Sepal length')
plt.ylabel('花萼宽度-Sepal width')
plt.legend(loc = 2)
plt.xlim(x1.min(), x1.max())
plt.ylim(x2.min(), x2.max())
plt.title("Logistic Regression 鸢尾花分类结果", fontsize = 15)
plt.xticks(())
plt.yticks(())
plt.grid()
plt.show()
```

此时通过逻辑回归我们建立了完整的对鸢尾花数据集进行分类的模型，最终的分类结果如图6.28所示。

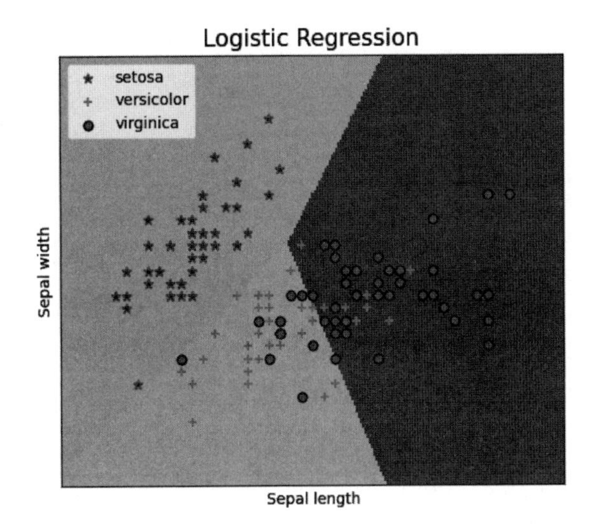

图 6.28

此时从图6.28中可以很明显地看到，setosa类线性可分，而versicolor类与virginica类线区分则较为困难。

6.3　本 章 小 结

逻辑回归是针对线性回归较多应用于连续数据的一个补充，是直接作用于离散标的的一种机器学习模型，用来估计对应数据是某个类别的概率，然后基于概率再划定阈值进行分类，而求解概率的过程就是回归的过程。

本章中主要介绍了逻辑回归的原理、实现方法以及其中用到的各个函数的作用，并且使用逻辑回归实战了一个鸢尾花分类项目。除此之外，本章还对鸢尾花进行可视化数据分析和挖掘，这也是本章的重点内容，请读者认真掌握。

本章的逻辑回归和上一章的线性回归虽然名称都是回归分析，但是其本质应用却不尽相同，这一点请读者注意并认真学习其区别和使用目标。

第 7 章

决策树算法与可视化实战

水晶球可以用来占卜。很多人知道水晶球这个占卜道具，是通过电影里的吉普赛女郎或是通过动漫看到的。如图7.1所示。

图 7.1

然而水晶球真的有那么神奇吗？本章开始将以水晶球的占卜为例，向读者展示其中蕴含的数学知识。

7.1 水晶球的秘密

一个神秘的水晶球摆放在桌子中央，一个低沉的声音（一般是女性）会问你许多问题。

问：你在想一个人，让我猜猜这个人是男性？

答：不是的。

问：这个人是你的亲属？

答：是的。

问：这个人比你年长。

答：是的。

问：这个人对你很好？

答：是的。

对于这个猜谜游戏，相信聪明的读者应该能猜得出来，这个问题的最终答案是“母亲”。这是一个常见的游戏，但是如果将其作为一个整体去研究的话，整个系统的结构如图7.2所示。

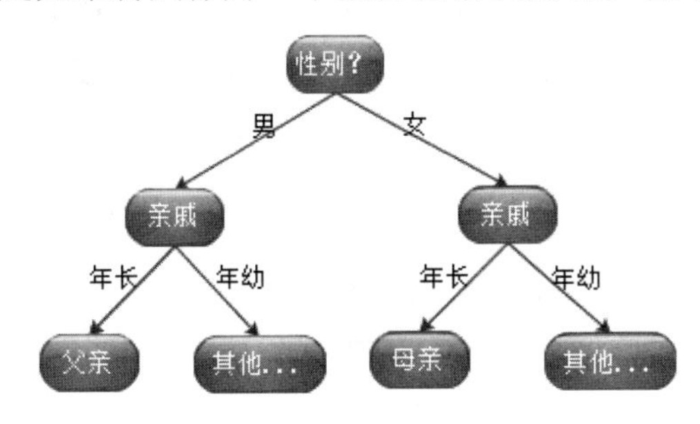

图 7.2

这个游戏实际上就是一个决策树。决策树的定义就是在已知各种情况发生的概率的基础上，通过构成决策树来求得净现值的期望值大于等于零的概率，以评价项目风险，判断项目可行性的决策分析方法，是直观运用概率分析的一种图解法。

在图7.2的决策树中，所有的椭圆框都是节点（node），最顶上的节点（性别？）是根节点（root node），而其他的椭圆框都是叶子节点或终端节点，叶子节点就是那些没有孩子节点（child node）的节点。所谓的孩子节点就是节点往下只用一根线连着的节点，终端节点下面就没有线了。这就是决策树的一个大概形状。

7.1.1　决策树

如果读者使用过项目流程图的话，那么可以看到，系统最高处的根节点是系统的开始。而整个系统类似于一个项目分解流程图，其中每个分支和树叶代表一个分支向量，每个节点代表一个输出结果或分类。

决策树用以预测的是一个固定的对象，从根到叶节点的一条特定路线就是一个分类规则，决定这一个分类的算法和结果。

由此可以知道，决策树的生成算法从根部开始，输入一系列带有标签分类的示例（向量）从而构造出一系列的决策节点。其节点又称为逻辑判断，表示该属性的某个分支（属性），供下一步继续判定，一般有几个分支就有几条有向的线作为类别标记。

7.1.2　决策树的算法基础——信息熵

首先介绍决策树的理论基础，即信息熵。

说到信息熵不得不首先致敬信息论的伟大奠基者——香农（见图7.3）。

图 7.3

1948 年，香农提出了信息熵的概念，才解决了对信息的量化度量问题。一条信息的信息量大小和它的不确定性有直接的关系。比如说，要搞清楚一件非常不确定的事，或是我们一无所知的事，就需要了解大量的信息。相反，如果对某件事已经有了较多的了解，则不需要太多的信息就能把它搞清楚。所以，从这个角度可以认为，信息量的度量就等于不确定性的多少。

信息熵，指的是对事件中不确定的信息的度量。一个事件或者属性中，信息熵越大，其含有的不确定信息越大，则对数据分析的计算也越有益。因此信息熵的选择总是选择当前事件中拥有最高信息熵的那个属性作为待测属性。

说了那么多，问题来了，如何计算一个属性中所包含的信息熵？

在一个事件中，需要计算各个属性的不同信息熵，需要考虑和掌握的是所有属性可能发生的平均不确定性。如果其中有 n 种属性，其对应的概率为 $P_1,P_2,P_3,\dots,P_n$，且各属性之间彼此相互独立无相关性，此时可以将信息熵定义为单个属性的对数平均值，即：

$$E(\mathrm{P})=E(-\log p_i)=-\sum p_i \log p_i$$

为了更好地解释信息熵的含义，这里举一个例子。

小明喜欢出去玩，大多数的情况下他会在天气好的条件下出去，但是有时候也会在天气差的条件下出去，而天气的标准又有如下4个属性：

- 温度
- 起风
- 下雨
- 湿度

为了简便起见，这里每个属性只设置两个值，0和1。温度高用1表示，温度低用0表示。起风用1表示，没有风用0表示。下雨用1表示，没下雨用0表示。湿度高用1表示，温度低用0表示。表7.1给出了一个具体的记录。

表 7.1　是否出去玩的记录

温度（temperature）	起风（wind）	下雨（rain）	湿度（humidity）	出去玩（out）
1	0	0	1	1
0	0	1	1	1
0	1	0	0	0
1	1	0	0	1
1	0	0	0	1
1	1	0	0	1

本例子需要分别计算各个属性的信息熵，这里以是否出去玩的熵计算为例，演示计算过程。

根据公式首先计算出去玩的概率，其有2个不同的值，0和1。在第一列温度标签中，1出现了4次而0出现了2次。因此根据公式可以得到：

$$p_1=\frac{4}{2+4}=\frac{4}{6}$$

$$p_2=\frac{2}{2+4}=\frac{2}{6}$$

$$E(0)=-\sum p_i \log p_i=-\left(\frac{4}{6}\log_2\frac{4}{6}\right)-\left(\frac{2}{6}\log_2\frac{2}{6}\right)\approx 0.918$$

可以得到出去玩的信息熵为0.918。与此类似，计算不同属性的信息熵，即：

```
E(t) = 0.809
```

```
E(w) = 0.459
E(r) = 0.602
E(h) = 0.874
```

7.1.3　决策树的算法基础——ID3 算法

ID3算法是基于信息熵的一种经典决策树构建算法。根据百度百科的解释，ID3算法是一种贪心算法，用来构造决策树。ID3算法起源于概念学习系统（CLS），以信息熵的下降速度为选取测试属性的标准，即在每个节点选取还尚未被用来划分的具有最高信息增益的属性作为划分标准，然后继续这个过程，直到生成的决策树能完美分类训练样例。

因此可以说，ID3算法的核心就是信息增益的计算。

信息增益顾名思义，指的是一个事件中前后发生的不同信息之间的差值。换句话说，在决策树的生成过程中，属性的信息熵根据决策生成前后的不同而产生一个差值。用公式表示为：

$$\text{Gain}(P_1, P_2) = E(P_1) - E(P_2)$$

表7.1构建的最终决策树要求确定小明是否出去玩，因此可以将出去玩的信息熵作为最后的数值，而每个不同的属性被其相减，从而获得对应的信息增益，其结果如下：

```
Gain(o,t) = 0.918 - 0.809 = 0.109
Gain(o,w) = 0.918 - 0.459 = 0.459
Gain(o,r) = 0.918 - 0.602 = 0.316
Gain(o,h) = 0.918 - 0.874 = 0.044
```

从结果可知，信息增益最大的是“起风”，因此其首先被选中作为决策树的根节点。之后对于每个属性，继续引入分支节点，从而可得一棵新的决策树。第一个增益决定后的分步决策树如图7.4所示。

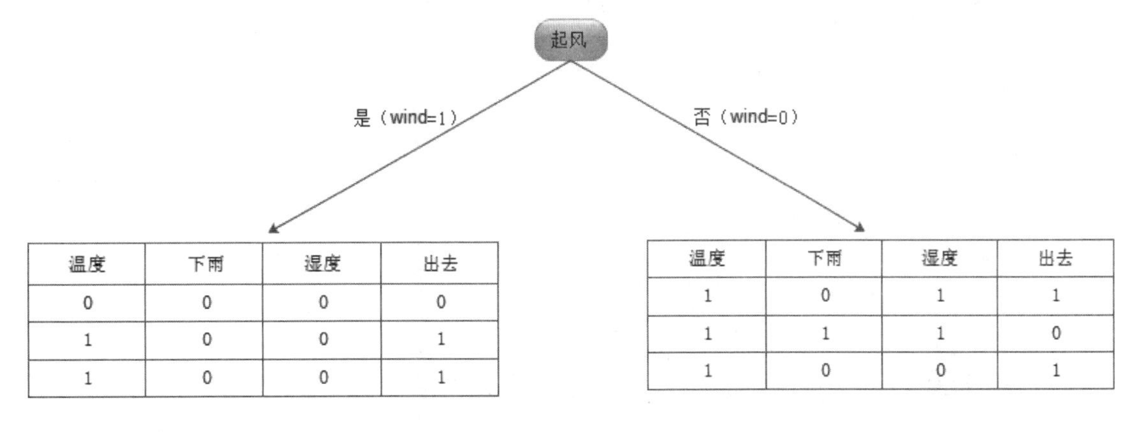

温度	下雨	湿度	出去
0	0	0	0
1	0	0	1
1	0	0	1

温度	下雨	湿度	出去
1	0	1	1
1	1	1	0
1	0	0	1

图 7.4

决策树左边节点是属性中wind为1的所有其他属性，而wind为0的被分成另外一个节点。之后继续仿照计算信息增益的方法依次对左、右的节点进行递归计算，最终结果如图7.5所示。

根据信息增益的计算，可以很容易构建一棵将信息熵降低的决策树，从而使得不确定性达到最小。

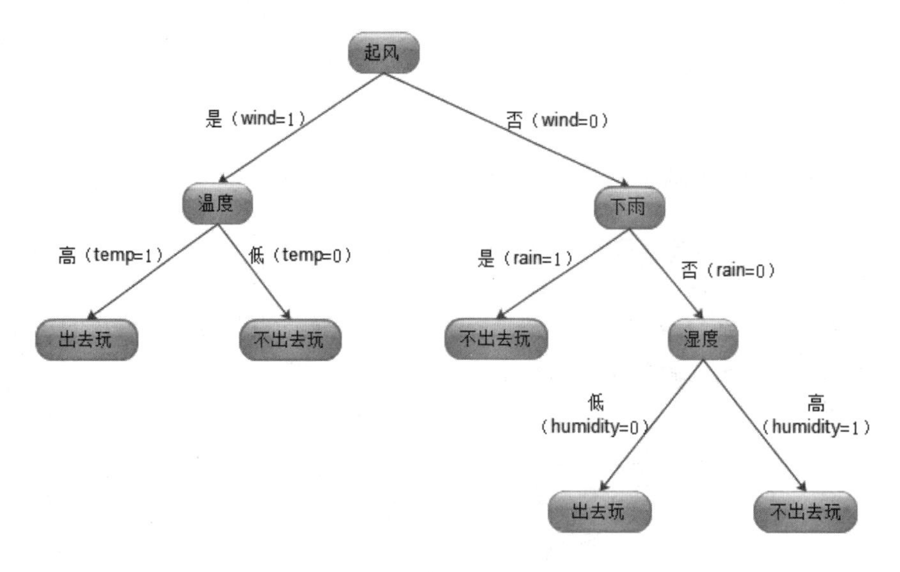

图 7.5

通过上述分析可以看到，对于决策树来说，其模型的训练是固定的，因此生成的决策树也是一定的；而其中不同的地方在于训练的数据集不同，这一点是需要注意的。

7.2 决策树背后的信息——信息熵与交叉熵

决策树的核心是在决策树各个节点上根据信息增益来选择划分的特征，然后递归地构建决策树。而信息熵与交叉熵又是其中所蕴含的最重要的内容。

7.2.1 交叉熵基本原理详解

信息熵为单个属性的对数平均值，而交叉熵是信息熵论中的概念，它原本是用来估算平均编码长度的。在深度学习中，交叉熵可以看作通过概率分布$q(x)$表示概率分布$p(x)$的困难程度。其表达式为：

$$H(p,q)=\sum p(x_i)\frac{1}{\log q(x_i)}=-\sum p(x_i)\times \text{soft}\max(\log q(x_i))$$

交叉熵表示的是两个概率分布的距离，也就是说交叉熵值越小（相对熵的值越小），两个概率分布越接近。

可能有读者会提出疑问，为什么$\frac{1}{\log q(x_i)}$会在后续的计算中取其倒数，这是由于交叉熵并不是由给出的$q(x_i)$的值而是经过softmax函数计算后的经过归一化的值计算的，因此可以直接使用$\log q(x_i)$的值替代。本章统一使用的交叉熵公式如下：

$$H(p,q)=\sum p(x_i)\frac{1}{\log q(x_i)}=-\sum p(x_i)(\log q(x_i))$$

下面给出一个具体样例来直观地说明通过交叉熵可以判断预测答案和真实答案之间的距离。假设有个二分类问题，y_1与y_2，当数据真实值是第一类时y_1值为1，y_2值为0，反之亦然（这是一种独热编码的表述形式）。某个正确答案和一个经过softmax回归后的真实值与预测答案如表7.2所示。

表 7.2　某个正确答案和一个经过 softmax 回归后的真实值与预测答案

	y_1	y_2
$p(x)$	1	0
$q_1(x)$	0.7	0.3
$q_2(x)$	0.3	0.7

其中第一行p是数据的真实值，而2个q为预测值，则对于q_1和q_2计算后的交叉熵值为：

$$q_1:\text{corss\_entropy}([1,0],[0.7,0.3]) = -(1*\log(0.7)+0*\log(0.3)) = 0.356$$
$$q_2:\text{corss\_entropy}([1,0],[0.3,0.7]) = -(1*\log(0.3)+0*\log(0.3)) = 1.2$$

可以看到q_2的交叉熵值远大于q_1的交叉熵值，也就是对于q_1来说，q_2中的标识概率分布的困难程度（也就是“困惑度”或者“混沌度”）是大于q_1的，因此q_1的分布更为接近真实的分布。

下面是交叉熵的具体实现，代码如下：

```
import numpy as np
def cross_entropy(y_true,y_pred):
    ce = -(y_true * np.log(y_pred))
    return ce
```

这里与上面的公式和计算略有不同，笔者使用了矩阵运算中的乘法运算，即将维度为2×1的矩阵进行直接相乘，形式如下：

$$\log([1,0.]*[0.7,0.3]) = \log([0.7,0.0]) = [0.356,0]$$

【程序 7-1】

```
import numpy as np

x = np.array([1,0.])
y = np.array([0.7,0.3])

def cross_entropy(y_true,y_pred):
    ce = -(y_true * np.log(y_pred))
    return ce

ce = cross_entropy(x,y)
print(ce)
```

最终打印结果如下：

```
[0.35667494 0.        ]
```

这里由于是对矩阵进行直接计算，所以最终的生成结果依旧是一个矩阵。其实可以对这个结果做一个修正，即将生成的最终的矩阵值求一个均值作为交叉熵的最终计算值。

修正后的交叉熵代码如下：

```
def cross_entropy(y_true,y_pred):
    ce = -(y_true * np.log(y_pred))
    ce = np.mean(ce)
return ce
```

然而在实际的使用中更多的是多分类问题而非二分类，下面对一个三分类的问题进行解答。注意这里依旧使用的是独热编码形式，即表示类别对应的值为1，而非类别标签对应的是0，如表7.3所示。

表 7.3 三分类

	y_1	y_2	y_3
$p(x)$	1	0	0
$q_1(x)$	0.6	0.2	0.2
$q_2(x)$	0.1	0.6	0.3

将q_1带入交叉熵计算公式可得：

$$\begin{aligned} q_1 &: \text{corss\_entry}([1,0,0],[0.6,0.2,0.2]) \\ &= -(1*\log(0.6)+0*\log(0.2)+0*\log(0.2)) \\ &= 0.51082562 \end{aligned}$$

而q_2的计算请读者自行完成。代码如下：

【程序 7-2】

```
import numpy as np

x = np.array([1,0.,0])
y = np.array([0.6,0.3,0.1])

def cross_entropy(y_true,y_pred):
    ce = -(y_true * np.log(y_pred))
    ce = np.mean(ce)
    return ce

ce = cross_entropy(x,y)
print(ce)
```

7.2.2 交叉熵的表述

交叉熵是对信息中包含“混沌度”的一种表述，那么这个值到底能够反映一个什么意义，或者说传达了一种什么信息在其中呢？

下面以一个简单的二分类（见表7.4）为例对这个问题进行讲解。

表 7.4 简单的二分类

	y_1	y_2
$p(x)$	1	0
$q_1(x)$	0.5	0.5

这里生成了一组预测值[0.5,0.5]，而本身的数据又是二分类，显而易见可以，计算结果对模

型没有任何预测，完全是按照随机概率产生的（1/2 = 0.5），等于没有做出任何判断。

在这个前提下将预测结果带入交叉熵公式，代码如下：

【程序 7-3】

```
import numpy as np

x = np.array([1,0.])
y = np.array([0.5,0.5])

def cross_entropy(y_true,y_pred):
    ce = -(y_true * np.log(y_pred))
    return ce

ce = cross_entropy(x,y)
print(ce)
```

生成的最终结果如下：

```
[0.69314718 0.        ]
```

可以看到这里生成的值约为0.693147。（将x中0和1互换也会得到相同的值，有兴趣的读者自行完成。）

那么问题来了，这个0.693147代表什么意义？对这个问题的解答需要回到交叉熵的定义公式：

$$H(p,q)=\sum p(x_i)\frac{1}{\log q(x_i)}=-\sum p(x_i)\log q(x_i)$$

因为在计算交叉熵的时候，其真实值为0的那些预测值不参与计算，因此这个交叉熵公式可以继续简化，将 $p(x_i)$ 直接用1来替代（因为0不参与计算，可以直接省略）。

$$H(p,q)=-\sum p(x_i)\log q(x_i)=1*-\log q(x_i)$$

而将 $-\log q(x_i)$ 带入本例中的数据继续对交叉熵公式进行简化可以得到：

$$\begin{aligned}\text{corss\_entropy}&=-\log q(x_i)=-\log\left(\frac{1}{2}\right)\\&=-\big(\log(1)-\log(2)\big)=\log(2)\end{aligned}$$

其中因为分类的预测值是0.5，也就是均等的分成等可能，因此 $q(x_i)$ 直接用预测值替代。

两边同时取e，那么最终的结果就是：

$$e^{\text{corss\_entropy}}=2$$（2 这个数值实际上就是二分类的个数）

也就是说交叉熵计算后得到的分类信息仍旧是2，其中没有蕴含任何有用的信息。

那么问题又来了，什么时候能够确定交叉熵的预测值包含了有用的信息。这里将上述交叉熵推导公式进行还原：

$$\begin{aligned}\text{corss\_entropy}&=-\log q(x_i)=-\log\left(\frac{1}{N}\right)\\&=-\big(\log(1)-\log(N)\big)=\log(N)\end{aligned}$$

$$e^{\text{corss\_entropy}} = N$$

其中，N是多分类的分类个数。

这里使用了一般的符号替代了分类数目，可以看到当预测的每个值都是等可能的话，那么交叉熵取e后计算结果应该还是N，而当预测值中包含了对结果的正确预测后，那么$e^{\text{corss_entropy}}$会小于N，而无效学习的情况下，$e^{\text{corss_entropy}}$的结果会远大于N。

$$e^{\text{corss\_entropy}} = N \text{（模型没有学习）}$$

$$e^{\text{corss\_entropy}} < N \text{（模型学习较好）}$$

$$e^{\text{corss\_entropy}} > N \text{（模型无效学习）}$$

例如有10分类，也就是数据有10种类别，如果深度学习在运算过程中计算出的$e^{\text{corss_entropy}} = 7$，表明模型在较好地进行学习，对数据缩小了搜索空间，会有进一步的收敛直至得到最终答案，而这个答案往往是那个正确的唯一解；而如果某个时刻$e^{\text{corss_entropy}} = 17$，则说明模型在进行无效学习，其非但没有缩小搜索空间反而在无限地增大无意义的搜索范围。

7.3 决策树实战——分类与回归树

前面介绍了决策树的基本理论与计算方法，下面开始介绍决策树实战应用的主要方法——分类树与回归树。

在本章的开头笔者举例了一个游戏，通过水晶球占卜的形式完成了一个猜谜活动，并依此画出了一张决策图，即通过询问一系列答案只有二分类的问题来预测某个事物的特定属性。如果需要预测的属性是一个分类变量，则生成的树被称为分类树，比如预测明天美股是涨还是跌，涨或跌就是一个分类变量。如果需要预测的属性是一个连续型变量，那么生成的树就是回归树，比如预测明天美股的涨幅或跌幅。因为构建分类树和回归树的方法大同小异，所以就合在一起叫作分类与回归树了。

7.3.1 分类树与回归树的区别

在决策树的分类中，主要有两种类型：分类树与回归树。

- 分类树：输出是样本的类标。
- 回归树：输出是一个实数（例如房子的价格、病人待在医院的时间等）。

分类树就是面向分类的，每棵决策树最末端的叶子节点出来的是一个分类标签，不是0就是1或者2等类别。回归树就是面向回归的，回归就像拟合函数一样，输出连续值，比如根据大量的当天的特征输出明天的气温。气温是每个样本唯一输出的值，只不过根据特征的不一样输出值也不一样，但是它们输出的意义是一样的，就是都是气温。搞清楚这两者的输出区别很重要。分类树（左）与回归树（右）如图7.6所示。

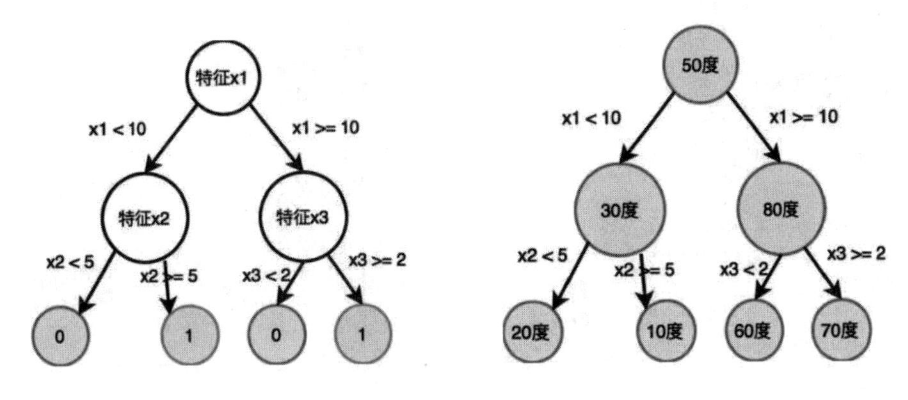

图 7.6

分类树与回归树之间有区别，也有共性。典型的区别在于：回归树输出连续值，节点裂变的损失函数或者方法不一样。共性在于：都存在着分裂节点属性以及属性值的选择问题。

7.3.2　基于分类树的鸢尾花分类实战

我们首先从分类树开始决策树的实战问题。

分类树是一种描述对实例进行分类的树形结构。在使用分类树进行分类时，从根节点开始，对实例的某一特征进行测试，根据测试结果，将实例分配到其子节点。这时，每一个子节点对应着该特征的一个取值。如此递归地对实例进行测试并分配，直至达到叶节点。最后将实例分到叶节点的类中。

假设给定训练数据集：

$$D=\{(x_1,y_1),(x_2,y_2),\ldots,(x_N,y_N)\}$$

其中 $x_i=(x_1,x_2,\ldots,x_N)$ 为输入实例，即特征向量，N为特征个数，i为样本容量，分类树学习的目标是根据给定的训练数据集构建一个决策树模型，使它能够对实例进行正确的分类。

决策树学习本质上是从训练数据集中归纳出一组分类规则。与训练数据集不相矛盾的决策树（即能对训练数据进行正确分类的决策树）可能有多个，也可能一个也没有。我们需要的是一棵与训练数据矛盾较小的决策树，同时具有很好的泛化能力。从另一个角度看，决策树学习是由训练数据集估计条件概率模型。基于特征空间划分的类的条件概率模型有无穷多个，我们选择的条件概率模型应该不仅对训练数据有很好的拟合，而且对未知数据也有很好的预测。

决策树学习用损失函数表示这一目标，其损失函数通常是正则化的极大似然函数，决策树学习的策略是以损失函数为目标函数的最小化。当损失函数确定以后，学习问题就变为在损失函数意义下选择最优决策树的问题。因为从所有可能的决策树中选取最优决策树是NP完全问题，所以现实中决策树学习算法通常采用启发式方法，近似求解这一最优化问题。

下面，我们给Iris数据集构造一棵分类决策树。在Python的sklearn中，如果我们想要直接使用分类树，可以使用DecisionTreeClassifier这个类。在创建这个类的时候，默认情况下criterion这个参数等于gini，即默认采用的是分类树。代码如下：

```
# encoding=utf-8
from sklearn.model_selection import train_test_split
from sklearn.metrics import accuracy_score
```

```
from sklearn.tree import DecisionTreeClassifier
from sklearn.datasets import load_iris
# 准备数据集
iris=load_iris()
# 获取特征集和分类标识
features = iris.data
labels = iris.target
# 随机抽取 33% 的数据作为测试集，其余为训练集
train_features, test_features, train_labels, test_labels =
train_test_split(features, labels, test_size=0.33, random_state=0)
# 创建 CART 分类树
clf = DecisionTreeClassifier(criterion='gini')
# 拟合构造 CART 分类树
clf = clf.fit(train_features, train_labels)
# 用 CART 分类树做预测
test_predict = clf.predict(test_features)
# 预测结果与测试集结果作比对
score = accuracy_score(test_labels, test_predict)
print("CART 分类树准确率 %.4lf" % score)
```

最终结果如下：

```
CART 分类树准确率 0.9600
```

7.3.2 基于回归树的波士顿房价预测

对于鸢尾花的分类问题，我们使用分类树可以很好地完成其分类任务，并且在结果上取得了较好的成绩。但是正如前面所说：对于离散的分类任务，分类树可以较好地胜任，而对于连续的数值型任务，采用得较多的是基于回归树的数值预测型方法。

本例中我们使用sklearn自带的波士顿房价数据集，该数据集给出了影响房价的一些指标，比如犯罪率、房产税等，最后给出了房价。根据这些指标，我们使用回归树对波士顿房价进行预测，代码如下：

```
# encoding=utf-8
from sklearn.metrics import mean_squared_error
from sklearn.model_selection import train_test_split
from sklearn.datasets import load_boston
from sklearn.metrics import r2_score,mean_absolute_error,mean_squared_error
from sklearn.tree import DecisionTreeRegressor
# 准备数据集
boston=load_boston()
# 探索数据
print(boston.feature_names)
# 获取特征集和房价
features = boston.data
prices = boston.target
# 随机抽取 33% 的数据作为测试集，其余为训练集
train_features, test_features, train_price, test_price = train_test_split(features,
prices, test_size=0.33)
# 创建 CART 回归树
dtr=DecisionTreeRegressor()
```

```
# 拟合构造 CART 回归树
dtr.fit(train_features, train_price)
# 预测测试集中的房价
predict_price = dtr.predict(test_features)
# 测试集的结果评价
print('回归树二乘偏差均值:', mean_squared_error(test_price, predict_price))
print('回归树绝对值偏差均值:', mean_absolute_error(test_price, predict_price))
```

打印结果如下：

```
回归树二乘偏差均值: 15.463173652694612
回归树绝对值偏差均值: 2.7179640718562874
```

7.4　基于随机森林的信用卡违约实战

前面我们学习了决策树的基本思想与应用，那么有一个简单的想法，如果此时我们将多棵决策树合在一起，组成一个大规模的决策树网络去对目标进行预测，可行吗？

答案是可行的。这也就构成了本节的内容——随机森林（Random Forest，RF）。顾名思义，随机森林是用随机的方式建立一个森林，森林里面有很多的决策树，随机森林中的每一棵决策树之间是没有关联的。如图7.7所示。

图 7.7

在得到森林之后，当有一个新的输入样本进入的时候，就让森林中的每一棵决策树分别进行一下判断，看看这个样本应该属于哪一类（对应分类算法），然后看看哪一类被选择最多，就预测这个样本为那一类。

随机森林可以处理属性为离散值的量，例如使用分类树，也而对于连续值的处理一般使用回归树。另外，随机森林还可以用来进行无监督学习聚类和异常点检测。

7.4.1　随机森林的基本内容

作为新兴起的、高度灵活的一种机器学习算法，随机森林拥有广泛的应用前景，从市场营销到医疗保健保险，既可以用来做市场营销模拟的建模，统计客户来源、保留和流失，也可以用来预测疾病的风险和病患者的易感性

1. 随机森林的算法步骤

构建一个随机森林的算法步骤如下：

步骤 01　假如有 N 个样本，则有放回地随机选择 N 个样本（每次随机选择一个样本，然后返回继续选择）。选择好了的 N 个样本用来训练一棵决策树，作为决策树根节点处的样本。

步骤 02　当每个样本有 M 个属性时，在决策树的每个节点需要分裂，随机从这 M 个属性中选取出 m 个属性，满足条件 $m << M$。然后从这 m 个属性中采用某种策略（比如信息增益）来选择 1 个属性作为该节点的分裂属性。

步骤03 决策树形成过程中每个节点都要按照步骤 2 来分裂（很容易理解，如果下一次该节点选出来的那一个属性是其父节点分裂时用过的属性，则该节点已经到达了叶子节点，无须继续分裂），一直到不能够再分裂为止。

步骤04 按照步骤 1~步骤 3 建立大量的决策树，这样就构成了随机森林。

首先是两个随机采样的过程，随机森林对输入的数据要进行行、列的采样。对于行采样，采用有放回的方式，也就是在采样得到的样本集合中，可能有重复的样本。假设输入样本为N个，那么采样的样本也为N个，这样在训练的时候，每一棵树的输入样本都不是全部的样本，使得相对不容易出现过拟合。

然后对采样之后的数据使用完全分裂的方式建立出决策树，这样决策树的某一个叶子节点要么是无法继续分裂的，要么里面的所有样本都是指向同一个分类。（一般决策树算法都有一个重要的步骤——剪枝，但是这里不这样做，由于之前的两个随机采样的过程保证了随机性，因此可以最大限度地减少过拟合的产生。

随机森林是一种利用多棵分类树对数据进行判别与分类的方法，它在对数据进行分类的同时，还可以给出各个变量（基因）的重要性评分，评估各个变量在分类中所起的作用。

2. 随机森林的生成

随机森林实际上是由很多决策树构成的，我们要将一个输入样本进行分类，需要将这个输入样本输入到每棵树中进行分类。打个形象的比喻：森林中召开会议，讨论某个动物到底是狐狸还是浣熊，每棵树都要独立地发表自己对这个问题的看法，也就是每棵树都要投票。该动物到底是狐狸还是浣熊，要依据投票情况来确定，获得票数最多的类别就是森林的分类结果，如图7.8所示。

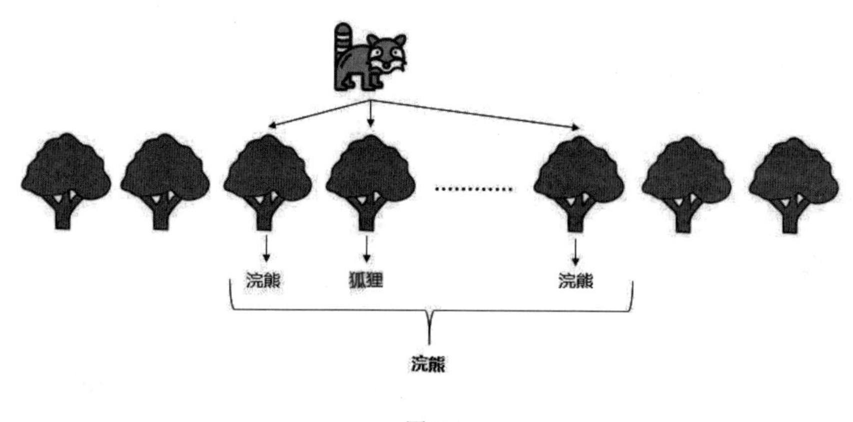

图 7.8

森林中的每棵树都是独立的，99.9%不相关的树做出的预测结果涵盖所有的情况，这些预测结果将会彼此抵消。少数优秀的树的预测结果将会超脱于芸芸“噪音”，做出一个好的预测。将若干个弱分类器的分类结果进行投票选择，从而组成一个分类或者回归模型。

3. 随机森林错误率的影响因素

随机森林错误率的影响因素如下：

- 森林中任意两棵树的相关性：相关性越大，错误率越大。

- 森林中每棵树的分类能力：每棵树的分类能力越强，整个森林的错误率越低。

减少特征个数（特征类别），树的相关性和分类能力也会相应地降低；而当增大特征个数，树的相关性和分类能力也会随之增大。所以关键问题是如何选择最优的数据特征个数（随机森林特征的度），这也是随机森林中最有影响的一个参数。

实际上随机森林算法得到的随机森林中的每一棵都是很弱的，但是组合起来就很厉害了。可以这样比喻随机森林算法：每一棵决策树就是一个精通于某一个窄领域的专家（因为我们从M个属性中选择m个让每一棵决策树进行学习），这样在随机森林中就有了很多个精通不同领域的专家，对一个新的问题（新的输入数据），可以用不同的角度去看待它，最终由各个专家投票得到结果，如图7.9所示。

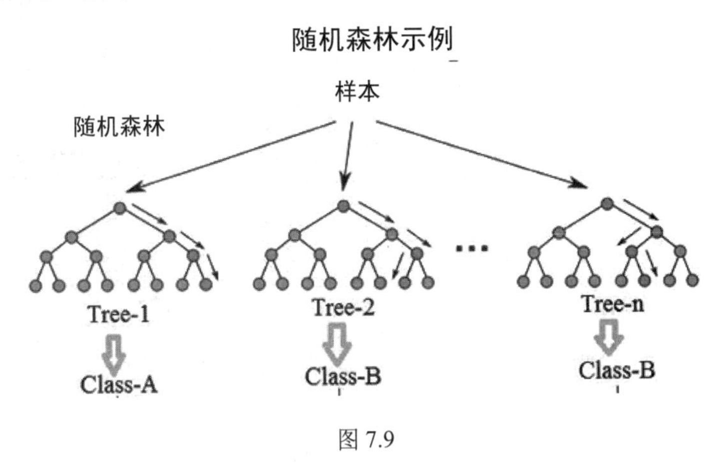

图 7.9

而这正是群体智慧（Swarm Intelligence），经济学上说的看不见的手也是这样一个分布式的分类系统，由每一子领域里的专家，利用自己独有的默会知识，去对一项产品进行分类，决定是否需要生产。即随机森林的效果取决于多棵分类树要相互独立，如果要取得最好的结果，就需要每棵树独立发展，成为针对某个或者某几个特征的专家（随机森林的深度）。

7.4.2　随机森林与决策树的可视化比较

下面我们通过一个例子实现随机森林的程序设计，并通过其代码撰写的过程完成随机森林与我们前面所学习的内容的比较。我们的目标是对随机生成的三套数据进行分类。

1. 第一步：数据的准备

为了比较充分起见，笔者准备了3套数据，即凸凹型数据、环状数据以及线性数据。依次从不同的方面对分类函数进行考察。代码如下：

```
import numpy as np
import matplotlib.pyplot as plt
from matplotlib.colors import ListedColormap
from sklearn.model_selection import train_test_split
from sklearn.preprocessing import StandardScaler
from sklearn.datasets import make_moons, make_circles, make_classification
from sklearn.neighbors import KNeighborsClassifier
from sklearn.tree import DecisionTreeClassifier
```

```
from sklearn.ensemble import RandomForestClassifier

rng = np.random.RandomState(2)
X += 2 * rng.uniform(size=X.shape)
linearly_separable = (X, y)

datasets = [make_moons(noise=0.3, random_state=0),                    # 随机生成凸凹型数据集
            make_circles(noise=0.2, factor=0.5, random_state=1),# 随机生成环状数据集
            linearly_separable                                        # 随机生成线性数据集
            ]
```

2. 第二步：模型的设计

在这一步里我们准备了3种主要的分类模型：K-means算法、决策树以及随机森林，代码如下：

```
names = ["Nearest Neighbors", "Decision Tree", "Random Forest"]
classifiers = [
    KNeighborsClassifier(3),
    DecisionTreeClassifier(max_depth=5),
    RandomForestClassifier(max_depth=5, n_estimators=10, max_features=1)]

X, y = make_classification(n_features=2, n_redundant=0, n_informative=2,
                           random_state=1, n_clusters_per_class=1)
```

3. 第三步：模型的训练

这一步就是使用模型对数据进行训练并分割，完整代码如下：

```
import numpy as np
import matplotlib.pyplot as plt
from matplotlib.colors import ListedColormap
from sklearn.model_selection import train_test_split
from sklearn.preprocessing import StandardScaler
from sklearn.datasets import make_moons, make_circles, make_classification
from sklearn.neighbors import KNeighborsClassifier
from sklearn.tree import DecisionTreeClassifier
from sklearn.ensemble import RandomForestClassifier

names = ["Nearest Neighbors",  "Decision Tree",
         "Random Forest"]
classifiers = [
    KNeighborsClassifier(3),
    DecisionTreeClassifier(max_depth=5),
    RandomForestClassifier(max_depth=5, n_estimators=10, max_features=1)]

X, y = make_classification(n_features=2, n_redundant=0, n_informative=2,
                           random_state=1, n_clusters_per_class=1)
rng = np.random.RandomState(2)
X += 2 * rng.uniform(size=X.shape)
linearly_separable = (X, y)

datasets = [make_moons(noise=0.3, random_state=0),
            make_circles(noise=0.2, factor=0.5, random_state=1),
            linearly_separable
            ]

figure = plt.figure(figsize=(27, 9))
i = 1
# 对数据集进行迭代
```

```
for ds in datasets:
    # 预处理数据集，分为训练数据集和测试数据集
    X, y = ds
    X = StandardScaler().fit_transform(X)
    X_train, X_test, y_train, y_test = train_test_split(X, y, test_size=.4)

    x_min, x_max = X[:, 0].min() - .5, X[:, 0].max() + .5
    y_min, y_max = X[:, 1].min() - .5, X[:, 1].max() + .5
    xx, yy = np.meshgrid(np.arange(x_min, x_max),np.arange(y_min, y_max))

    # 先画出数据集
    cm = plt.cm.RdBu
    cm_bright = ListedColormap(['# FF0000', '# 0000FF'])
    ax = plt.subplot(len(datasets), len(classifiers) + 1, i)
    # 绘制训练点
    ax.scatter(X_train[:, 0], X_train[:, 1], c=y_train, cmap=cm_bright)
    # 测试点
    ax.scatter(X_test[:, 0], X_test[:, 1], c=y_test, cmap=cm_bright, alpha=0.6)
    ax.set_xlim(xx.min(), xx.max())
    ax.set_ylim(yy.min(), yy.max())
    ax.set_xticks(())
    ax.set_yticks(())
    i += 1

    # 遍历分类器
    for name, clf in zip(names, classifiers):
        ax = plt.subplot(len(datasets), len(classifiers) + 1, i)
        clf.fit(X_train, y_train)
        score = clf.score(X_test, y_test)

        # 画出决策边界。为网格中的每个点分配一个颜色

        if hasattr(clf, "decision_function"):
            Z = clf.decision_function(np.c_[xx.ravel(), yy.ravel()])
        else:
            Z = clf.predict_proba(np.c_[xx.ravel(), yy.ravel()])[:, 1]

        # 将结果画成彩色图
        Z = Z.reshape(xx.shape)
        ax.contourf(xx, yy, Z, cmap=cm, alpha=.8)

        # 再次绘制训练点
        ax.scatter(X_train[:, 0], X_train[:, 1], c=y_train, cmap=cm_bright)
        # 测试点
        ax.scatter(X_test[:, 0], X_test[:, 1], c=y_test, cmap=cm_bright,
                   alpha=0.6)

        ax.set_xlim(xx.min(), xx.max())
        ax.set_ylim(yy.min(), yy.max())
        ax.set_xticks(())
        ax.set_yticks(())
        ax.set_title(name)
        ax.text(xx.max() - .3, yy.min() + .3, ('%.2f' % score).lstrip('0'),
                size=15, horizontalalignment='right')
        i += 1

figure.subplots_adjust(left=.02, right=.98)
plt.show()
```

这里使用了3种不同模型对数据进行分类。最终的可视化分类结果如图7.10所示。

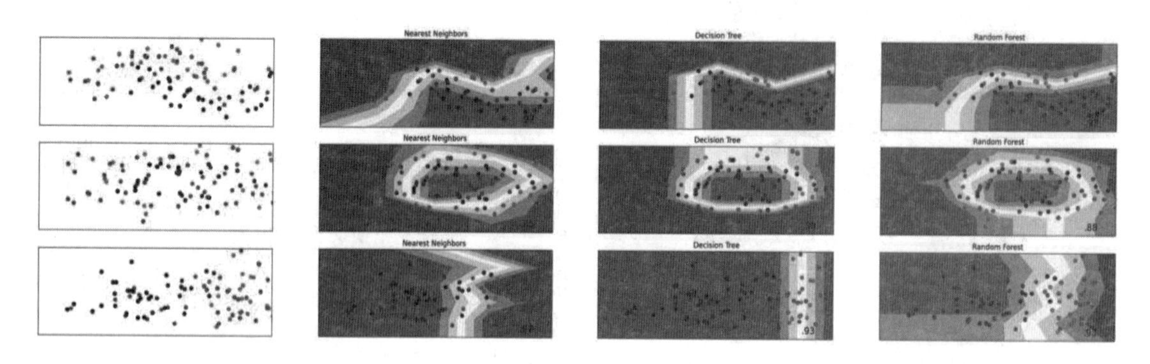

图 7.10

这里随机生成了3个样本集，分割面近似为凸凹、环型和线型，读者可以重点对比一下决策树和随机森林对样本空间的分割。

每个分类图的右下角注明识别的准确率，从准确率上可以看出，随机森林在这3个测试集上都要优于单棵决策树。而从可视化的结果特征空间上可以直观地看出，随机森林比决策树拥有更强的非线性分割能力。

特别需要提示的是，由于数据是随机生成的，因此在结果和呈现上与示例可能会有很大的不同，具体请读者自行运行代码学习。

7.4.3 基于随机森林的信用卡违约检测

本小节我们开始将使用上面所学到的内容进行一个信用卡（见图7.11）违约检测的案例实战。我们将对信用卡用户的违约概率进行分析，通过预测未来两年用户将遭遇财务困境的可能性从而帮助银行，决定是否对用户继续发放贷款。

图 7.11

下面我们分步骤对模型训练的各个模块进行介绍，之后给出完整的代码。

1. 第一步：数据的读取与探查

笔者准备了一套基于信用卡用户记录的数据集用以对数据进行分析，其结构如图7.12所示。

	SeriousDlq	RevolvingU	age	NumberOf	DebtRatio	MonthlyInc	NumberOf	NumberOf	NumberRe	NumberOf	NumberOfDependents
1	1	0.766127	45	2	0.802982	9120	13	0	6	0	2
2	0	0.957151	40	0	0.121876	2600	4	0	0	0	1
3	0	0.65818	38	1	0.085113	3042	2	1	0	0	0
4	0	0.23381	30	0	0.03605	3300	5	0	0	0	0
5	0	0.907239	49	1	0.024926	63588	7	0	1	0	0
6	0	0.213179	74	0	0.375607	3500	3	0	1	0	1
7	0	0.305682	57	0	5710	NA	8	0	3	0	0

图 7.12

其中第一行是对应的每列数据的列名，即字段名。为了方便读者对其进行分析，笔者对每个字段进行了描述，如表7.5所示。

表 7.5 数据集字段描述

字 段 名	释 义
SeriousDlqin2yrs	未来两年可能违约

（续表）

字　段　名	释　义
RevolvingUtilizationOfUnsecuredLines	可用信贷额度比例
age	年龄
NumberOfTime30-59DaysPastDueNotWorse	逾期30～59天的笔数
DebtRatio	负债率
MonthlyIncome	月收入
NumberOfOpenCreditLinesAndLoans	未偿贷信贷数量
NumberOfTimes90DaysLate	逾期90天+的笔数
NumberRealEstateLoansOrLines	固定资产贷款数
NumberOfTime60-89DaysPastDueNotWorse	逾期60～89天的笔数
NumberOfDependents	家属数量

首先对数据进行读取和探查，代码如下：

```
    import pandas as pd
    import numpy as np
    import seaborn as sns
    import matplotlib.pyplot as plt
    from sklearn.pipeline import Pipeline
    from sklearn.preprocessing import StandardScaler,PowerTransformer
    from sklearn.linear_model import LinearRegression,LassoCV,LogisticRegression
    from sklearn.ensemble import RandomForestClassifier,RandomForestRegressor
    from sklearn.model_selection import
KFold,train_test_split,StratifiedKFold,GridSearchCV,cross_val_score
    from sklearn.metrics import mean_squared_error, mean_absolute_error,
r2_score,accuracy_score, \
                                precision_score,recall_score, roc_auc_score
    import warnings
    warnings.filterwarnings('ignore')
    plt.rcParams['font.family'] = ['sans-serif']
    plt.rcParams['font.sans-serif'] = ['SimHei']

    df0 = pd.read_csv('./信用卡违约/cs-training.csv')
    df0 = df0.drop('Unnamed: 0',axis=1)
    # 为方便查看调整列名为中文
    df0.rename(columns = {'SeriousDlqin2yrs':'未来两年可能违约',
'RevolvingUtilizationOfUnsecuredLines':'可用信贷额度比例', 'age':'年龄',
          'NumberOfTime30-59DaysPastDueNotWorse':'逾期30～59天的笔数', 'DebtRatio':'负债
率', 'MonthlyIncome':'月收入',
          'NumberOfOpenCreditLinesAndLoans':'信贷数量', 'NumberOfTimes90DaysLate':'逾期
90天+的笔数',
          'NumberRealEstateLoansOrLines':'固定资产贷款数',
'NumberOfTime60-89DaysPastDueNotWorse':'逾期60～89天的笔数',
          'NumberOfDependents':'家属数量'},inplace=True)
    print(df0.info())                          # 打印信息描述
    print(df0.head().T)                        # 打印前5行数据
```

上述代码首先导入本例中需要用到的所有的包，然后对数据集名称进行中英文替换，之后打印前5行数据并对数据集整体做了对应描述。

还有一个非常重要的步骤是对数据集中的每个字段进行完整性判定，可以使用如下代码：

```
print(df0.info())
```

打印结果如图7.13所示。可以看到，“月收入”以及“家属数量”这两个字段都存在一定的数据缺失。

```
未来两年可能违约              0
可用信贷额度比例              0
年龄                   0
逾期30-59天的笔数           0
负债率                  0
月收入              29731
信贷数量                 0
逾期90天+的笔数            0
固定资产贷款数              0
逾期60-89天的笔数           0
家属数量              3924
```

图 7.13

下面我们分别可视化地看一下数据集中各个字段分布图、箱型图、关系热力图。在这里我们使用一个完整的图形对数据分析结果进行了整合，代码如下：

```
# 字段分布图
plt.figure(figsize=(20,20),dpi=300)
plt.subplots_adjust(wspace =0.3, hspace =0.3)
for n,i in enumerate(df0.columns):
    plt.subplot(4,3,n+1)
    plt.title(i,fontsize=15)
    plt.grid(linestyle='--')
    df0[i].hist(color='grey',alpha=0.5)
plt.show()
```

最终呈现的字段分布图如图7.14所示。

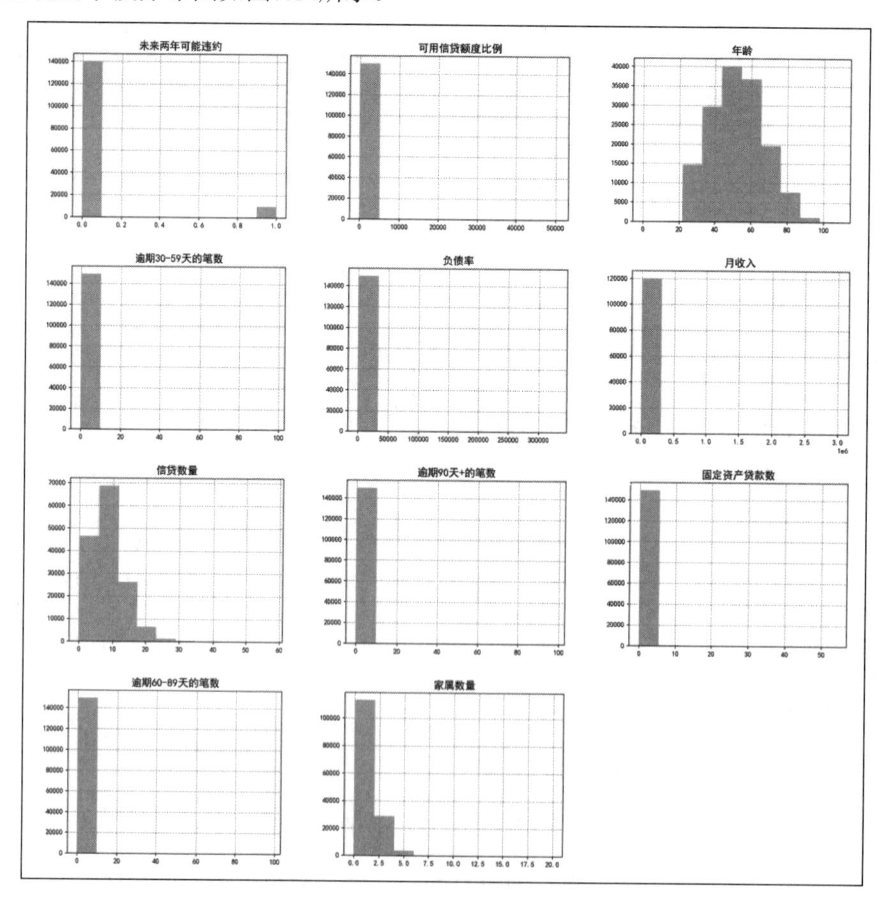

图 7.14

字段分布图是一个较好的对数据集中各个字段的显式描述，而各个字段的异常可以通过箱型图进行观察，代码如下：

```
# 通过箱型图观察各字段的异常情况
# 负债率异常值（错误）较多，可用信贷额度比例异常值（错误）较多，理论应小于或等于1
# 逾期30～59天的笔数、负债率、月收入、逾期90天+的笔数、固定资产贷款数、逾期60～89天的笔数的异常值非常多，难以观察数据分布
# 年龄方面异常值有待观察
plt.figure(figsize=(20,20),dpi=300)
plt.subplots_adjust(wspace =0.3, hspace =0.3)
for n,i in enumerate(df0.columns):
    plt.subplot(4,3,n+1)
    plt.title(i,fontsize=15)
    plt.grid(linestyle='--')
    df0[[i]].boxplot(sym='.')
plt.show()
```

结果如图7.15所示。

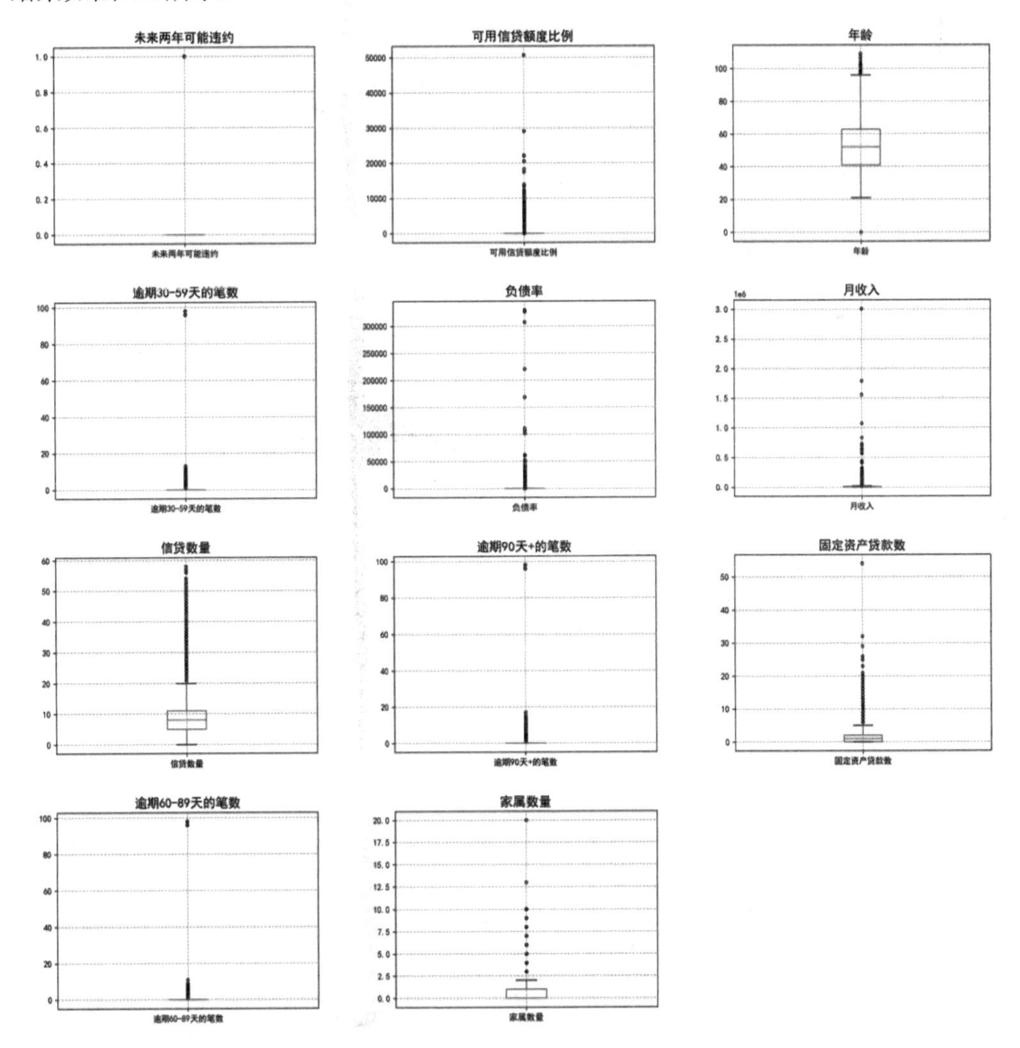

图 7.15

通过图7.15我们可以发现，在数据集中的逾期笔数这3个字段具有较为明显的相似性，那么如果想进一步对其进行验证，可以使用计算不同字段的相关系数的方法，代码如下：

```
# 由图7.14可知，逾期笔数这3个字段共线性极高，可考虑去除共线性
plt.figure(figsize=(10,5),dpi=300)
sns.heatmap(df0.corr(),cmap='Reds',annot=True)
plt.show()
```

验证结果如图7.16所示。

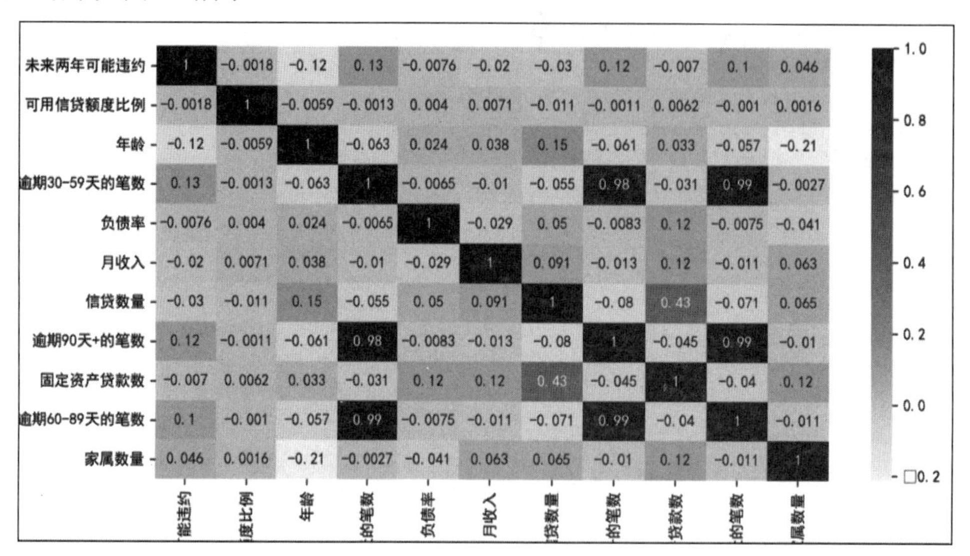

图 7.16

从相关系数热力图上可以很容易地看到，逾期笔数这3个字段有非常高的相关性，这也验证了我们的猜想。

2. 第二步：辅助函数的构建与数据集的划分

在这一步我们开始构建模型训练时需要的辅助函数，在这里需要对数据集中的异常值进行处理，去除相关系数较高的数据以及对缺失值进行处理。

（1）去除数据集中的错误与异常值

去除数据集中的错误与异常值的代码如下：

```
import pandas as pd
def error_processing(df):
    '''
    异常值处理，可根据建模效果反复调节处理方案
    df：数据源
    '''

    def show_error(df, col, whis=1.5, show=False):
        '''
        显示上下限异常值数量，可选显示示例异常数据
        df：数据源
        col：字段名
        whis：默认为1.5，对应1.5倍iqr
```

```
    show：是否显示示例异常数据
    '''
    iqr = df[col].quantile(0.75) - df[col].quantile(0.25)
    upper_bound = df[col].quantile(0.75) + whis * iqr  # 上界
    lower_bound = df[col].quantile(0.25) - whis * iqr  # 下界
    # print(iqr,upper_bound,lower_bound)
    print('【', col, '】上界异常值总数：', df[col][df[col] > upper_bound].count())
    if show:
        print('异常值示例：\n', df[df[col] > upper_bound].head(5).T)
    print('【', col, '】下界异常值总数：', df[col][df[col] < lower_bound].count())
    if show:
        print('异常值示例：\n', df[df[col] < lower_bound].head(5).T)
    print('- - - - - - ')

def drop_error(df, col):
    '''
    删除上下限异常值数量
    df：数据源
    col：字段名
    '''
    iqr = df[col].quantile(0.75) - df[col].quantile(0.25)
    upper_bound = df[col].quantile(0.75) + 1.5 * iqr  # 上界
    lower_bound = df[col].quantile(0.25) - 1.5 * iqr  # 下界
    data_del = df[col][(df[col] > upper_bound) | (df[col] < lower_bound)].count()
    data = df[(df[col] <= upper_bound) & (df[col] >= lower_bound)]
    # print('总去除数据量：',data_del)
    return data

# 计数器
n = len(df)

# 可用信贷额度
# 从分布直方图可知，比例大于1的应该为错误值
# 错误值共3321，若全部去除可能影响建模效果。去除>=20000的数据
show_error(df, '可用信贷额度比例')
df = df[df.可用信贷额度比例 <= 20000]

# 年龄
# 异常值数量不多，去除年龄大于100小于18的异常数据
show_error(df, '年龄')
df = df[(df['年龄'] > 18) & (df['年龄'] < 100)]

# 逾期30～59天的笔数
# 根据箱型图去除>80的异常数据
show_error(df, '逾期30～59天的笔数')
df = df[df['逾期30～59天的笔数'] < 80]

# 逾期90天+的笔数
# 根据箱型图去除>80的异常数据
show_error(df, '逾期90天+的笔数')
df = df[df['逾期90天+的笔数'] < 80]

# 逾期60～89天的笔数
# 根据箱型图去除>80的异常数据
show_error(df, '逾期60～89天的笔数')
```

```
    df = df[df['逾期60～89天的笔数'] < 80]

    # 负债率
    # 根据箱型图去除>100000的异常数据
    show_error(df, '负债率')
    df = df[df['负债率'] < 100000]

    # 月收入
    # 根据箱型图去除>500000的异常数据
    show_error(df, '月收入')
    df = df[(df['月收入'] < 500000) | df.月收入.isna()]

    # 固定资产贷款数
    # 根据箱型图去除>20的异常数据
    show_error(df, '固定资产贷款数')
    df = df[df['固定资产贷款数'] < 20]

    # 家属数量
    # 根据箱型图去除>10的异常数据
    show_error(df, '家属数量')
    df = df[(df['家属数量'] < 12) | df.家属数量.isna()]

    # 信贷数量 - 保留异常值
    return df
    print('共删除数据 ', n - len(df), ' 条。')
```

（2）去除相关系数较高的数据字段

去除相关系数较高的数据字段的代码如下：

```
def collineation_processing(df,col,col1,col2,name):
    '''
    去除共线性，保留一个字段，其他字段求比值
    df：数据源
    col：保留字段
    col1，col2：求比值字段
    name：新比值字段名称
    '''
    def trans2percent(row):
        if row[col2] == 0:
            return 0
        else:
            return row[col1] / row[col2]
    df[name] = df.apply(trans2percent,axis=1)
    return df
```

（3）构建缺失值处理函数

构建缺失值处理函数的代码如下：

```
def missing_values_processing(df, func1=1, func2=1):
    '''
    缺失值处理
    df：数据源
    func1：默认为1，众数填充家属；0，去除带空值数据行
    func2：默认为1，众数填充月收入；0，平均数填充月收入
    '''
```

```
    # 家属数量 - 去除或众数填充
    if func1 == 1:
        df.loc[df.家属数量.isna(), '家属数量'] = df.家属数量.mode()[0]
    elif func1 == 0:
        df = df.dropna(subset=['家属数量'])
    else:
        print('parameter wrong!')
    # 月收入 - 去除或均值填充
    if func1 == 1:
        df.loc[df.月收入.isna(), '月收入'] = df.月收入.mode()[0]
    elif func1 == 0:
        df.loc[df.月收入.isna(), '月收入'] = df.月收入.mean()[0]
    else:
        print('parameter wrong!')
    return df
```

这一部分的代码使用如下：

```
from 第七章 import credit_untils                # 将处理函数放置在相应的函数文件中
# 从数据初探可以发现，"未来两年可能违约"标签类别分布不均，需对样本进行重取样
df1 = df0.copy()
print(df0.shape)                                # 打印原始的数据维数

df1 = credit_untils.error_processing(df1)       # 对异常值进行处理

# 处理相关性较高的字段
df1 = credit_untils.collineation_processing(df1,'逾期90天+的笔数', '逾期60~89天的笔数', '逾期30~59天的笔数','逾期60~89天/30~59天')

# 对缺失值进行处理
df1 = credit_untils.missing_values_processing(df1,func1=1,func2=1)

# 最后将数据集划分成训练集和验证集，两者划分比例都为8：2
X = df1.drop(['未来两年可能违约','逾期60~89天/30~59天'],axis=1)
y = df1['未来两年可能违约']
xtrain,xtest,ytrain,ytest = train_test_split(X,y,test_size=0.2, random_state = 17)

# 分层k折交叉拆分器——用于网格搜索
cv = StratifiedKFold(n_splits=3,shuffle=True)
```

上述代码创建了一个专门用于对数据进行处理的文件，名为credit_untils，读者可以使用import直接对其调用。同时笔者还使用了sklearn自带的数据分割函数对其根据比例进行划分，而random_state参数保证了随机shuffle后的分布保持一致。

还有一点需要读者注意，对于模型训练的最终结果，我们需要一个统一而直接的对结果进行衡量的函数，在这里笔者使用了准确率、精准率、召回率以及ROC值进行衡量，代码如下：

```
from sklearn.metrics import mean_squared_error, mean_absolute_error, r2_score,accuracy_score, precision_score,recall_score, roc_auc_score
# 分类模型性能查看函数
def perfomance_clf(model,X,y,name=None):
    y_predict = model.predict(X)
    if name:
        print(name,':')
    print(f'accuracy score is: {accuracy_score(y,y_predict)}')
```

```
    print(f'precision score is: {precision_score(y,y_predict)}')
    print(f'recall score is: {recall_score(y,y_predict)}')
    print(f'auc: {roc_auc_score(y,y_predict)}')
```

（4）使用随机森林完成模型的训练与验证

首先我们需要完成随机森林训练代码，代码如下：

```
# 随机森林分类模型
rf_clf = RandomForestClassifier(criterion='gini', n_jobs=-1, n_estimators=1000)
# 训练模型
rf_clf.fit(xtrain,ytrain)
# 训练集性能指标
credit_untils.perfomance_clf(rf_clf,xtrain,ytrain,name='train')
# 测试集性能指标
credit_untils.perfomance_clf(rf_clf,xtest,ytest,name='test')
```

在这里笔者建立了一个随机森林对数据进行拟合，而最终的性能指标输出结果如图7.17所示。

从最终结果上来看，结果并不能令人满意，实际上的auc值仅仅在0.58左右，这并不是一个较好的成绩。

（5）随机森林训练的优化与完整代码

我们需要重新对随机森林进行优化，优化的方式有很多种，例如对数据进行重新分箱、数据的重构以及权重的修正。

在本例中笔者选择一个最为不引人注意，但是相对于随机森林来说却是一个非常重要的内容，即正负数据的均衡性问题。

现在我们重新回到第一步，即字段的分布图部分，对于数据集来说需要判定的是未来两年是否会有信用卡违约的可能，而这部分的数据分布如图7.18所示。

```
train :
accuracy score is: 0.999749461341885
precision score is: 0.9996178343949045
recall score is: 0.9965709931419863
auc: 0.9982720879107864
--------------
test :
accuracy score is: 0.9358965793693212
precision score is: 0.5625
recall score is: 0.18440779610194902
auc: 0.5870669730464998
--------------
```

图 7.17

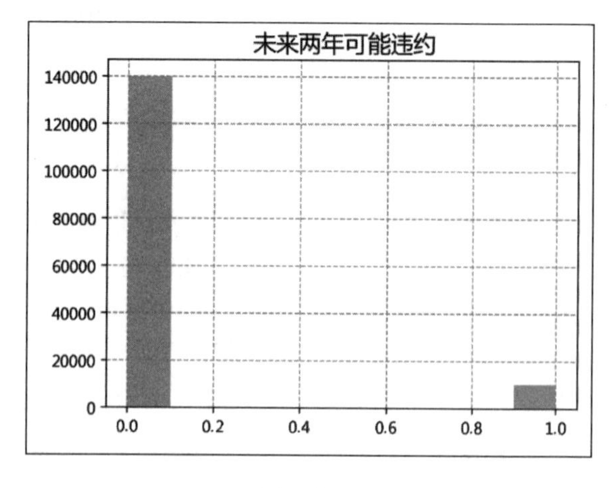

图 7.18

从图7.18中可以很明显地看到，在这部分数据中0的分布占了90%以上，而1的占比只有10%左右。这种数据极度不均衡性极大地限制了随机森林对数据集的拟合。因此需要对数据集进行数据均衡化处理，代码如下：

```
def resample(df):
    num = df['未来两年可能违约'].value_counts()[1]
    df_t = df[df.未来两年可能违约==1]
    df_f = df[df.未来两年可能违约==0].sample(frac=1)[0:num]
    df_balanced = pd.concat([df_t,df_f]).sample(frac=1).reset_index(drop=True)
    return df_balanced
```

这段代码的目的很简单，设置样本“未来两年可能违约”标签的0，1项各占一半，以提高预测效果。

还有一个能够改进的地方是随机森林的本身属性。在前面我们说过随机森林模型拟合的效果的影响因素有2个，即随机森林的深度以及特征的广度，在这里我们分别设置了不同的参数状态，并通过调节参数来查看模型拟合情况从而获得一个最好的结果。

完整的随机森林训练代码如下：

```
import pandas as pd
import numpy as np
import seaborn as sns
import matplotlib.pyplot as plt
from sklearn.pipeline import Pipeline
from sklearn.preprocessing import StandardScaler,PowerTransformer
from sklearn.linear_model import LinearRegression,LassoCV,LogisticRegression
from sklearn.ensemble import RandomForestClassifier,RandomForestRegressor
from sklearn.model_selection import
KFold,train_test_split,StratifiedKFold,GridSearchCV,cross_val_score

import warnings
warnings.filterwarnings('ignore')
plt.rcParams['font.family'] = ['sans-serif']
plt.rcParams['font.sans-serif'] = ['SimHei']

df0 = pd.read_csv('./信用卡违约/cs-training.csv')
df0 = df0.drop('Unnamed: 0',axis=1)
# 为方便查看调整列名为中文
df0.rename(columns = {'SeriousDlqin2yrs':'未来两年可能违约',
'RevolvingUtilizationOfUnsecuredLines':'可用信贷额度比例', 'age':'年龄',
        'NumberOfTime30-59DaysPastDueNotWorse':'逾期30～59天的笔数', 'DebtRatio':'负债
率', 'MonthlyIncome':'月收入',
        'NumberOfOpenCreditLinesAndLoans':'信贷数量', 'NumberOfTimes90DaysLate':'逾期
90天+的笔数',
        'NumberRealEstateLoansOrLines':'固定资产贷款数',
'NumberOfTime60-89DaysPastDueNotWorse':'逾期60～89天的笔数',
        'NumberOfDependents':'家属数量'},inplace=True)

from 第7章 import credit_untils
df1 = df0.copy()
print(df0.shape)
df1 = credit_untils.error_processing(df1)
df1 = credit_untils.collineation_processing(df1,'逾期90天+的笔数', '逾期60～89天的笔
数', '逾期30～59天的笔数','逾期60～89天/30～59天')
df1 = credit_untils.missing_values_processing(df1,func1=1,func2=1)

# 从数据初探可以发现，“未来两年可能违约”标签类别分布不均，需对样本进行重取样
df1 = credit_untils.resample(df1)
```

```
    # 最后将数据集划分成训练集和验证集，两者划分比例都为8：2
    # 可考虑删去的列：逾期30～59天的笔数、逾期60～89天的笔数、逾期90天+的笔数、逾期60～89天/30～
59天、未来两年可能违约
    X = df1.drop(['未来两年可能违约','逾期60～89天/30～59天'],axis=1)
    y = df1['未来两年可能违约']
    xtrain,xtest,ytrain,ytest = train_test_split(X,y,test_size=0.2,random_state = 17)
    # 分层k折交叉拆分器——用于网格搜索
    cv = StratifiedKFold(n_splits=3,shuffle=True)
    # 随机森林分类模型
    rf_clf = RandomForestClassifier(criterion='gini', n_jobs=-1, n_estimators=1000)
# random_state
    # 参数设定
    # ['auto',0.5,0.6,0.9] 未知最优参数时可以自己设定组合# [3,6,9]
    rf_grid_params = {'max_features':['auto'], 'max_depth':[6,9]}
    # 参数搜索
    rf_gridsearch = GridSearchCV(rf_clf,rf_grid_params,cv=cv,n_jobs=-1,
                                 scoring='roc_auc',verbose=10,refit=True)
    # 工作流管道
    pipe_rf = Pipeline([ ('sc',StandardScaler()), ('pow_trans',PowerTransformer()),
            ('rf_grid',rf_gridsearch)])
    # 搜索参数并训练模型
    pipe_rf.fit(xtrain,ytrain)
    # 最佳参数组合
    print(pipe_rf.named_steps['rf_grid'].best_params_)
    # 训练集性能指标
    credit_untils.perfomance_clf(pipe_rf,xtrain,ytrain,name='train')
    # 测试集性能指标
    credit_untils.perfomance_clf(pipe_rf,xtest,ytest,name='test')
```

这里需要注意的是，笔者使用了工作流结构对随机森林的数据进行处理，并对其参数进行重新训练。训练完成结果如图7.19所示。

```
train :
accuracy score is: 0.8117088607594937
precision score is: 0.8127158756556223
recall score is: 0.8078585961342828
auc: 0.811691394841335
---------------
test :
accuracy score is: 0.7769620253164558
precision score is: 0.7822177822177823
recall score is: 0.7787170561909498
auc: 0.7769294409371458
```

图 7.19

从图7.19中可以看到相对于笔者在上面“（4）使用随机森林完成模型的训练与验证”中完成的训练，这里的训练集数据auc下降，而测试集的auc却有极大提升，这也是证明了对于随机森林来说，参数的选择以及数据集的优化都能带来较好的提升。

3. 补充内容：基于逻辑回归的信用卡违约预测

同样对于分类数据来说，我们可以使用逻辑回归对数据进行拟合（这部分可以参考第6章所介绍的内容），部分代码如下：

```
    lr = LogisticRegression(solver='liblinear')
    # 搜索参数并训练模型
    lr.fit(xtrain,ytrain)
    # 最佳参数组合
```

```
# 训练集性能指标
credit_untils.perfomance_clf(lr,xtrain,ytrain,name='train')
# 测试集性能指标
credit_untils.perfomance_clf(lr,xtest,ytest,name='test')
```

最终结果请读者自行验证。

7.5　本章小结

本章介绍了决策树的相关内容，特别是其常用的方法——分类树与回归树。这两种算法可以用来处理数据的分类或者回归任务，它们和它们的变种在当前的工业领域应用非常广泛。

决策树的思想虽然比较粗暴，但是可解释很强、计算效率也比较高。如果配合剪枝、集成等策略，我们可以基于这类模型构建出很多非常优秀的模型，如随机森林。

在7.4节我们演示了使用随机森林完成信用卡违约的实战，分步分析了数据处理的过程与模型训练的全部内容，并提出了优化办法。可以看到这个实战实际上也是一个分类任务，有兴趣的读者可以采用上一章的逻辑回归算法，对信用卡违约进行一次练习。需要说明的是，对于多种机器学习算法，并不存在一个最优模型，即不存在任何情况下都是最优解的算法，而是需要根据具体数据的特点选择最佳的拟合模型。

第 8 章

基于深度学习的酒店评论情感分类实战

前面的章节中主要介绍了传统机器学习相关的内容。随着人们对机器学习的广泛使用与深入了解，机器学习的局限性也较多地被人们所认知。因此一个新兴的研究方向越来越引人注意，即深度学习（Deep Learning，DL）。

深度学习是机器学习领域中的一个研究方向，作用是帮助机器学习项目更接近于人工智能（Artificial Intelligence，AI）。

深度学习主要是学习样本数据的内在规律和表示层次，学习过程中获得的信息对诸如文字、图像和声音等数据的解释很有帮助。深度学习的最终目标是让机器能够像人一样具备分析能力，可以自动识别文字、图像和声音等数据。

深度学习是一个复杂的机器学习算法，目前在搜索技术、数据挖掘、机器学习、机器翻译、自然语言处理、多媒体学习、语音、推荐和个性化技术，以及其他相关领域都取得了令人瞩目的成果。深度学习解决了很多复杂的模式识别难题，使得人工智能相关技术取得了很大进步。

本章将引导读者入门深度学习，即通过深度学习完成一个简单的酒店评论情感分类实战。

8.1 深 度 学 习

深度学习是机器学习的一种，而机器学习是实现人工智能的必经之路。

深度学习的概念源于人工神经网络的研究，含多个隐藏层的多层感知机就是一种深度学习结构。深度学习通过组合低层特征，形成更加抽象的高层来表示属性类别或特征，以发现数据的分布式特征表示。研究深度学习的动机在于建立模拟人脑进行分析学习的神经网络，它模仿人脑的机制来解释数据，例如图像、声音和文本等。

8.1.1 何为深度学习

深度学习从字面上来理解包含两个意思，分别是“深度”和“学习”。

1. 学习

抽象地说，学习就是一个认知的过程，从学习未知开始，到对已知的总结、归纳、思考与探索。例如，伸出一根手指就是1，伸出两根手指就是1 + 1 = 2。这是非常简单的一个探索和归纳过程，也是人类学习的最初形态。

概况起来说，这种从已有的信息中通过计算、判定和推理，而后得到一个认知结果的过程就是“学习”。这个所谓的“学习”和“深度学习”有什么关系呢？这里不妨进一步地提出一个问题：对于同样的学习内容，为什么有的学生学得好，而有的学生学得差呢？这涉及“学习策略”和“学习方法”的问题。同样的题目，不同的学生具有不同的认知和思考过程，不同的认知得到的答案往往千差万别，归根结底也就是不同的学生具有不同的学习策略和学习方法。

用计算机去模拟人脑中的学习策略和学习方法，学术界探索出一套方法，该方法被称为“神经网络”。这个词从字面上看和人脑有一些关系。在人脑中负责活动的基本单元是神经元，它以细胞体为主体，是由许多向周围延伸的不规则树枝状纤维构成的神经细胞。人脑中含有上百亿个神经元，这些神经元互相连接成一个庞大的结构，就称为神经网络。神经网络示意图如图8.1所示。

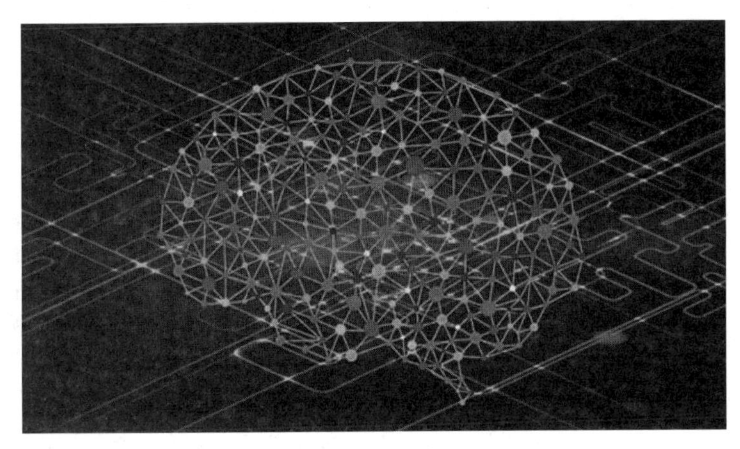

图 8.1

到目前为止，科学界还没有弄清楚人脑工作的具体过程和思考传递的方式，所以这个神经网络也只是模拟而已。

2. 深度

这里再介绍两个概念：输入和输出。输入是已知的信息，输出是最终获得的认知结果。例如，在计算1 + 1 = 2的过程中，其中的“1”和“+”就是输入，得到的计算结果“2”就是输出。

随着输入的复杂性的增强，当我们伸出3个手指时，正常的计算过程就是先计算1 + 1 = 2，在得到2这个值的基础上再计算2 + 1 = 3。

举这个例子是想向读者说明，数据的输入和计算随着输入数据的复杂性的增加，需要一个层次化的计算过程，也就是将整体的计算过程分布到不同的“层次”上去进行。

图8.2展示了一个具有层次的深度学习模型，从hidden layer 1到hidden layer n是隐藏层，左边的input layer是输入层，右边的output layer是输出层。如果这是一个计算题，那么在每个隐藏层中，都是对解题过程的一个步骤和细节进行处理。可以设想，随着隐藏层的增加以及隐藏层

内部处理单元的增多，在一个步骤中处理的内容就会更多，应付的数据会更复杂，能够给出的结果也就越多，因此可以在最大限度上对结果进行拟合，从而得到一个近似于正确的最终输出。

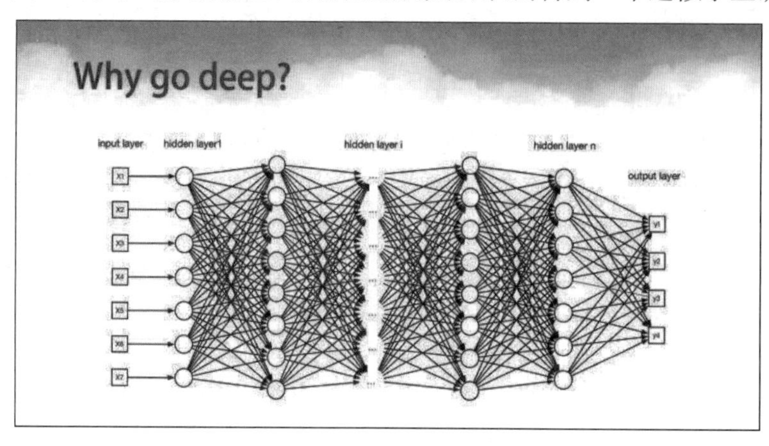

图 8.2

总结来说，所谓“深度”就是人为使用不同层次不同任务目标的“分层”神经元去模拟整个输入输出过程的一种手段。

8.1.2 与传统的“浅层学习”的区别

在深度学习之前还有浅层学习。从上一小节对深度学习的解释和介绍来看，深度学习区别于传统的浅层学习的不同之处在于：

- 强调了模型结构的深度，通常有 5 层、6 层，甚至上百层隐藏层节点。
- 明确了特征学习的重要性。也就是说，通过逐层特征变换，将样本在原空间的特征表示变换到一个新特征空间，从而使分类或预测更容易。与人工规则构造特征的方法相比，利用大数据来学习特征更能够刻画数据丰富的内在信息。
- 通过设计建立适量的神经元计算节点和多层运算层次结构，选择合适的输入层和输出层，通过网络的学习和调优建立起从输入到输出的函数关系，即使不能 100%找到输入与输出的函数关系，也可以尽可能逼近现实的关联关系。使用训练成功的网络模型，就可以实现我们对复杂事务处理的自动化要求。

8.2 酒店评论情感分类——深度学习入门

如果我们想造汽车，需要有很多年的理论功底以及工程制造方面雄厚的技术实践；如果我们只是想开汽车，那就需要学会驾驶。

想成为合格的司机，我们需要去了解汽油发动机原理吗？答案是“不需要”，普通人只要会开车就行，如图8.3所示。因为我们开的车有可能根本就用不上汽油发动机（如果开的是电动车），或者说有汽车工程师去替我们解决这类问题，我们要做的无非就是注意交通安全，驾驶汽车平安迅捷地到达目的地。

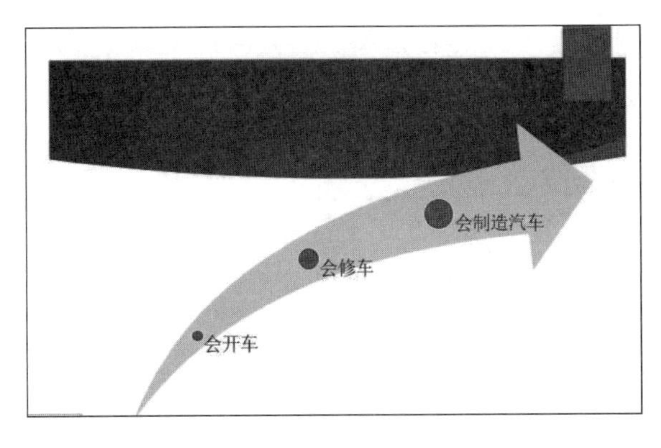

图 8.3

本章的目的是介绍深度学习如何解决现实中遇到的各种问题。下面通过一个最简单的示例讲解如何使用深度学习来解决一个实际的问题——酒店评论情感分类。

说　明

本示例的目的是做一个演示，如果读者已经有这方面的基础，并且已经安装好基于 Keras 的开发环境，则可以直接运行。如果没有，可以先大概看一下本示例，了解深度学习的训练过程。笔者会在后续的章节中详细介绍每一步的过程和设计方法。

1. 第一步：数据的准备

进行深度学习的第一步也是最重要的一步，就是数据的准备。数据的来源多种多样，既有不同类型的数据集，也有根据项目需求由项目组自行准备的数据集。本例中笔者准备了一份酒店评论的数据集，如图8.4所示。

1, 绝对是超三星标准，地处商业区，购物还是很方便的，对门有家羊杂店，绝对正宗。
1, "1.设施一般，在北京不算好. 2. 服务还可以. 3.出入还是比较方便的。"
1, 总的来说可以，总是在这里住，公司客人还算满意。离公司超近，上楼上班，下楼下班
1, 房间设施难以够得上五星级，服务还不错，有送水果。
0, 标准间太差，房间还不如三星的，而且设施非常陈旧。建议酒店把老的标准间重新改善。
0, 服务态度极差，前台接待好像没有受过培训，连基本的礼貌都不懂，竟然同时接待
0, 地理位置还不错，到哪里都比较方便，但是服务不像是豪生集团管理的，比较差。
0, 我住的是靠马路的标准间。房间内设施简陋，并且房间玻璃窗户外还有一层幕墙玻璃

图 8.4

图8.4中由逗号将一个文本分成两部分，分别是情感分类和评价主体。其中标记为数字"1"的是正面评论，标记为数字"0"的是负面评论。

2. 第二步：数据的处理

我们遇到的第一个问题就是数据的处理。对于计算机来说，直接的文本文字是计算机所不能理解的，因此一个最简单的办法是将文字转化成数字符号，之后对每个数字生成一个独一无二的"指纹"，也就是"词嵌入（Word Embedding）"。在这里读者只需要将其理解成使用一个"指纹"来替代汉字字符。代码处理如下：

（1）创建3个"容器"，对切分出的字符进行存储。

```
labels = []                                          # 用于存储情感分类，形如[1,1,1,0,0,0,1]
vocab = set()                                        # set类型，用以存放不重复的字符
context = []                                         # 存放文本列表
```

（2）读取字符和文本。

```
with open("ChnSentiCorp.txt",mode="r",encoding="UTF-8") as emotion_file:
    for line in emotion_file.readlines():            # 读取txt文件
        line = line.strip().split(",")               # 将每行数据以“,”进行分隔
        labels.append(int(line[0]))                  # 读取分类label
        text = line[1]                               # 获取每行的文本
        context.append(text)                         # 存储文本内容
        for char in text:vocab.add(char)             # 将字符依次读取到字库中，确保不产生重复
```

（3）读取字符并获得字符的长度。

```
voacb_list = list(sorted(vocab))                     # 将set类型的字库排序并转化成list格式
print(len(voacb_list))                               # 打印字符的个数：3508
```

（4）将文本内容转换成数字符号，并对长度进行补全。

```
token_list = []                                      # 创建一个存储句子数字的列表
for text in context:                                 # 依次读取存储的每个句子
    # 依次读取句子中的每个字并查询字符中的序号
    token = [voacb_list.index(char) for char in text]
    # 以80个字符为长度对句子进行截取或者补全
    token = token[:80] + [0]*(80 - len(token))
    token_list.append(token)                         # 存储在token_list中
token_list = np.array(token_list)                    # 对存储的数据集进行格式化处理
labels = np.array(labels)                            # 对存储的数据集进行格式化处理
```

3. 第三步：模型的设计

对于深度学习而言，模型的设计是非常重要的内容，本例只用于演示，采用的是最为简单的一个判别模型，代码如下（仅供演示，详细内容在后续章节中介绍）：

```
import tensorflow as tf                              # 导入TensorFlow框架
input_token = tf.keras.Input(shape=(80,))            # 创建一个占位符，固定输入的格式
# 创建embedding层
embedding=tf.keras.layers.Embedding(input_dim=3508,output_dim=128)(input_token)
# 使用双向GRU对数据特征进行提取
embedding = tf.keras.layers.Bidirectional(tf.keras.layers.GRU(128))(embedding)
# 以全连接层作为分类器对数据进行分类
output = tf.keras.layers.Dense(2,activation=tf.nn.softmax)(embedding)
model = tf.keras.Model(input_token,output)           # 组合模型
```

4. 第四步：模型的训练

这一步是对模型进行训练。这里需要定义模型的一些训练参数，如优化器、损失函数、准确率的衡量，以及训练的循环次数等。代码如下（这里不要求读者理解，能够运行即可）：

```
model.compile(optimizer='adam', loss=tf.keras.losses.sparse_categorical_crossentropy,
metrics=['accuracy'])                                # 定义优化器、损失函数以及准确率
model.fit(token_list, labels,epochs=10,verbose=2)    # 输入训练数据和label
```

完整的程序代码如程序8-1所示。

【程序 8-1】

```
import numpy as np
labels = []
context = []
vocab = set()
with open("ChnSentiCorp.txt",mode="r",encoding="UTF-8") as emotion_file:
    for line in emotion_file.readlines():
        line = line.strip().split(",")
        labels.append(int(line[0]))
        text = line[1]
        context.append(text)
        for char in text:vocab.add(char)
voacb_list = list(sorted(vocab))    # 3508
print(len(voacb_list))
token_list = []
for text in context:
    token = [voacb_list.index(char) for char in text]
    token = token[:80] + [0]*(80 - len(token))
    token_list.append(token)
token_list = np.array(token_list)
labels = np.array(labels)
import tensorflow as tf
input_token = tf.keras.Input(shape=(80,))
embedding = tf.keras.layers.Embedding(input_dim=3508,output_dim=128)(input_token)
embedding = tf.keras.layers.Bidirectional(tf.keras.layers.GRU(128))(embedding)
output = tf.keras.layers.Dense(2,activation=tf.nn.softmax)(embedding)
model = tf.keras.Model(input_token,output)
model.compile(optimizer='adam',
loss=tf.keras.losses.sparse_categorical_crossentropy, metrics=['accuracy'])
# 模型拟合，即训练
model.fit(token_list, labels,epochs=10,verbose=2)
```

5. 第五步：模型的结果和展示

最后一步是模型的结果展示，这里使用epochs=10，即运行10轮对数据进行训练，结果如图8.5所示。

```
7765/7765 - 5s - loss: 0.1538 - accuracy: 0.9397
Epoch 7/10
7765/7765 - 5s - loss: 0.1333 - accuracy: 0.9428
Epoch 8/10
7765/7765 - 5s - loss: 0.1173 - accuracy: 0.9540
Epoch 9/10
7765/7765 - 5s - loss: 0.0946 - accuracy: 0.9624
Epoch 10/10
7765/7765 - 5s - loss: 0.0844 - accuracy: 0.9668
```

图 8.5

可以看到，经过10轮训练后，准确率达到了96%，这是一个不错的成绩。

8.3 深度学习的流程、应用场景和模型分类

本节将介绍深度学习的流程、应用场景和模型分类的相关内容。

8.3.1 深度学习的流程与应用场景

从前面的例子可以看到，深度学习的一般流程与传统的机器学习类似，都无外乎以下几步：

（1）数据预处理：不管什么任务，数据的处理都是解决问题的关键步骤。

（2）模型搭建：可以自己搭建模型，也可以根据任务利用经典的模型进行细微调整。

（3）训练模型：有了模型、数据之后，可以把数据“喂”给模型，让模型自行学习，直至模型收敛。

（4）结果可视化：在训练过程中，对一些指标进行可视化（比如损失函数的变化曲线等），可以辅助对已学习模型的判断，也可以辅助模型的验证选择。

（5）测试（预测）：基于训练好的模型对新的数据进行预测是模型训练的最终目标。

深度学习的应用场景和领域很多（见图8.6），目前主要用于计算机视觉和自然语言处理，以及各种预测等。对于计算机视觉，可以用于图像分类、目标检测、视频中的目标检测等；对于自然语言处理，可以用于语音识别、语音合成、对话系统、机器翻译、文章摘要、情感分析等，还可以结合图像、视频和语音一起发挥价值。深度学习还可以深入某一个行业领域。例如，深入医学行业领域，用于医学影像的识别；深入淘宝的穿衣领域，用于衣服搭配或衣服款式的识别；深入保险业、通信业的客服领域，用于对话机器人的智能问答系统；深入智能家居领域，用于人机的自然语言交互等。

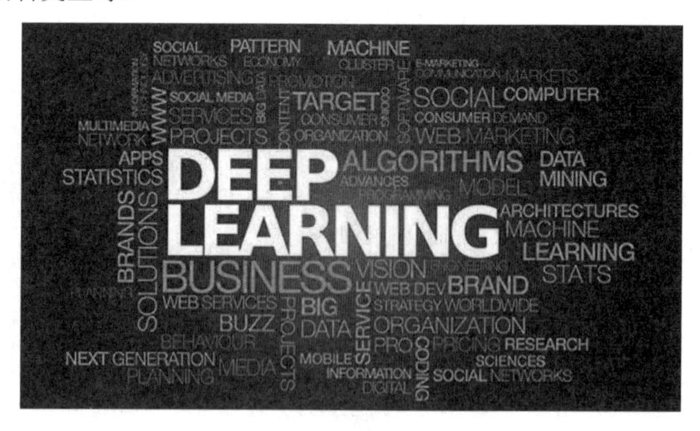

图 8.6

总之，适合采用深度学习的任务应具备这样一些特点：

（1）具备大量样本数据。深度学习是需要大量数据作为基础的，如果样本数据难以获取或者数量太少，一般就不适合采用深度学习技术来解决。

（2）样本数据对场景的覆盖度足够完善。深度学习模型的效果完全依赖样本数据的表现，如果出现样本数据外的情况，模型的推广性会变差。

（3）结果对可解释性的要求不高。如果应用场景不仅要机器能够完成某项任务，还需对完成过程有明确的可解释性，那么这样的场景就不那么适合采用深度学习。

8.3.2　深度学习的模型分类

典型的深度学习模型有卷积神经网络（Convolutional Neural Network，CNN）、深度置信网络（Deep Believe Net，DBN）和堆栈自编码网络（Stacked AutoEncoder Network，SAEN）模型等。其主要的思想就是模拟人的神经元，每个神经元接收到信息，处理完毕后传递给与之相邻的所有神经元。

1．卷积神经网络模型

在无监督预训练出现之前，训练深度神经网络通常非常困难，其中一个例子就是卷积神经网络。卷积神经网络受视觉系统的结构启发而产生。

最初卷积神经网络计算模型是根据人类视神经研究提出的，其基于视觉神经元之间的局部连接和分层组织图像转换，将有相同参数的神经元应用于前一层神经网络的不同位置，得到一种平移不变的神经网络结构形式。

后来，Le Cun等人在该思想的基础上采用误差梯度设计训练卷积神经网络，在一些模式识别任务上获得优越的性能。至今，基于卷积神经网络的模式识别系统仍是最好的实现系统之一，尤其是在物体的识别、检测和追踪任务上表现出非凡的性能。

2．深度置信网络模型

深度置信网络模型可以解释为贝叶斯概率生成模型，由多层随机隐变量组成，上面的两层具有无向对称连接，下面的层得到来自上一层自顶向下的有向连接，最底层单元的状态为可见输入数据向量。

深度置信网络模型由多个结构单元堆栈组成，结构单元通常为RBM（Restllcted Boltzmann Machine，受限玻尔兹曼机）。堆栈中每个RBM单元的可视层神经元数量等于前一个RBM单元的隐藏层神经元数量。

根据深度学习机制，采用输入样例训练第一层RBM单元，并利用其输出训练第二层RBM模型，将RBM模型通过堆栈增加层来改善模型性能。在无监督预训练过程中，DBN编码输入到顶层RBM后，解码顶层的状态到最底层的单元，实现输入的重构。RBM作为DBN的结构单元，与每一层DBN共享参数。

3．堆栈自编码网络模型

堆栈自编码网络的结构与DBN类似，由若干结构单元堆栈组成，不同之处在于其结构单元为自编码模型（auto-encoder）而不是RBM。自编码模型是一个两层的神经网络：第一层称为编码层，第二层称为解码层。

图8.7向读者展示了更为细分的深度学习模型和训练分类。随着对深度学习研究的深入，深度学习模型和训练不仅仅单纯从模型的构建来分类，还有训练方式、构建架构等更为细分的分类方法。

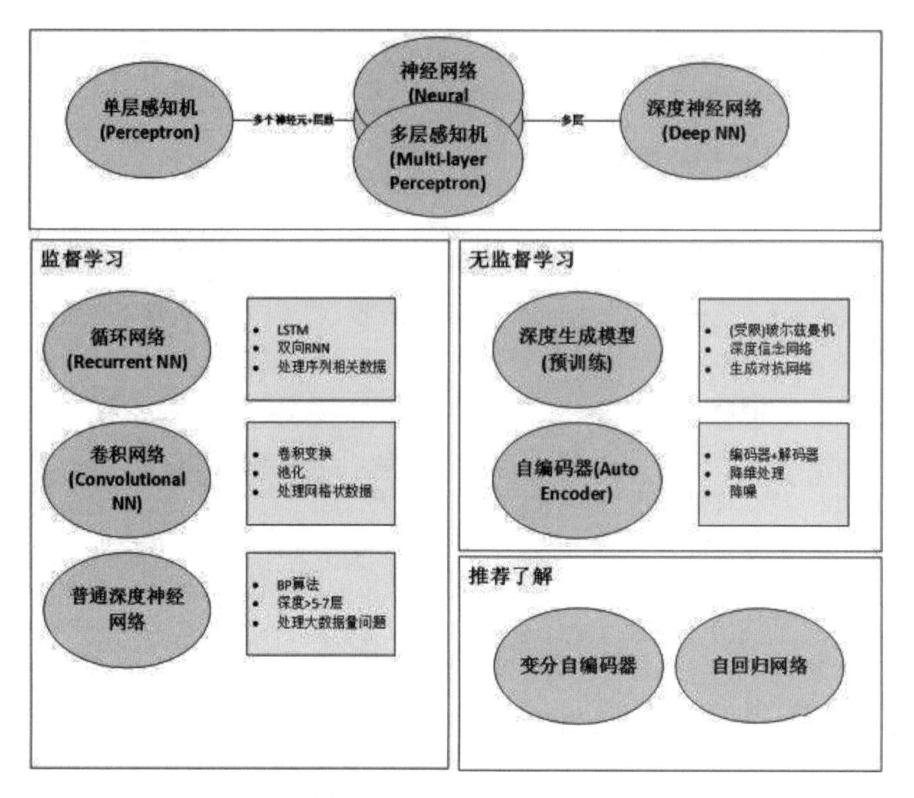

图 8.7

8.3 本 章 小 结

本章是深度学习的入门示例，演示了使用深度学习进行一个简单的自然语言分类的实战。麻雀虽小五脏俱全，从例子来看，使用深度学习去解决特定任务并不是难事。当然，这只是一个非常简单的起点，希望由此能够引导读者更深一步入门机器学习的另一个主要领域——深度学习。

第 9 章

基于深度学习的手写体图像识别实战

除了对文本进行识别外，深度学习还能够较好地完成图像识别任务，而这个功能主要依靠卷积神经网络来完成。

卷积神经网络是从信号处理衍生过来的一种对数字信号处理的方式，发展到图像信号处理上，演变成一种专门用来处理具有矩阵特征的网络结构处理方式。卷积神经网络在很多应用上都有其独特的优势，甚至可以说是无可比拟的，例如音频的处理和图像处理。

本章将会继续介绍深度学习方面的内容，首先介绍什么是卷积神经网络。卷积实际上是一种不太复杂的数学运算，即卷积是一种特殊的线性运算形式。之后会介绍“池化”这一概念，这是卷积神经网络中必不可少的操作。另外，为了消除过拟合，还会介绍dropout（随机失活）这一常用的方法。这些都是让深度学习模型运行得更加高效的一些常用方法。

9.1 卷积运算的基本概念

在数字图像处理中有一种基本的处理方法，即线性滤波。它将待处理的二维数字看作一个大型矩阵，图像中的每个像素可以看作矩阵中的元素，像素的大小就是矩阵中的元素值。

使用的滤波工具是另一个小型矩阵，这个矩阵被称为卷积核。卷积核的大小远远小于图像矩阵，而具体的计算方式就是对于图像大矩阵中的每个像素，计算其周围的像素和卷积核对应位置的乘积，之后将结果相加，得到的终值就是该像素的值，这样就完成了一次卷积。最简单的图像卷积方式如图9.1所示。本节将详细介绍卷积的运算、定义以及一些细节的调整方法。

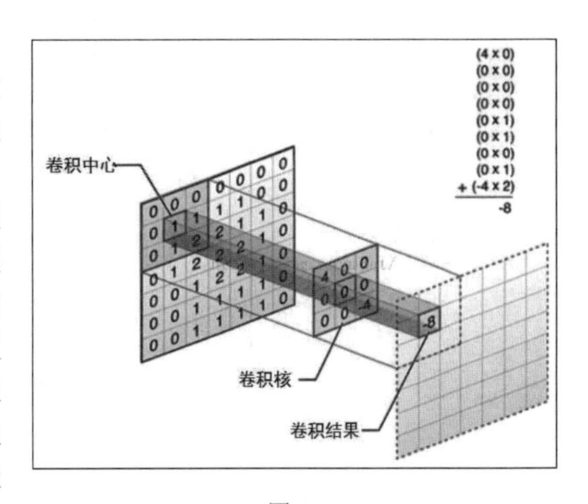

图 9.1

9.1.1 卷积运算

卷积实际上是使用两个大小不同的矩阵进行的一种数学运算。为了便于读者理解，我们从一个例子开始——对高速公路上的跑车进行位置追踪，这也是卷积神经网络图像处理非常重要的应用。摄像头接收到的信号被计算为$x(t)$，表示跑车在时刻t时的位置。

实际上的处理往往没有那么简单，因为在自然界中无时无刻不面临着各种因素和摄像头传感器滞后的影响。为了得到跑车位置的实时数据，采用的方法就是对测量结果进行均值化处理。对于运动中的目标，时间越久的位置越不可靠，时间越短的位置对真实值的相关性越高。因此，可以对不同的时间段赋予不同的权重，即通过一个权值定义来计算，用公式表示为：

$$s(t)=\int x(a)\omega(t-a)\mathrm{d}a$$

这种运算方式被称为卷积运算。换个符号表示为：

$$s(t)=(x*\omega)(t)$$

在卷积公式中，第一个参数x被称为“输入数据”，第二个参数ω被称为“核函数”；$s(t)$是输出，即特征映射。

对于稀疏矩阵（见图9.2）来说，卷积网络具有稀疏性，即卷积核的大小远远小于输入数据矩阵的大小。例如，输入一幅图片信息，数据的大小可能为上万的结构，但是使用的卷积核却只有几十，这样能够在计算后获取更少的参数特征，极大地减少了后续的计算量。

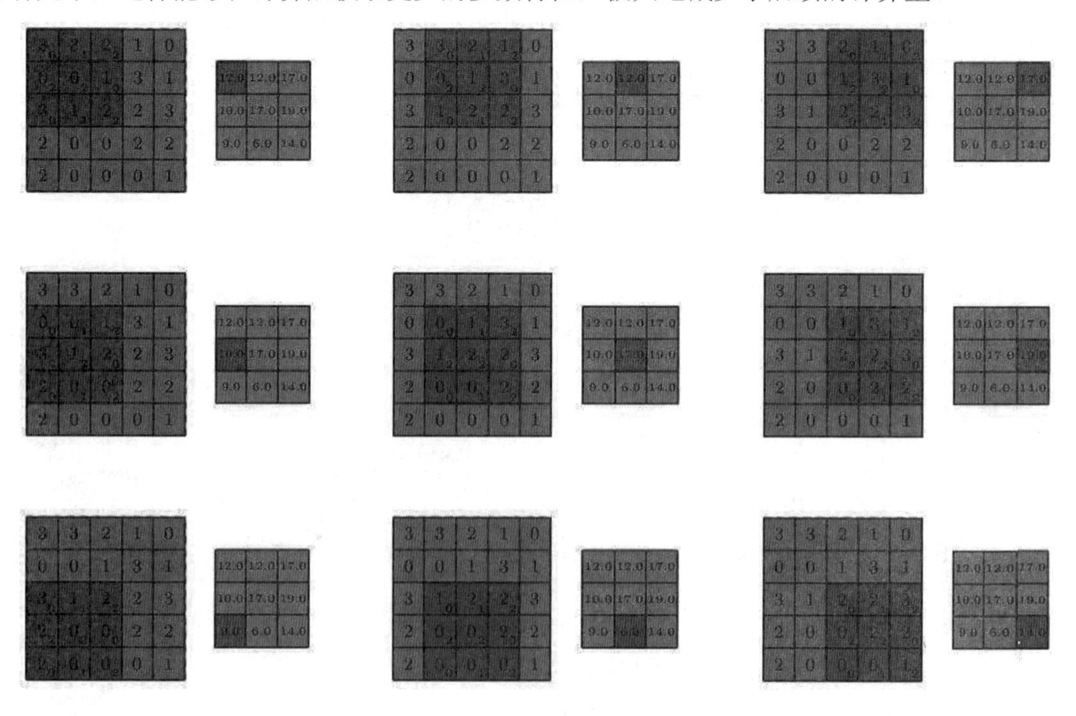

图 9.2

参数共享指的是在特征提取过程中，不同输入值的同一个位置区域上会使用相同的参数，在传统的神经网络中，每个权重只对其连接的输入输出起作用，当其连接的输入输出元素结束后，就不会再用到。在卷积神经网络中，卷积核的每一个元素都被用在输入的同一个位置上，在过程中只需学习一个参数集合，就能把这个参数应用到所有的图片元素中。

【程序 9-1】

```
    import struct
    import matplotlib.pyplot as plt
    import  numpy as np
    dateMat = np.ones((7,7))
    kernel = np.array([[2,1,1],[3,0,1],[1,1,0]])
    def convolve(dateMat,kernel):
        m,n = dateMat.shape
        km,kn = kernel.shape
        newMat = np.ones(((m - km + 1),(n - kn + 1)))
        tempMat = np.ones(((km),(kn)))
        for row in range(m - km + 1):
            for col in range(n - kn + 1):
                for m_k in range(km):
                    for n_k in range(kn):
                        tempMat[m_k,n_k] = dateMat[(row + m_k),(col + n_k)] * 
kernel[m_k,n_k]
                newMat[row,col] = np.sum(tempMat)
        return newMat
```

程序9-1实现了卷积操作，这里的卷积核从左到右、从上到下进行卷积计算，最后返回新的矩阵。

9.1.2　TensorFlow 中卷积函数的实现

上一小节中通过Python实现了卷积的计算，TensorFlow为了框架计算的迅捷，同样也使用了专门的函数Conv2D(Conv)作为卷积计算函数。这个函数是搭建卷积神经网络最核心的函数之一，非常重要。（卷积层的具体内容请读者参考相关资料自行学习，本书不再展开讲解。）

Conv2D(Conv)函数的代码如下：

```
    class Conv2D(Conv):
    def __init__(self, filters, kernel_size, strides=(1, 1), padding='valid', 
data_format=None, dilation_rate=(1, 1), activation=None, use_bias=True, 
kernel_initializer='glorot_uniform', bias_initializer='zeros', 
kernel_regularizer=None, bias_regularizer=None, activity_regularizer=None, 
kernel_constraint=None, bias_constraint=None, **kwargs):
```

其中，最重要的5个参数如下：

- filters：卷积核数目。卷积计算时折射使用的空间维度。
- kernel_size：卷积核大小。要求是一个 Tensor，具有[filter_height, filter_width, in_channels, out_channels]这样的 shape，具体含义是[卷积核的高度，卷积核的宽度，图像通道数，卷积核个数]，要求类型与参数 input 相同。有一个地方需要注意，第三维 in_channels 就是参数 input 的第四维。
- strides：步进大小。卷积时在图像每一维的步长，这是一个一维向量，第一维和第四维默认为 1，而第三维和第四维分别是平行和竖直滑行的步进长度。

- padding：填充方式。string 类型的变量，只能是 SAME 和 VALID 其中之一。这个值决定了不同的卷积方式。
- activation：激活函数。一般使用 ReLu 作为激活函数。

【程序 9-2】

```
import tensorflow as tf
input = tf.Variable(tf.random.normal([1, 3, 3, 1]))
conv = tf.keras.layers.Conv2D(1,2)(input)
print(conv)
```

程序9-2展示了一个使用TensorFlow高级API进行卷积计算的例子。在这里随机生成了一个[3,3]大小的矩阵，之后使用一个大小为[2,2]的卷积核对其进行计算，打印结果如图9.3所示。

```
tf.Tensor(
[[[[ 0.43207052]
   [ 0.4494554 ]]

  [[-1.5294989 ]
   [ 0.9994287 ]]]], shape=(1, 2, 2, 1), dtype=float32)
```

图 9.3

可以看到，卷积核对生成的随机数据进行计算，重新生成了一个[1,2,2,1]大小的矩阵。这是由于卷积在工作时边缘被处理而消失，因此生成的结果小于原有的图像。

有时候需要生成的卷积结果和原输入矩阵的大小一致，需要将参数padding的值设为SAME，表示图像边缘将由一圈0填充，使得卷积后的图像大小和输入大小一致，示意如下：

```
00000000000
0xxxxxxxxx0
0xxxxxxxxx0
0xxxxxxxxx0
00000000000
```

这里的x是图片的矩阵信息，外面一圈是填充的0，而0在卷积处理时对最终结果没有任何影响。这里略微对其进行修改，如程序9-3所示。

【程序 9-3】

```
impq1ort tensorflow as tf
input = tf.Variable(tf.random.normal([1, 5, 5, 1]))         # 输入图像大小变化
conv = tf.keras.layers.Conv2D(1,2,padding="SAME")(input)  # 卷积核大小
print(conv .shape)
```

这里只打印最终卷积计算的维度大小，结果如下：

```
(1, 5, 5, 1)
```

最终生成了一个[1,5,5,1]大小的矩阵，这是由于在填充方式上采用了“SAME”的模式。

下面换一个参数：在前面的代码中，stride的大小使用的是默认值[1,1]，这里把stride替换成[2,2]，即步进大小设置成2，如程序9-4所示。

【程序 9-4】

```
import tensorflow as tf
input = tf.Variable(tf.random.normal([1, 5, 5, 1]))
conv = tf.keras.layers.Conv2D(1,2,strides=[2,2],padding="SAME")(input)  # stride
的大小被替换
print(conv.shape)
```

最终打印结果如下：

```
(1, 3, 3, 1)
```

可以看到，即使是采用padding="SAME"模式填充，生成的结果也不再是原输入的大小，维度有了变化。

最后总结一下经过卷积计算后结果图像的大小变化公式：

$$N = (W - F + 2P) / S + 1$$

其中：

- 输入图片大小为 $W \times W$。
- Filter 大小为 $F \times F$。
- 步长为 S。
- padding 的像素数为 P，一般情况下 $P = 1$。

读者可以自行验证。

9.1.3 池化运算

在通过卷积获得了特征之后，下一步希望利用这些特征去进行分类。从理论上讲，我们可以用所有提取到的特征去训练分类器，例如softmax分类器，但这样做会面临计算量的挑战。例如，对于一个96×96像素的图像，假设已经学习得到了400个定义在8×8输入上的特征，每一个特征和图像卷积都会得到一个（96−8+1）×（96−8+1）=7921维的卷积特征，由于有400个特征，因此每个样例（Example）都会得到一个892×400=3168400维的卷积特征向量。学习一个拥有超过三百万特征输入的分类器十分不便，并且容易出现过拟合。

这个问题的产生是因为卷积后的图像具有一种“静态性”的属性，这也就意味着在一个图像区域有用的特征极有可能在另一个区域同样适用。因此，为了描述大的图像，一个很自然的想法就是对不同位置的特征进行聚合统计。

例如，特征提取可以计算图像一个区域中的某个特定特征的平均值（或最大值），如图9.4所示。这些概要统计特征不仅具有低得多的维度（相比使用所有提取得到的特征），同时还会改善结果（不容易过拟合）。这种聚合的操作就叫作池化（Pooling），有时也称为平均池化或者最大池化（Max-Pooling），取决于计算池化的方法。

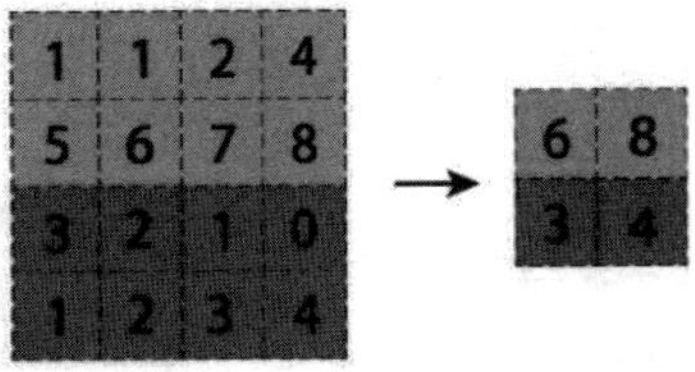

1	1	2	4
5	6	7	8
3	2	1	0
1	2	3	4

→

6	8
3	4

图 9.4

如果选择图像中的连续范围作为池化区域，并且只是池化相同（重复）的隐藏单元产生的特征，那么这些池化单元就具有平移不变性（Translation Invariant）。这就意味着即使图像经历了一个小的平移，之后依然会产生相同的（池化）特征。在很多任务中（例如物体检测、声音识别），我们都更希望得到具有平移不变性的特征，即使图像经过了平移，样例（图像）的标记也仍然保持不变。

TensorFlow中池化运算的函数如下：

```
class MaxPool2D (Pooling2D):
def __init__(self, pool_size=(2, 2), strides=None,
              padding='valid', data_format=None, **kwargs):
```

重要的参数为：

- pool_size：池化窗口的大小。默认大小一般是[2, 2]。
- strides：和卷积类似，窗口在每一个维度上滑动的步长。默认大小一般是[2,2]。
- padding：和卷积类似，可以取 VALID 或者 SAME，返回一个张量，类型不变。shape 仍然是[batch, height, width, channels]这种形式。

池化非常重要的一个作用就是能够帮助输入的数据表示近似不变性。平移不变性指的是对输入的数据进行少量平移时，经过池化后的输出结果并不会发生改变。局部平移不变性是一个很有用的性质，尤其是当关心某个特征是否出现而不关心它出现的具体位置时。

例如，当判定一幅图像中是否包含人脸时，并不需要判定眼睛的位置，只需要知道有一只眼睛出现在脸部的左侧、另一只眼睛出现在脸部的右侧就可以了。

9.1.4 softmax 激活函数

softmax函数在前面已经做过介绍，并且笔者使用NumPy自定义实现了softmax的功能和函数。softmax是一个对概率进行计算的模型，因为在真实的计算模型系统中对一个实物的判定并不是100%，而是只有一定的概率，并且在所有的结果标签上都可以求出一个概率。

有如下三个公式：

$$f(x)=\sum_{i}^{j} w_{ij}x_j+b$$

$$\text{soft}\max=\frac{\mathrm{e}^{x_i}}{\sum_{0}^{j}\mathrm{e}^{x_i}}$$

$$y=\text{soft}\max(f(x))=\text{soft}\max(w_{ij}x_j+b)$$

其中，第一个公式是人为定义的训练模型，这里采用的是输入数据与权重的乘积之和加上一个偏置b的方式。偏置b存在的意义是为了加上一定的噪声。

对于求出的 $f(x)=\sum_{i}^{j} w_{ij}x_j+b$ ，softmax的作用就是将其转化成概率。换句话说，这里的softmax可以被看作一个激励函数，将计算的模型输出转换为在一定范围内的数值，并且这些数值的和为1，而每个单独的数据都有其特定的数据结果。

用更为正式的语言表述就是softmax是模型函数定义的一种形式：把输入值当成幂指数求值，再正则化这些结果值。这个幂运算表示更大的概率计算结果对应更大的假设模型里面的乘数权重值。反之，拥有更少的概率计算结果意味着在假设模型里面拥有更小的乘数系数。

假设模型里的权重值不可以是0或者负值。softmax会正则化这些权重值，使它们的总和等于1，以此构造一个有效的概率分布。

对于最终的公式 $y = \text{soft}\max(f(x)) = \text{soft}\max(w_{ij}x_j + b)$ 来说，可以将其认为是图9.5所示的形式。

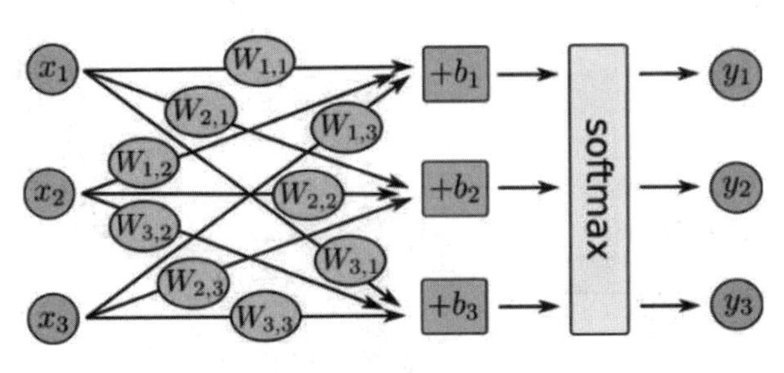

图 9.5

图9.5演示了softmax的计算公式，实际上就是输入的数据通过与权重的乘积之后对其进行softmax计算得到的结果。将其用数学方法表示出来，如图9.6所示。

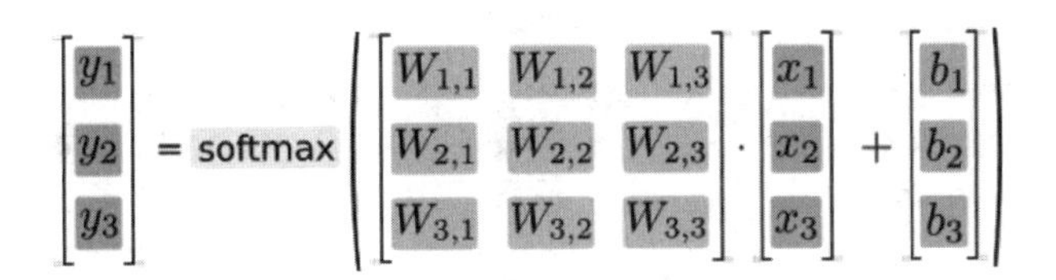

图 9.6

将这个计算过程用矩阵的形式表示出来，即矩阵乘法和向量加法，这样有利于使用TensorFlow内置的数学公式进行计算，极大地提高了程序效率。

9.1.5　卷积神经网络原理

前面介绍了卷积运算的概念和基本原理，从本质上来说卷积神经网络就是将图像处理中的二维离散卷积运算和神经网络相结合。这种卷积运算可以用于自动提取特征，而卷积神经网络也主要应用于二维图像的识别。下面将采用图示的方法更加直观地介绍卷积神经网络的工作原理。

在真正使用的时候一般会使用多层卷积神经网络不断地去提取特征，特征越抽象，越有利于识别（分类）。通常，卷积神经网络也包含输入层、卷积层、池化层、全连接层，最后接输出层。

图9.7展示了一幅图片进行卷积神经网络处理的过程，其中主要包含4个步骤：

- **步骤 01** 图像输入：获取输入的数据图像。
- **步骤 02** 卷积：对图像特征进行提取。
- **步骤 03** 池化层：用于缩小在卷积时获取的图像特征。
- **步骤 04** 全连接层：用于对图像进行分类。

这几个步骤依次进行，分别具有不同的作用。经过卷积层的图像被分部提取特征后获得分块的、同样大小的图片，如图9.8所示。

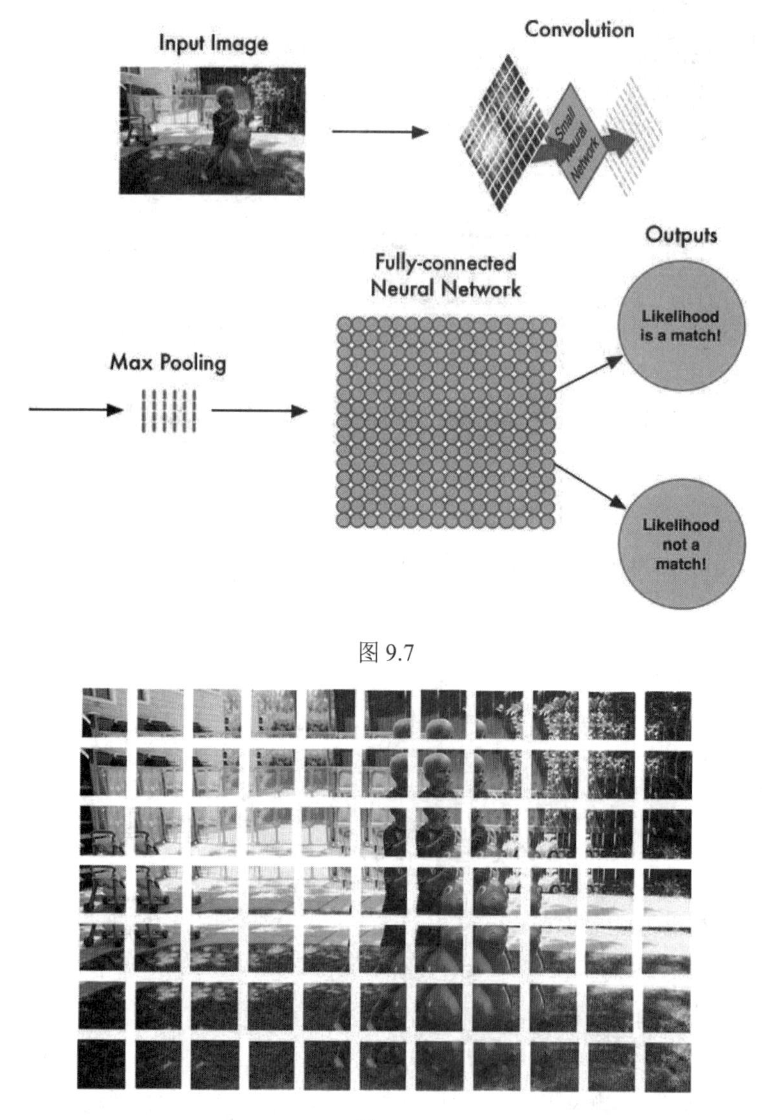

图 9.7

图 9.8

可以看到，经过卷积处理后的图像被分为若干个大小相同、只具有局部特征的图片。图9.9表示对分解后的图片使用一个小型神经网络做进一步的处理，即将二维矩阵转化成一维数组。

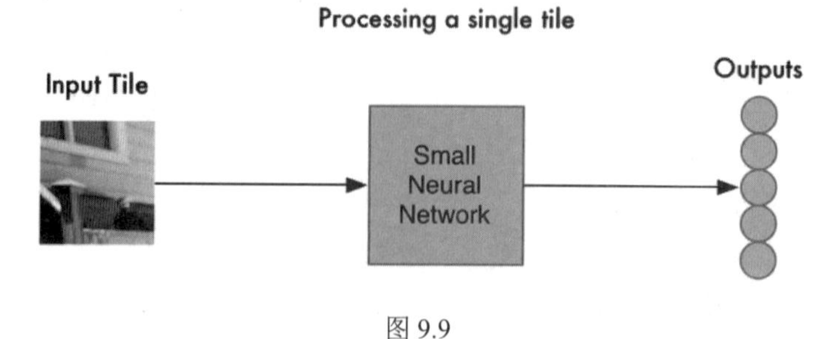

图 9.9

需要说明的是，在这个步骤中，也就是对图片进行卷积化处理时，卷积算法对所有分解后的局部特征进行同样的计算，这个步骤称为“权值共享”。这样做的依据是：

- 对图像等数组数据来说，局部数组的值经常是高度相关的，可以形成容易被探测到的独特的局部特征。
- 图像和其他信号的局部统计特征与其位置是不太相关的，如果特征图能在图片的一个部分出现，就能出现在任何地方。所以不同位置的单元共享同样的权重，并在数组的不同部分探测相同的模式。

数学上，这种由一个特征图执行的过滤操作是一个离散的卷积，卷积神经网络由此得名。

池化层的作用是对获取的图像特征进行缩减。从前面的例子可以看出，使用[2,2]大小的矩阵来处理特征矩阵，可以使得原有的特征矩阵缩减到1/4大小，特征提取的池化效应如图9.10所示。

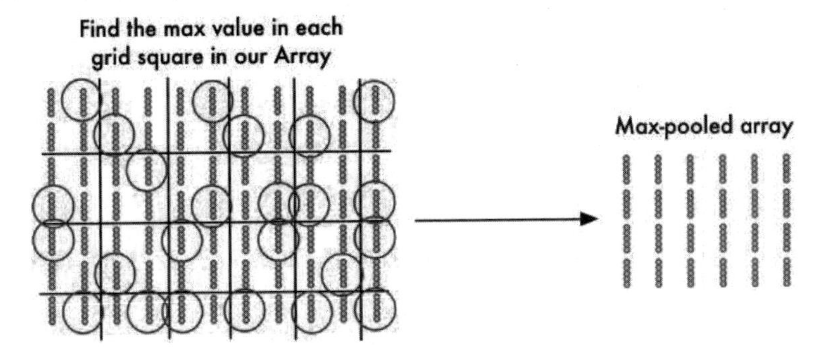

图 9.10

经过池化处理的图像矩阵作为神经网络的数据输入，使用一个全连接层对输入的所有节点数据进行分类处理（见图9.11），并且计算这个图像所求的所属位置概率的最大值。

采用较为通俗的语言来概括，卷积神经网络就是一个层级递增的结构，也可以将其认为是一个人在读报纸，首先一字一句地读取，之后整段地理解，最后获得全文的倾向。卷积神经网络也是从边缘、结构和位置等一起感知物体的形状。

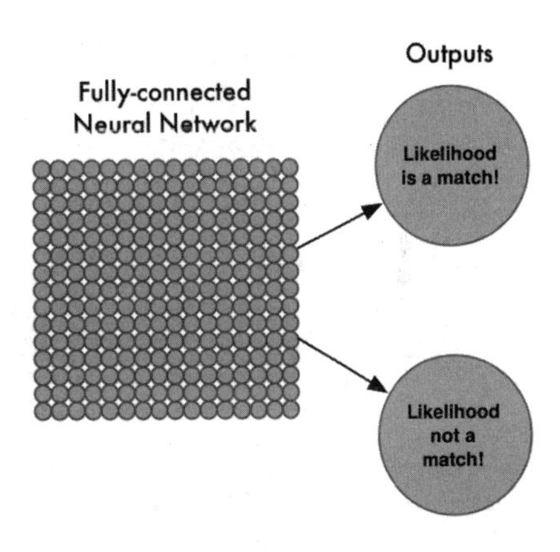

图 9.11

9.2　MNIST 手写体识别

本节将带领读者使用卷积神经网络进行实战，即使用TensorFlow进行MNIST手写体的识别。

9.2.1　MNIST 数据集

“HelloWorld”是任何一种编程语言入门的基础程序，任何一名同学在开始编程学习时打印的第一句话往往就是“HelloWorld”。

在深度学习编程中也有其特有的“HelloWorld”，即MNIST手写体的识别。相对于上一章单纯地从数据文件中读取数据并加以训练的模型，MNIST是一个图片数据集，其分类更多、难度更大。

好奇的读者一定有一个疑问：MNIST究竟是什么？

实际上MNIST是一个手写数字的数据库，它有60000个训练样本集和10000个测试样本集。打开来看，MNIST数据集就是图9.12所示的样子。

图 9.12

可以从MNIST数据库官方网址http://yann.lecun.com/exdb/mnist/直接下载train-images-idx3-ubyte.gz、train-labels-idx1-ubyte.gz等数据集，如图9.13所示。

```
Four files are available on this site:

train-images-idx3-ubyte.gz:   training set images (9912422 bytes)
train-labels-idx1-ubyte.gz:   training set labels (28881 bytes)
t10k-images-idx3-ubyte.gz:    test set images (1648877 bytes)
t10k-labels-idx1-ubyte.gz:    test set labels (4542 bytes)
```

图 9.13

下载4个文件，一个训练图片集、一个训练标签集、一个测试图片集、一个测试标签集。这些文件是压缩文件，解压缩后发现这些文件并不是标准的图像格式，而是二进制文件。其中，训练图片集的部分内容如图9.14所示。

MNIST训练集内部的文件结构如图9.15所示。

```
0000 0803 0000 ea60 0000 001c 0000 001c
0000 0000 0000 0000 0000 0000 0000 0000
0000 0000 0000 0000 0000 0000 0000 0000
0000 0000 0000 0000 0000 0000 0000 0000
0000 0000 0000 0000 0000 0000 0000 0000
0000 0000 0000 0000 0000 0000 0000 0000
0000 0000 0000 0000 0000 0000 0000 0000
0000 0000 0000 0000 0000 0000 0000 0000
0000 0000 0000 0000 0000 0000 0000 0000
0000 0000 0000 0000 0000 0000 0000 0000
```

图 9.14

TRAINING SET IMAGE FILE (train-images-idx3-ubyte):

[offset]	[type]	[value]	[description]
0000	32 bit integer	0x00000803(2051)	magic number
0004	32 bit integer	60000	number of images
0008	32 bit integer	28	number of rows
0012	32 bit integer	28	number of columns
0016	unsigned byte	??	pixel
0017	unsigned byte	??	pixel
....			
xxxx	unsigned byte	??	pixel

图 9.15

训练集中有60000个实例，也就是说这个文件里面包含了60000个标签内容，每一个标签的值为0~9的一个数。这里我们先解析每一个属性的含义：首先，该数据是以二进制格式存储的，要以rb方式读取；其次，真正的数据只有[value]这一项，其他的字段（[type]等）只是用来描述信息的，并不真正在数据文件里面。

也就是说，在读取真实数据之前，要读取4个32位的整型数据。由[offset]可以看出真正的像素是从0016开始的，一个整型数据32位，所以在读取像素之前要读取4个32位的整型数据，也就是magic number、number of images、number of rows、number of columns。

继续对图片进行分析。在MNIST中，所有的图片都是28×28的，也就是每幅图片都有28×28个像素；在图9.16所示的train-images.idx3-ubyte文件中偏移量为0字节处有一个4字节的数，为0000 0803，表示魔数；接下来是0000 ea60，值为60000，代表容量；从第8字节开始有一个4字节数，值为28，也就是0000 001c，表示每幅图片的行数；从第12字节开始有一个4字节数，值为28，也就是0000 001c，表示每幅图片的列数；从第16字节开始才是像素值。这里每784字节就代表一幅图片。

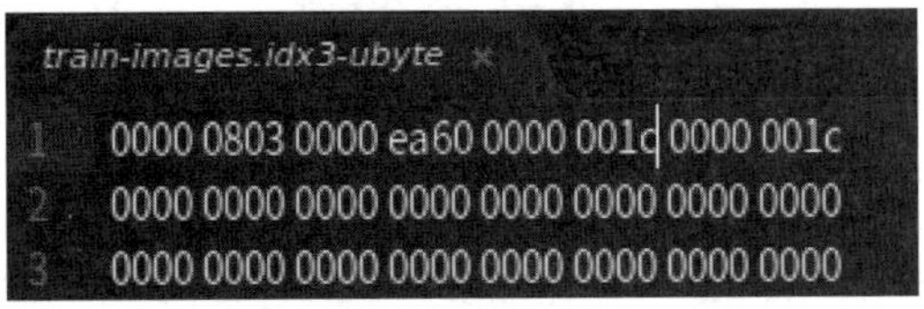

```
train-images.idx3-ubyte
1  0000 0803 0000 ea60 0000 001c 0000 001c
2  0000 0000 0000 0000 0000 0000 0000 0000
3  0000 0000 0000 0000 0000 0000 0000 0000
```

图 9.16

9.2.2　MNIST 数据集特征和标签

在第6章中已经通过一个简单的Iris数据集的例子实现了对3个类别的分类问题。现在加大难度，尝试使用TensorFlow去预测10个分类。实际上难度并不大，如果读者已经掌握了前面的三分类的程序编写，那么这个就不在话下。

首先是对数据库的获取。读者可以通过前面的网址下载正式的MNIST数据集。不过，在TensorFlow 2.2中，集成的Keras作为高级API带有已经处理成.npy格式的MNIST数据集，可以直接对其进行载入和计算，代码如下：

```
mnist = tf.keras.datasets.mnist
(x_train, y_train), (x_test, y_test) = mnist.load_data()
```

这里Keras能够自动连接互联网下载所需要的MNIST数据集，最终下载的是.npz格式的数据集mnist.npz。

无法连接互联网下载数据的话，本书配套的代码库中提供了对应的mnist.npz数据集的副本，只要将其复制到目标位置，之后在load_data函数中提供绝对地址即可，代码如下：

```
(x_train, y_train), (x_test, y_test) = 
mnist.load_data(path='C:/Users/wang_xiaohua/Desktop/TF2.2/dataset/mnist.npz')
```

需要注意的是，这里输入的是数据集的绝对地址。load_data函数会根据输入的地址将数据进行处理，并自动将其分解成训练集和验证集。打印训练集的维度如下：

```
(60000, 28, 28)
(60000, )
```

至此，使用Keras自带的API完成了数据处理的第一个步骤，有兴趣的读者可以自行完成数据读取和切分的代码。

在上面的代码段中，load_data函数可以按既定的格式读取出来。与Iris数据集一样，每个MNIST实例数据单元也是由两部分构成的：一幅包含手写数字的图片和一个与其相对应的标签。可以将其中的标签特征设置成“y”，而图片特征矩阵以“x”来代替，所有的训练集和测试集中都包含x和y。

图9.17用更为一般化的形式解释了MNIST数据实例的展开形式。在这里，图片数据被展开

成矩阵的形式，矩阵的大小为28×28。至于如何处理这个矩阵，常用的方法是将其展开，而展开的方式和顺序并不重要，只需要将其按同样的方式展开即可。

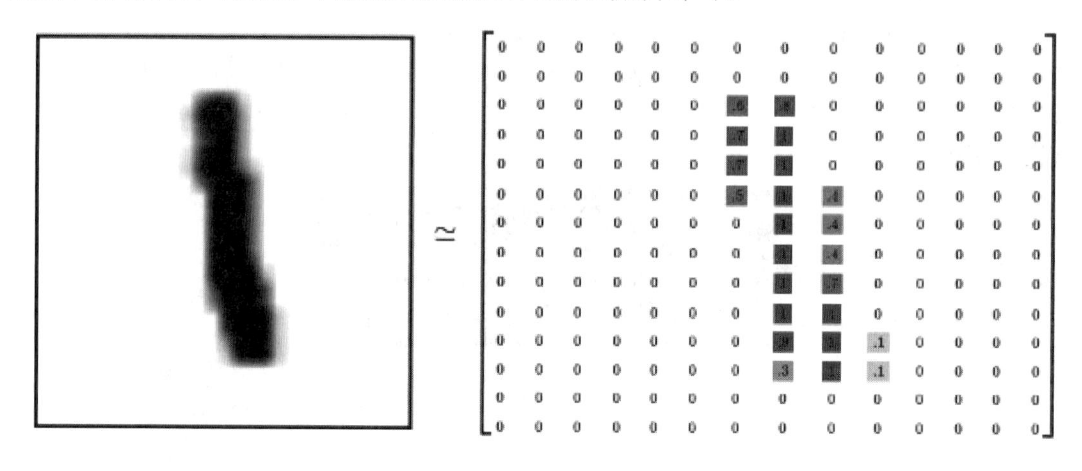

图 9.17

下面回到对数据的读取。前面介绍了过MNIST数据集实际上就是一个包含着60000幅图片的60000×28×28大小的矩阵张量[60000,28,28]，如图9.18所示。

矩阵中的行数指的是图片的索引，用以对图片进行提取。后面的28×28个向量用以对图片特征进行标注。实际上，这些特征向量就是图片中的像素点，每幅手写图片是[28,28]的大小，每个像素转化为取值范围为0~1的一个浮点数，构成矩阵。

如同前面的例子，每个实例的标签对应于0~9的任意一个数字，用以对图片进行标注。需要注意的是，对于提取出来的MNIST的特征值，默认使用一个0~9的数值进行标注，但是这种标注方法并不能使损失函数获得一个好的结果，因此常用的是独热编码计算方法，即将值具体落在某个标注区间中。

独热编码的标注方法请读者自行学习掌握。这里主要介绍将单一序列转化成独热编码的方法。一般情况下，TensorFlow也自带了转化函数，即tf.one_hot函数，但是这个转化生成的是张量格式的数据，因此并不适合直接输入。

Keras提供了编写好的转换函数：

```
tf.keras.utils.to_categorical
```

其作用是将一个序列转化成以独热编码形式表示的数据集，格式如图9.19所示。

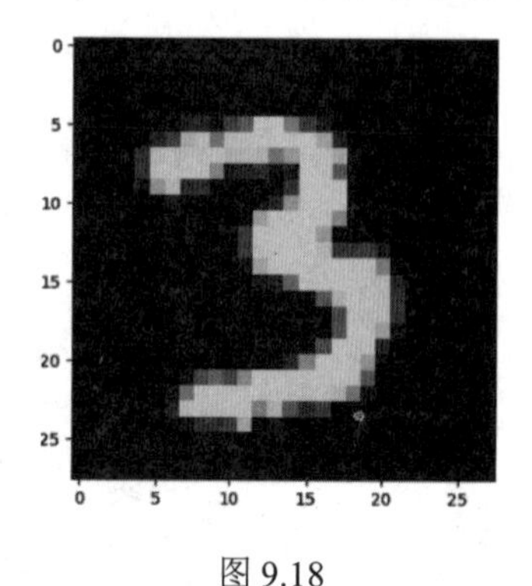

图 9.18

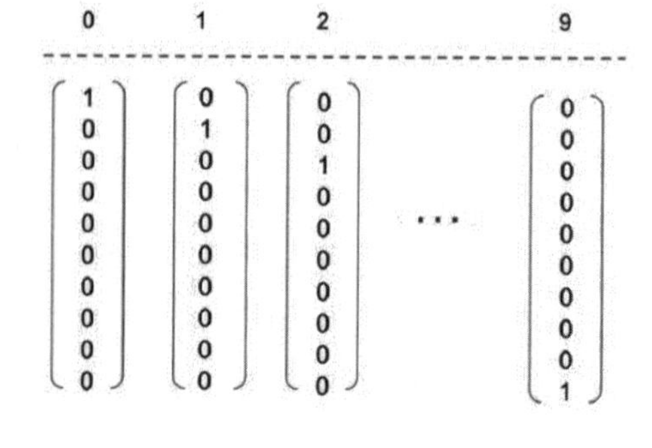

图 9.19

对于MNIST数据集的标签来说，实际上就是一个60000幅图片的60000×10大小的矩阵张量[60000,10]。前面的行数指的是数据集中图片的个数为60000，后面的10指的是10个列向量。

9.2.3　卷积神经网络编程实战：MNIST 数据集

上一节中，笔者对MNIST数据做了介绍，描述了其构成方式以及数据的特征和标签的含义等。了解这些都有助于编写适当的程序来对MNIST数据集进行分析和识别。下面将一步步地分析和编写代码，以对数据集进行处理。

1. 第一步：数据的获取

对于MNIST数据的获取，实际上有很多渠道。读者可以使用TensorFlow 2.2自带的数据获取方式获得MNIST数据集并进行处理，代码如下：

```
mnist = tf.keras.datasets.mnist
(x_train, y_train), (x_test, y_test) = mnist.load_data()
(x_train, y_train), (x_test, y_test) # 下载MNIST.npy文件要注明绝对地址
= mnist.load_data(path='C:/Users/wang_xiaohua/Desktop/TF2.2/dataset/ mnist.npz')
```

实际上，对于TensorFlow来说，它提供了常用的API并收集整理了一些数据集，为模型的编写和验证带来了最大限度的方便。

不过，对于软件自带的API和自己实现的API，选择哪个呢？选择自带的API！除非我们能肯定自带的API不适合我们的代码。因为大多数自带的API在底层都会做一定程度的优化，调用不同的库包去最大效率地实现相关功能，因此即使自己的API与其功能一样，内部实现也是有所不同的。请牢记“不要重复造轮子”。

2. 第二步：数据的处理

可以参考Iris数据集的处理方式进行处理，即首先将label进行独热编码处理，之后使用TensorFlow自带的data API进行打包，方便地组合成train与label的配对数据集。代码如下：

```
    x_train = tf.expand_dims(x_train,-1)
    y_train = np.float32(tf.keras.utils.to_categorical(y_train,num_classes=10))
    x_test = tf.expand_dims(x_test,-1)
    y_test = np.float32(tf.keras.utils.to_categorical(y_test,num_classes=10))
    bacth_size = 512
    train_dataset = 
tf.data.Dataset.from_tensor_slices((x_train,y_train)).batch(bacth_size).shuffle(bact
h_size * 10)
    test_dataset = 
tf.data.Dataset.from_tensor_slices((x_test,y_test)).batch(bacth_size)
```

需要注意的是，在数据被读出后，x_train与x_test分别是训练集与测试集的数据特征部分，它们是两个维度为[x,28,28]大小的矩阵，但是在9.1节中介绍卷积计算时，卷积的输入是一个四维的数据，还需要一个“通道”的标注，因此对其使用tf的扩展函数，修改了维度的表示方式。

3. 第三步：模型的确定与各模块的编写

对于使用深度学习构建一个分辨MNIST的模型来说，最简单、最常用的方法是建立一个基于卷积神经网络+分类层的模型，解构如图9.20所示。

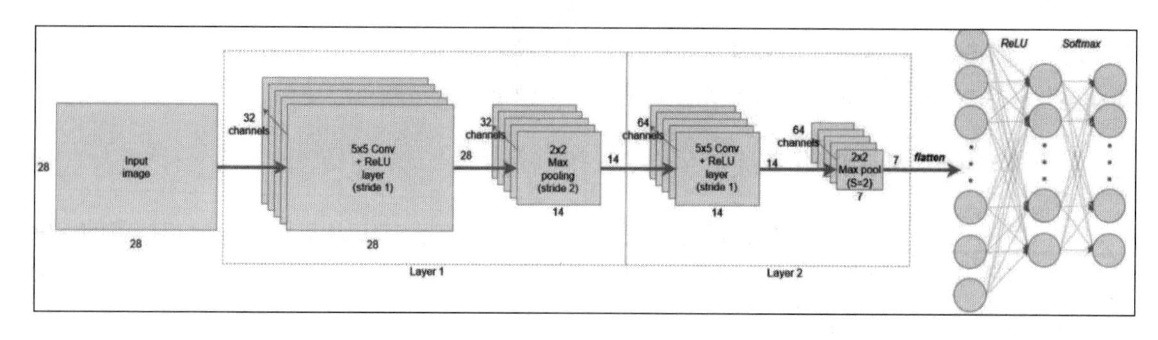

图 9.20

一个简单的卷积神经网络模型是由卷积层、池化层、dropout层（随机失活层）以及作为分类的全连接层构成的，同时每一层之间使用ReLu激活函数进行分隔，BatchNormalization作为正则化的工具也被作为各个层之间的连接而使用。

模型代码如下：

```
    input_xs = tf.keras.Input([28,28,1])
    conv = tf.keras.layers.Conv2D(32,3,padding="SAME",
activation=tf.nn.relu)(input_xs)
    conv = tf.keras.layers.BatchNormalization()(conv)
    conv = tf.keras.layers.Conv2D(64,3,padding="SAME", activation=tf.nn.relu)(conv)
    conv = tf.keras.layers.MaxPool2D(strides=[1,1])(conv)
    conv = tf.keras.layers.Conv2D(128,3,padding="SAME", activation=tf.nn.relu)(conv)
    flat = tf.keras.layers.Flatten()(conv)
    dense = tf.keras.layers.Dense(512, activation=tf.nn.relu)(flat)
    logits = tf.keras.layers.Dense(10, activation=tf.nn.softmax)(dense)
    model = tf.keras.Model(inputs=input_xs, outputs=logits)
    print(model.summary())
```

下面分步进行解释。

（1）输入的初始化

输入的初始化使用的是Input类，这里根据输入的数据大小将输入的数据维度做成[28,28,1]，其中的batch_size不需要设置，TensorFlow会在后台自行推断。

```
    input_xs = tf.keras.Input([28,28,1])
```

（2）卷积层

TensorFlow中自带了卷积层实现类对卷积的计算，这里首先创建了一个类，通过设定卷积核数据、卷积核大小、填充方式和激活函数初始化了整个卷积类。

```
    conv = tf.keras.layers.Conv2D(32,3,padding="SAME",activation=tf.nn.relu)
(input_xs)
```

TensorFlow中卷积层的定义在绝大多数情况下直接调用给定的、实现好的卷积类即可。顺便说一句，卷积核大小等于3的话，TensorFlow中会专门给予优化，原因会在下一章揭晓。现在只需要牢记卷积类的初始化和卷积层的使用即可。

（3）BatchNormalization 和 Maxpool 层

BatchNormalization和Maxpool层的目的是使输入数据正则化，最大限度地减少模型的过拟合和增大模型的泛化能力。对于BatchNormalization和Maxpool的实现，读者可以自行参考模型代码的写法去实现，有兴趣的读者可以更深一步地学习其相关的理论，本书就不再过多介绍了。

```
conv = tf.keras.layers.BatchNormalization()(conv)
…
conv = tf.keras.layers.MaxPool2D(strides=[1,1])(conv)
```

（4）起分类作用的全连接层

全连接层的作用是对卷积层所提取的特征做最终分类。这里我们首先使用flat函数将计算后的特征值平整化，之后的2个全连接层起到特征提取和分类的作用，最终做出分类。

```
dense = tf.keras.layers.Dense(512, activation=tf.nn.relu)(flat)
logits = tf.keras.layers.Dense(10, activation=tf.nn.softmax)(dense)
```

同样使用TensorFlow对模型进行打印，可以将所涉及的各个层级都打印出来，如图9.21所示。

```
Model: "model"
_________________________________________________________________
Layer (type)                 Output Shape              Param #
=================================================================
input_1 (InputLayer)         [(None, 28, 28, 1)]       0
_________________________________________________________________
conv2d (Conv2D)              (None, 28, 28, 32)        320
_________________________________________________________________
batch_normalization (BatchNo (None, 28, 28, 32)        128
_________________________________________________________________
conv2d_1 (Conv2D)            (None, 28, 28, 64)        18496
_________________________________________________________________
max_pooling2d (MaxPooling2D) (None, 27, 27, 64)        0
_________________________________________________________________
conv2d_2 (Conv2D)            (None, 27, 27, 128)       73856
_________________________________________________________________
flatten (Flatten)            (None, 93312)             0
_________________________________________________________________
dense (Dense)                (None, 512)               47776256
_________________________________________________________________
dense_1 (Dense)              (None, 10)                5130
=================================================================
Total params: 47,874,186
Trainable params: 47,874,122
Non-trainable params: 64
```

图 9.21

可以看到，各个层依次被计算，并且所用的参数也打印出来了。完整代码参见程序9-5。

【程序 9-5】

```
import numpy as np
# 下面使用MNIST数据集
import tensorflow as tf
mnist = tf.keras.datasets.mnist
# 这里先调用上面的函数再下载数据包，记得要填上绝对路径
# 需要等TensorFlow自动下载MNIST数据集
(x_train, y_train), (x_test, y_test) = mnist.load_data()
x_train, x_test = x_train / 255.0, x_test / 255.0
x_train = tf.expand_dims(x_train,-1)
y_train = np.float32(tf.keras.utils.to_categorical(y_train,num_classes=10))
x_test = tf.expand_dims(x_test,-1)
```

```
    y_test = np.float32(tf.keras.utils.to_categorical(y_test,num_classes=10))
    # 为了shuffle数据，单独定义了每个batch的大小batch_size，与下方的shuffle对应
    bacth_size = 512
    train_dataset = tf.data.Dataset.from_tensor_slices((x_train, y_train)).
batch(bacth_size).shuffle(bacth_size * 10)
    test_dataset = tf.data.Dataset.from_tensor_slices((x_test, y_test)).
batch(bacth_size)
    input_xs = tf.keras.Input([28,28,1])
    conv = tf.keras.layers.Conv2D(32,3,padding="SAME",
activation=tf.nn.relu)(input_xs)
    conv = tf.keras.layers.BatchNormalization()(conv)
    conv = tf.keras.layers.Conv2D(64,3,padding="SAME", activation=tf.nn.relu)(conv)
    conv = tf.keras.layers.MaxPool2D(strides=[1,1])(conv)
    conv = tf.keras.layers.Conv2D(128,3,padding="SAME", activation=tf.nn.relu)(conv)
    flat = tf.keras.layers.Flatten()(conv)
    dense = tf.keras.layers.Dense(512, activation=tf.nn.relu)(flat)
    logits = tf.keras.layers.Dense(10, activation=tf.nn.softmax)(dense)
    model = tf.keras.Model(inputs=input_xs, outputs=logits)

    model.compile(optimizer=tf.optimizers.Adam(1e-3),
loss=tf.losses.categorical_crossentropy,metrics = ['accuracy'])
    model.fit(train_dataset, epochs=10)
    model.save("./saver/model.h5")
    score = model.evaluate(test_dataset)
    print("last score:",score)
```

最终打印结果如图9.22所示。

```
 1/20 [>.............................] - ETA: 2s - loss: 0.0461 - accuracy: 0.9844
 3/20 [===>..........................] - ETA: 1s - loss: 0.0815 - accuracy: 0.9805
 5/20 [======>.......................] - ETA: 0s - loss: 0.0901 - accuracy: 0.9805
 7/20 [=========>....................] - ETA: 0s - loss: 0.0918 - accuracy: 0.9807
 9/20 [============>.................] - ETA: 0s - loss: 0.0833 - accuracy: 0.9816
11/20 [===============>..............] - ETA: 0s - loss: 0.0765 - accuracy: 0.9828
13/20 [==================>...........] - ETA: 0s - loss: 0.0691 - accuracy: 0.9841
15/20 [=====================>........] - ETA: 0s - loss: 0.0604 - accuracy: 0.9859
17/20 [========================>.....] - ETA: 0s - loss: 0.0539 - accuracy: 0.9874
19/20 [===========================>..] - ETA: 0s - loss: 0.0510 - accuracy: 0.9881
20/20 [==============================] - 1s 47ms/step - loss: 0.0512 - accuracy: 0.9879
last score: [0.051227264245972036, 0.9879]
```

图 9.22

可以看到，经过模型的训练后，在测试集上最终的准确率达到0.9879，即98%以上，而损失率在0.05左右。

9.3 基于多层感知机的手写体识别

在前面章节中，我们介绍了使用深度学习程序设计时需要掌握的API，以及基于深度学习完成模型拟合的基本架构和组件。本章将介绍剩余的一些常用部件，如激活函数、损失函数，以及在此基础上实现的多层感知机（Multilayer Perceptron，MLP）。多层感知机也是一个较为

重要的深度学习模型，基本上会用到所有的构建，笔者借其对各个部件进行介绍。

9.3.1　多层感知机的原理与实现

多层感知机也叫人工神经网络（Artificial Neural Network，ANN），除了输入/输出层，中间可以有多个隐藏层，最简单的MLP只含一个隐藏层，即三层的结构，如图9.23所示。

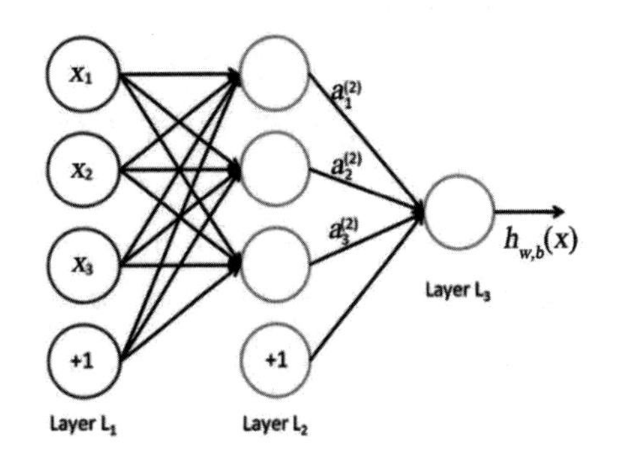

图 9.23

从图9.23中可以看出，多层感知机的层与层之间是全连接的。多层感知机的最底层是输入层，中间是隐藏层，最后是输出层。

隐藏层的神经元是怎么得来的？首先它与输入层是全连接的，也就是使用了全连接层作为隐藏层的神经元的计算方法。这里笔者并不多做介绍，读者可以自行查阅相关资料。

使用多层感知机计算MNIST分类的代码如下（注意程序9-6的代码并不正确，其作用仅为了演示一些深度学习部件）：

【程序 9-6】

```
    import tensorflow as tf
    import numpy as np
    mnist = tf.keras.datasets.mnist
    (x_train, y_train), (x_test, y_test) = mnist.load_data()
    x_train = x_train / 255.
    x_test = x_test / 255.
    y_train = tf.one_hot(y_train, depth=10)
    y_test = tf.one_hot(y_test, depth=10)
    mnist_train_dataset = tf.data.Dataset.from_tensor_slices((x_train, y_train)).
shuffle(217).batch(32)
    mnist_test_dataset = tf.data.Dataset.from_tensor_slices((x_test, y_test)).
shuffle(217).batch(32)
    class MLP:
        def __init__(self):
            self.dense_mlp = tf.keras.layers.Dense(256)
            self.dense_last = tf.keras.layers.Dense(10)
        def __call__(self, inputs):
            train_inputs = inputs
            train_embedding = tf.reshape(train_inputs, [-1, 784])
            embedding = self.dense_mlp(train_embedding)
            logits = self.dense_last(embedding)
            return logits
    train_inputs = tf.keras.Input(shape=(28, 28))
    logits = MLP()(train_inputs)
    model = tf.keras.Model(train_inputs, logits)
    model.compile("SGD", loss="categorical_crossentropy", metrics=["accuracy"])
    model.fit(mnist_train_dataset, epochs=10, validation_data=mnist_test_dataset)
```

代码比较简单，直接调用了MNIST数据集，之后定义了一个MLP类，这是多层感知机的主要模型结构。

在MLP类的init函数中定义了两个全连接层：一个是隐藏层，作用是对输入的特征进行提取；一个是dense_last，用作输出层，其目的是对输出进行分类。

简单地介绍完多层感知机模型，运行代码进行测试，结果如图9.24所示。

```
1875/1875 [==============================] - 4s 2ms/step - loss: 11.3831 - accuracy: 0.0995 - val_loss: 11.4262 - val_accuracy: 0.1008
Epoch 6/10
1875/1875 [==============================] - 4s 2ms/step - loss: 11.4223 - accuracy: 0.0996 - val_loss: 11.3762 - val_accuracy: 0.1008
Epoch 7/10
1875/1875 [==============================] - 4s 2ms/step - loss: 11.4333 - accuracy: 0.0996 - val_loss: 11.3585 - val_accuracy: 0.1009
Epoch 8/10
1875/1875 [==============================] - 4s 2ms/step - loss: 11.4803 - accuracy: 0.0996 - val_loss: 11.4648 - val_accuracy: 0.1009
Epoch 9/10
1875/1875 [==============================] - 4s 2ms/step - loss: 11.5268 - accuracy: 0.0996 - val_loss: 11.4648 - val_accuracy: 0.1009
Epoch 10/10
1875/1875 [==============================] - 4s 2ms/step - loss: 11.5268 - accuracy: 0.0996 - val_loss: 11.4648 - val_accuracy: 0.1009
```

图 9.24

从结果来看完全是随机的判定结果（10个类别，随机结果），并不存在任何训练成功的迹象。

下面通过图9.25所示的流程对其训练过程进行分析。

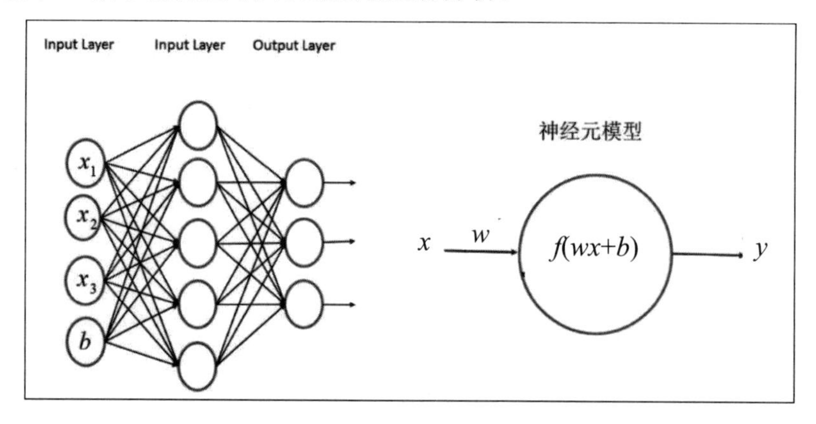

图 9.25

在图9.25的右侧是单层隐藏层的计算公式，可以看到这里的隐藏层计算公式实际上是一个线性公式，即：

$$y = f\left(wx + b\right)$$

不妨设想一下，随着隐藏层的加深，依次叠加线性计算公式。实际上连续的线性公式叠加只是一个线性计算公式的另一种表述形式而已，因此这一段代码有两个问题：

- 仅仅依靠线性计算，并不能使用多层感知机进行模型训练。
- 在线性公式上叠加多层，并没有较大的效果。

下面对多层感知机的代码进行修正：

```
import tensorflow as tf
import numpy as np
```

```
    mnist = tf.keras.datasets.mnist
    (x_train, y_train), (x_test, y_test) = mnist.load_data()
    x_train = x_train / 255.
    x_test = x_test / 255.
    y_train = tf.one_hot(y_train, depth=10)
    y_test = tf.one_hot(y_test, depth=10)
    mnist_train_dataset = tf.data.Dataset.from_tensor_slices((x_train, y_train)).
shuffle(217).batch(32)
    mnist_test_dataset = tf.data.Dataset.from_tensor_slices((x_test, y_test)).
shuffle(217).batch(32)
    class MLP:
        def __init__(self):
            # 修正后的隐藏层和输出层
            self.dense_mlp = tf.keras.layers.Dense(256,activation=tf.nn.relu)
            self.dense_last = tf.keras.layers.Dense(10,activation= tf.nn.softmax)
    def __call__(self, inputs):
            train_inputs = inputs
            train_embedding = tf.reshape(train_inputs, [-1, 784])
            embedding = self.dense_mlp(train_embedding)
            logits = self.dense_last(embedding)
            return logits
    train_inputs = tf.keras.Input(shape=(28, 28))
    logits = MLP()(train_inputs)
    model = tf.keras.Model(train_inputs, logits)
    model.compile("SGD", loss="categorical_crossentropy", metrics=["accuracy"])
    model.fit(mnist_train_dataset, epochs=10, validation_data=mnist_test_dataset)
```

程序中对定义的隐藏层和输出层做了修正，并显式地明确了各个层的激活函数。最终结果请读者自行测试完成。

9.3.2 多层感知机的激活函数

经过上面程序的对比，相信读者对激活函数的概念和作用有了一个大概的了解。通过分析可以得知，无论是隐藏层还是输出层，实质上都是对输入进行一次线性的仿射变换，而多个线性变换的结果还是一个线性变换。为了打破这种叠加的变换，需要一个外部的“破坏”，这个“破坏”被称为激活函数。

此时隐藏层的计算公式变为：

$$y = \varphi f\left(wx + b\right)$$

而其中这个φ是激活函数。

- 不使用激活函数，每一层输出都是上层输入的线性函数，无论神经网络有多少层，输出都是输入的线性组合。
- 使用激活函数，能够给神经元引入非线性因素，使得神经网络可以任意逼近任何非线性函数，这样神经网络就可以利用到更多的非线性模型中。

对于激活函数的证明这里不做介绍，下面介绍几种常用的激活函数。一般而言，早期研究神经网络主要采用sigmoid函数或tanh函数，因为输出有界，很容易充当下一层的输入。近些年ReLu函数及其改进型（如Leaky-ReLU、P-ReLU、R-ReLU等）在多层神经网络中应用比较多。

1. sigmoid 函数

sigmoid是常用的非线性的激活函数，它的数学形式如下：

$$f(x)=\frac{1}{1+\mathrm{e}^{-z}}$$

sigmoid的几何图形如图9.26所示。

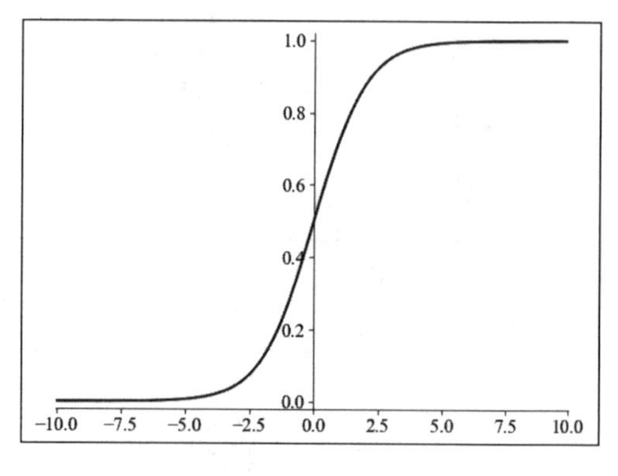

图 9.26

它能够把输入的连续实值变换为0和1之间的输出。特别地，如果是非常大的负数，那么输出就是0；如果是非常大的正数，输出就是1。

2. tanh 函数

tanh函数的解析式为：

$$\tanh(x)=\frac{e^{x}-e^{x-1}}{e^{x}+e^{x-1}}$$

tanh函数的几何图形如图9.27所示。

3. ReLu 函数

ReLu函数的解析式为：

$$\mathrm{relu}(x) = \max(0,x)$$

ReLu函数的几何图形如图9.28所示。

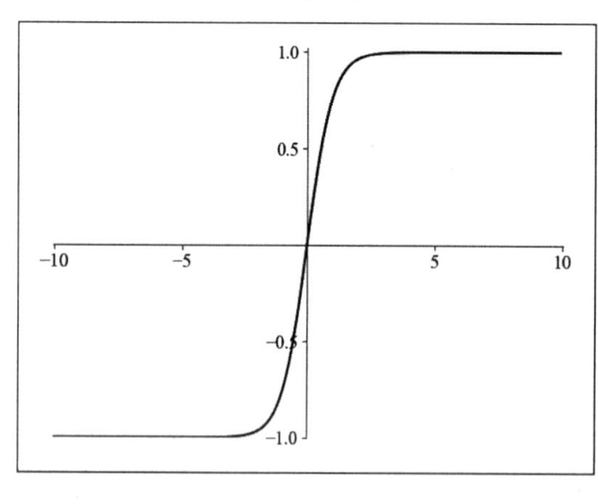

图 9.27

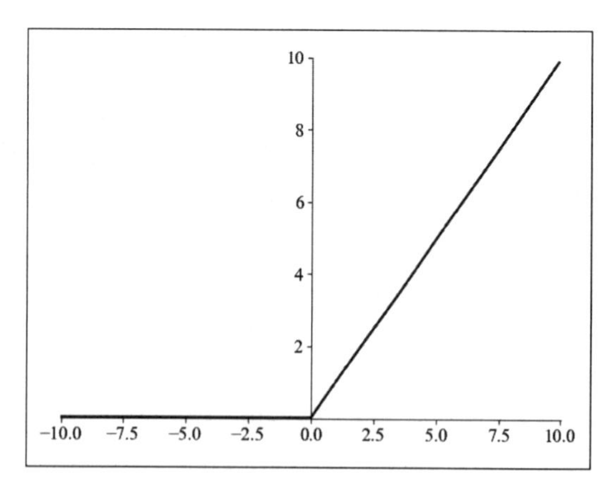

图 9.28

ReLu函数其实就是一个取最大值的函数，注意ReLu函数并不是处处可导的，但是可以通过截断解决这个问题，如图9.28的x轴负向所示。ReLu虽简单，却是近几年的重要成果，其有以下两大优点：

- 计算速度非常快，只需要判断输入是否大于 0。
- 收敛速度远快于 sigmoid 和 tanh。

9.4　消除过拟合——正则化与 dropout

除了激活函数之外，深度学习另外两个重要的组件是正则化和dropout（随机失活）。有的读者可能是第一次听到这两个名词，下面笔者从功能上对这两个组件进行解释。

在训练过程中，深度学习模型往往使用大量参数，理论上会将数据的映射形式全部学会，而这个“全部学会”往往也包含着噪声信息。这个把噪声信息也学会的形式称为过拟合。

过拟合是在模型参数拟合过程中的问题，由于训练数据包含抽样误差，因此训练时复杂的模型也会将抽样误差考虑在内，进行很好的拟合。深度学习拟合出的模型是用以预测未知结果的，即不存在数据集中的那部分数据，过拟合的模型虽然在数据集上效果很好，但是在实际使用时效果很差。

一般认为产生过拟合是由于学习太彻底，这可能是训练数据量太少的缘故。增大数据的训练量，训练数据要足够大才能使得数据中的特征被模型学习到；并且要清洗数据，尽量减少数据中的噪声，以防止这些噪声被模型学习到。图9.29是过拟合后的模型拟合曲线。

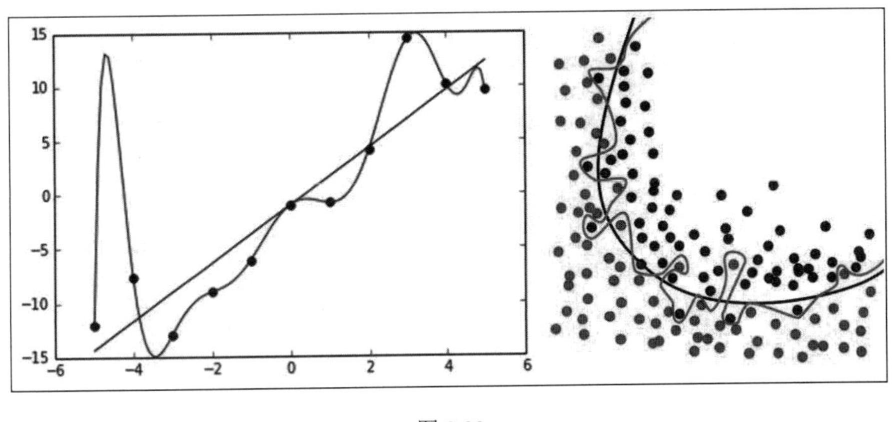

图 9.29

过拟合产生的原因并不能够简单地说清楚，我们就不展开讨论了。这里所讨论的是消除过拟合的方法——正则化与dropout。

9.4.1　正则化与 dropout 概述

正则化的意思是对深度学习中的模型参数进行修正。参数太多，会导致深度学习模型复杂度上升，容易过拟合，也就是训练误差会很小。正则化是通过引入额外新信息来解决机器学习中过拟合问题的一种方法。这种额外信息通常是模型复杂性带来的惩罚度。正则化可以保持模型简单。另外，规则项的使用还可以约束模型的特性。

正则化分为L1正则和L2正则，主要思想是将权值的大小加入计算的损失误差里，在训练的时候限制权值变大。以L2正则为例：

$$C = C_0 + \frac{1}{2n}\sum w_j^2$$

训练过程需要降低整体的损失误差，既能降低实际输出与样本之间的误差，也能降低权值大小。

在Keras中使用正则化较为简便，其提供了专门供正则化使用的参数，读者可以直接在代码段中调用，使用方法如下：

```
tf.keras.layers.Dense(256, activation=tf.nn.relu,kernel_regularizer=
tf.keras.regularizers.l2(1e-4)
```

除此之外，还可以使用L1正则和L1_L2混合正则的方法对参数进行处理，请读者自行完成。

dropout可以认为是另一种正则化的方法。在2012年，Hinton在其论文*Improving neural networks by preventing co-adaptation of feature detectors*中提出dropout。当一个复杂的前馈神经网络在使用小的数据集训练时容易造成过拟合，为了防止过拟合，可以通过阻止特征检测器的共同作用来提高神经网络的性能。也就是说，在训练过程中，人为地间歇性阻断部分节点的联结（这正是dropout被称为“随机失活”的原因之一），从而提高模型的拟合能力。图9.30为dropout的可视化表示，左边是应用dropout之前的网络，右边是应用了dropout之后的同一个网络。

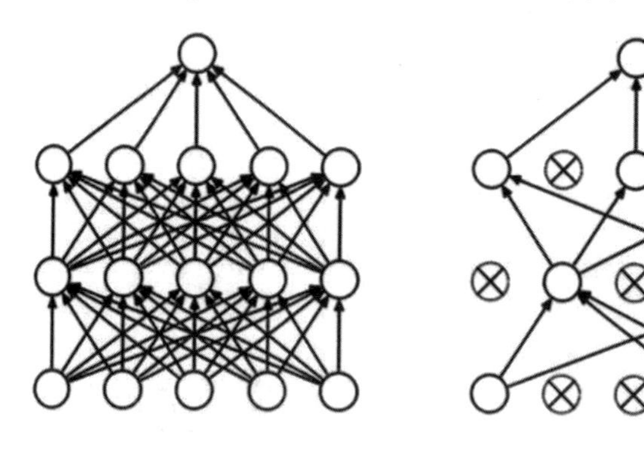

图 9.30

Keras中对dropout的支持很简单，直接使用一个API进行替代，代码如下：

```
tf.keras.layers.Dropout(drop_rate)
```

其中的drop_rate是一个参数设置，定义对应的下一层连接中需要截断的节点的比例。

9.4.2 使用防过拟合处理的多层感知机

无论是正则化还是dropout，其实际作用都是防止模型在训练时过于“自信”，将不该学习到的“噪声信息”也一并学习，这对后期的验证或使用模型对数据进行训练都是非常不好的。下面来看一个例子。

【程序 9-7】

```
import tensorflow as tf
mnist = tf.keras.datasets.mnist
(x_train, y_train), (x_test, y_test) = mnist.load_data()
x_train = x_train / 255.
x_test = x_test / 255.
y_train = tf.one_hot(y_train, depth=10)
y_test = tf.one_hot(y_test, depth=10)
```

```
    mnist_train_dataset = tf.data.Dataset.from_tensor_slices((x_train, y_train)).
shuffle(217).batch(32)
    mnist_test_dataset = tf.data.Dataset.from_tensor_slices((x_test, y_test)).
shuffle(217).batch(32)
    class MLP:
        def __init__(self):
            # 修正后的隐藏层和输出层，隐藏层带有正则化表示
            self.dense_mlp = tf.keras.layers.Dense(256, activation= tf.nn.relu,
kernel_regularizer=tf.keras.regularizers.L1(1e-4))
            self.dense_last = tf.keras.layers.Dense(10, activation=tf.nn.softmax)
        def __call__(self, inputs):
            train_inputs = inputs
            train_embedding = tf.reshape(train_inputs, [-1, 784])
            embedding = self.dense_mlp(train_embedding)
            # 添加了dropout层
            embedding = tf.keras.layers.Dropout(0.17)(embedding)
            logits = self.dense_last(embedding)
            return logits
    train_inputs = tf.keras.Input(shape=(28, 28))
    logits = MLP()(train_inputs)
    model = tf.keras.Model(train_inputs, logits)
    model.compile("SGD", loss="categorical_crossentropy", metrics=["accuracy"])
    model.fit(mnist_train_dataset, epochs=10, validation_data=mnist_test_dataset)
```

上述代码使用L1正则化对隐藏层进行正则化计算，计算过程中使用dropout层对连接节点进行处理。输出结果如图9.31所示。

```
1875/1875 [==============================] - 3s 2ms/step - loss: 1.4076 - accuracy: 0.8273 - val_loss: 1.0839 - val_accuracy: 0.9046
Epoch 2/10
1875/1875 [==============================] - 3s 2ms/step - loss: 1.0738 - accuracy: 0.8988 - val_loss: 0.9858 - val_accuracy: 0.9221
Epoch 3/10
1875/1875 [==============================] - 3s 2ms/step - loss: 0.9857 - accuracy: 0.9151 - val_loss: 0.9190 - val_accuracy: 0.9304
Epoch 4/10
1875/1875 [==============================] - 3s 2ms/step - loss: 0.9203 - accuracy: 0.9245 - val_loss: 0.8645 - val_accuracy: 0.9364
Epoch 5/10
1875/1875 [==============================] - 3s 2ms/step - loss: 0.8640 - accuracy: 0.9324 - val_loss: 0.8155 - val_accuracy: 0.9409
Epoch 6/10
1875/1875 [==============================] - 3s 2ms/step - loss: 0.8151 - accuracy: 0.9382 - val_loss: 0.7710 - val_accuracy: 0.9461
Epoch 7/10
1875/1875 [==============================] - 3s 2ms/step - loss: 0.7718 - accuracy: 0.9426 - val_loss: 0.7305 - val_accuracy: 0.9506
Epoch 8/10
1875/1875 [==============================] - 3s 2ms/step - loss: 0.7314 - accuracy: 0.9462 - val_loss: 0.6933 - val_accuracy: 0.9534
Epoch 9/10
1875/1875 [==============================] - 3s 2ms/step - loss: 0.6934 - accuracy: 0.9497 - val_loss: 0.6578 - val_accuracy: 0.9548
Epoch 10/10
1875/1875 [==============================] - 3s 2ms/step - loss: 0.6585 - accuracy: 0.9523 - val_loss: 0.6254 - val_accuracy: 0.9558
```

图 9.31

9.4.3　Keras 创建多层感知机的细节问题

在前面的例子中演示了带有正则化和dropout处理的多层感知机。下面有几个问题需要读者注意。

1. 多层感知机的层次问题

在演示多层感知机模型时仅仅使用了一个隐藏层，多层感知机可以使用多个隐藏层，修改后的多层感知机代码段如下：

```
class MLP:
    def __init__(self):
        # 修正后的隐藏层和输出层
        self.dense_mlp_1 = tf.keras.layers.Dense(256, activation= tf.nn.relu,
kernel_regularizer=tf.keras.regularizers.L1(1e-4))
        self.dense_mlp_2 = tf.keras.layers.Dense(128, activation= tf.nn.relu,
kernel_regularizer=tf.keras.regularizers.L2(1e-4))
        self.dense_mlp_3 = tf.keras.layers.Dense(64, activation= tf.nn.relu,
kernel_regularizer=tf.keras.regularizers.L1L2(1e-4))
        self.dense_last = tf.keras.layers.Dense(10, activation=tf.nn.softmax)
    def __call__(self, inputs):
        train_inputs = inputs
        train_embedding = tf.reshape(train_inputs, [-1, 784])
        embedding = self.dense_mlp_1(train_embedding)
        embedding = self.dense_mlp_2(train_embedding)
        embedding = self.dense_mlp_3(train_embedding)
        embedding = tf.keras.layers.Dropout(0.17)(embedding)
        logits = self.dense_last(embedding)
        return logits
```

上述代码使用了3个隐藏层，每个隐藏层使用不同的正则化对权重进行计算。有兴趣的读者可以替换上文的完整代码段进行测试。

2. dropout 的一些细节

上述的多层感知机代码段中使用了3个隐藏层作为特征提取层，但仅使用了一个dropout层（随机失活层）作为节点阶段层，这是否合适呢？

答案是可以的。请读者注意位置，在代码段中将dropout放置在最终的输出层（dense_last）之前，既可以达到部分截断对下一层节点信息传递的作用，同时在梯度进行反向传播时还可以根据截断更新dropout之前的所有节点参数。

在每一个隐藏层后加上dropout也是可以的，有兴趣的读者可以自行验证。

还有一个重要的内容需要提示，在代码段中，笔者设置了dropout层。这在训练过程中有帮助，但是在预测过程中存在dropout层并不能提高预测效果，反而会因为节点的缺失降低预测效果。

那么是否可以在预测阶段取消dropout呢？答案是可以的，不过对于Keras来说，dropout仅在训练阶段存在，在预测阶段是不存在的。对此，读者可以使用代码进行验证，一个简单的方式就是使用同一份训练数据和验证数据进行训练和验证，然后对比结果即可。

9.5 本章小结

本章带领读者完成了一个深度学习的图像处理实战，并介绍了深度学习模型中的三大组件——激活函数、正则化和dropout。这些组件都是为了帮助深度学习模型更好地拟合相应函数，并且在不增加计算量的基础上提高性能。

实际上为了提高深度学习模型的性能，还有提前停止（Early Stopping）、集成学习（Bagging）等。

- 提前停止：在验证集误差出现增大之后，提前结束训练，而不是一直等待验证集误差达到最小。提前停止策略十分简单，执行效率高，但需要额外的空间备份参数。
- 集成学习：可以有效地减轻过拟合。集成学习通过平均多个模型的结果来降低模型的方差，不仅能够减小偏差，还能减小方差。

本章只是浅显地介绍了部分提高深度学习性能的方法，目的是介绍深度学习的相关内容，深度学习是未来发展的一个方向，其成功应用也带来人工智能领域的飞速发展，从而带来了更多的可能。

深度学习是在机器学习的基础上又前进了一步。同样是从数据中提取知识来解决和分析问题，使用的深度学习算法，允许发现中间表示来扩展标准机器学习。这些中间表示能够解决更复杂的问题，并且以更高的精度、更少的观察和更简便的手动调谐，潜在地解决其他问题。

第 10 章

TensorFlow Datasets 和 TensorBoard 训练可视化

训练机器学习模型的时候，需要先找数据集、下载、装数据集……太麻烦了，比如MNIST这种全世界都在用的数据集，能不能来个一键装载啥的？

吴恩达老师说过，公共数据集为机器学习研究这枚火箭提供了动力，但将这些数据集放入机器学习管道就已经够难的了。编写供下载的一次性脚本，准备它们要用的源格式和复杂性不一的数据集，相信这种痛苦每个程序员都有过切身体会。

对于大多数TensorFlow初学者来说，选择一个合适的数据集作为初始练手项目是一个非常重要的起步。为了帮助初学者方便迅捷地获取合适的数据集，并作为一个标准的评分测试标准，TensorFlow推出了一个新的功能，叫作TensorFlow Datasets，可以以tf.data和NumPy的格式将公共数据集装载到TensorFlow里，非常方便用户调用。

当使用TensorFlow训练大量深层的神经网络时，用户希望去跟踪神经网络的整个训练过程中的信息。比如，迭代的过程中每一层参数是如何变化与分布的，每次循环参数更新后模型在测试集与训练集上的准确率是如何的，损失值的变化情况，等等。如果能在训练的过程中将一些信息加以记录并可视化地表现出来，那么对探索模型会有更深的帮助与理解。

本章将着重解决这两个问题，详细介绍TensorFlow Datasets和TensorBoard的使用。

10.1 TensorFlow Datasets 简介

目前来说，已经有85个数据集可以通过TensorFlow Datasets装载，读者可以通过打印的方式获取到全部的数据集名称（由于数据集仍在不停地添加中，显示结果由打印为准）：

```
import tensorflow_datasets as tfds
print(tfds.list_builders())
```

结果如下：

```
['abstract_reasoning', 'bair_robot_pushing_small', 'bigearthnet', 'caltech101',
'cats_vs_dogs', 'celeb_a', 'celeb_a_hq', 'chexpert', 'cifar10', 'cifar100',
'cifar10_corrupted', 'clevr', 'cnn_dailymail', 'coco', 'coco2014',
'colorectal_histology', 'colorectal_histology_large', 'curated_breast_imaging_ddsm',
'cycle_gan', 'definite_pronoun_resolution', 'diabetic_retinopathy_detection',
'downsampled_imagenet', 'dsprites', 'dtd', 'dummy_dataset_shared_generator',
'dummy_mnist', 'emnist', 'eurosat', 'fashion_mnist', 'flores', 'glue', 'groove', 'higgs',
'horses_or_humans', 'image_label_folder', 'imagenet2012', 'imagenet2012_corrupted',
'imdb_reviews', 'iris', 'kitti', 'kmnist', 'lm1b', 'lsun', 'mnist', 'mnist_corrupted',
'moving_mnist', 'multi_nli', 'nsynth', 'omniglot', 'open_images_v4',
'oxford_flowers102', 'oxford_iiit_pet', 'para_crawl', 'patch_camelyon', 'pet_finder',
'quickdraw_bitmap', 'resisc45', 'rock_paper_scissors', 'shapes3d', 'smallnorb', 'snli',
'so2sat', 'squad', 'starcraft_video', 'sun397', 'super_glue', 'svhn_cropped',
'ted_hrlr_translate', 'ted_multi_translate', 'tf_flowers', 'titanic', 'trivia_qa',
'uc_merced', 'ucf101', 'voc2007', 'wikipedia', 'wmt14_translate', 'wmt15_translate',
'wmt16_translate', 'wmt17_translate', 'wmt18_translate', 'wmt19_translate',
'wmt_t2t_translate', 'wmt_translate', 'xnli']。
```

可能有读者对这么多的数据集不熟悉，当然也不建议读者一一去查看和测试这些数据集。下面列举了TensorFlow Datasets较为常用的6种类型29个数据集，分别涉及音频、图像、结构化数据、文本、翻译和视频类数据，如表10.1所示。

表 10.1　TensorFlow Datasets 常用数据集

类　型	数　据　集
音频类	nsynth
图像类	cats_vs_dogs
	celeb_a
	celeb_a_hq
	cifar10
	cifar100
	coco2014
	colorectal_histology
	colorectal_histology_large
	diabetic_retinopathy_detection
	fashion_mnist
	image_label_folder
	imagenet2012
	lsun
	mnist
	omniglot
	open_images_v4
	quickdraw_bitmap
	svhn_cropped
	tf_flowers
结构化数据集	titanic

（续表）

类　型	数 据 集
文本类	imdb_reviews
	lm1b
	squad
翻译类	wmt_translate_ende
	wmt_translate_enfr
视频类	bair_robot_pushing_small
	moving_mnist
	starcraft_video

10.1.1 TensorFlow Datasets 的安装

一般而言，安装好TensorFlow以后，TensorFlow Datasets是默认安装的。如果读者没有安装TensorFlow Datasets，可以通过如下命令进行安装：

```
pip install tensorflow_datasets
```

10.1.2 TensorFlow Datasets 的使用

下面以MNIST数据集为例，介绍TensorFlow Datasets数据集的基本使用情况。展示MNIST数据集的代码如下：

```
import tensorflow as tf
import tensorflow_datasets as tfds
mnist_data = tfds.load("mnist")
mnist_train, mnist_test = mnist_data["train"], mnist_data["test"]
assert isinstance(mnist_train, tf.data.Dataset)
```

这里首先导入了tensorflow_datasets作为数据的获取接口，之后调用load函数获取MNIST数据集的内容，再按照train和test数据的不同将其分割成训练集和测试集。运行效果如图10.1所示。

```
  from ._conv import register_converters as _register_converters
Downloading and preparing dataset mnist (11.06 MiB) to C:\Users\xiaohua\tensorflow_datasets\mnist\1.0.0...
Dl Completed...: 0 url [00:00, ? url/s]
Dl Size...: 0 MiB [00:00, ? MiB/s]

Dl Completed...:   0%|          | 0/1 [00:00<?, ? url/s]
Dl Size...: 0 MiB [00:00, ? MiB/s]

Dl Completed...:   0%|          | 0/2 [00:00<?, ? url/s]
Dl Size...: 0 MiB [00:00, ? MiB/s]

Dl Completed...:   0%|          | 0/3 [00:00<?, ? url/s]
Dl Size...: 0 MiB [00:00, ? MiB/s]

Dl Completed...:   0%|          | 0/4 [00:00<?, ? url/s]
Dl Size...: 0 MiB [00:00, ? MiB/s]

Extraction completed...: 0 file [00:00, ? file/s]C:\Anaconda3\lib\site-packages\urllib3\connectionpool.py:858: Insecu
  InsecureRequestWarning)
```

图 10.1

由于是第一次下载，tfds连接数据的下载点获取数据的下载地址和内容，此时只需静待数据下载完毕即可。下面打印了数据集的维度和一些说明，代码如下：

```
import tensorflow_datasets as tfds
mnist_data = tfds.load("mnist")
mnist_train, mnist_test = mnist_data["train"], mnist_data["test"]
print(mnist_train)
print(mnist_test)
```

打印结果如图10.2所示。根据下载的数据集的具体内容，数据集已经被调整成相应的维度和数据格式。

```
WARNING: Logging before flag parsing goes to stderr.
W1026 21:23:09.729100 15344 dataset_builder.py:439] Warning: Setting shuffle_files=True because split=TRAIN and shuffle_f
<_OptionsDataset shapes: {image: (28, 28, 1), label: ()}, types: {image: tf.uint8, label: tf.int64}>
<_OptionsDataset shapes: {image: (28, 28, 1), label: ()}, types: {image: tf.uint8, label: tf.int64}>
```

图 10.2

从图10.2中可以看到，MNIST数据集中的数据是大小为[28,28,1]维度的图片，数据类型是int8，而label类型为int64。这里有读者可能会奇怪，以前MNIST数据集的图片数据很多，而这里只显示了一条数据的类型。实际上当数据集输出结果如图10.2所示时，表示已经将数据集内容下载到本地。

tfds.load是一种方便的方法，它是构建和加载tf.data.Dataset最简单的方法。其获取的是一个不同的字典类型的文件，而根据不同的key获取不同的value值。

为了方便那些在程序中需要简单NumPy数组的用户，可以使用 tfds.as_numpy 返回一个生成NumPy数组记录的生成器tf.data.Dataset。这允许使用tf.data接口构建高性能输入管道。代码如下：

```
import tensorflow as tf
import tensorflow_datasets as tfds
train_ds = tfds.load("mnist", split=tfds.Split.TRAIN)
train_ds = train_ds.shuffle(1024).batch(128).repeat(5).prefetch(10)
for example in tfds.as_numpy(train_ds):
    numpy_images, numpy_labels = example["image"], example["label"]
```

还可以将tfds.as_numpy与batch_size=–1相结合，从返回的tf.Tensor对象中获取NumPy数组中的完整数据集：

```
train_ds = tfds.load("mnist", split=tfds.Split.TRAIN, batch_size=-1)
numpy_ds = tfds.as_numpy(train_ds)
numpy_images, numpy_labels = numpy_ds["image"], numpy_ds["label"]
```

注意：load函数中还额外添加了一个split参数，这里是将数据在传入的时候直接进行了分割，按数据的类型分割成image和label值。

如果需要对数据集进行更细的划分，按配置将其分成训练集、验证集和测试集，则代码如下：

```
import tensorflow_datasets as tfds
splits = tfds.Split.TRAIN.subsplit(weighted=[2, 1, 1])
(raw_train, raw_validation, raw_test), metadata = tfds.load('mnist',
split=list(splits),with_info=True, as_supervised=True)
```

这里tfds.Split.TRAIN.subsplit函数按传入的权重将数据集分成训练集占50%，验证集占25%，测试集占25%。

Metadata属性用于获取MNIST数据集的基本信息，如图10.3所示。

```
tfds.core.DatasetInfo(
    name='mnist',
    version=1.0.0,
    description='The MNIST database of handwritten digits.',
    urls=['https://storage.googleapis.com/cvdf-datasets/mnist/'],
    features=FeaturesDict({
        'image': Image(shape=(28, 28, 1), dtype=tf.uint8),
        'label': ClassLabel(shape=(), dtype=tf.int64, num_classes=10),
    }),
    total_num_examples=70000,
    splits={
        'test': 10000,
        'train': 60000,
    },
    supervised_keys=('image', 'label'),
    citation="""@article{lecun2010mnist,
      title={MNIST handwritten digit database},
      author={LeCun, Yann and Cortes, Corinna and Burges, CJ},
      journal={ATT Labs [Online]. Available: http://yann. lecun. com/exdb/mnist},
      volume={2},
      year={2010}
    }""",
    redistribution_info=,
)
```

图 10.3

这里记录了数据的种类、大小以及对应的格式，请读者自行调阅查看。

10.2 TensorFlow Datasets 数据集的使用——FashionMNIST

FashionMNIST是一个替代MNIST手写数字集的图像数据集。它由Zalando（一家德国的时尚科技公司）旗下的研究部门提供，涵盖了来自10种类别共7万个不同商品的正面图片。

FashionMNIST的大小、格式和训练集/测试集划分与原始的MNIST完全一致。60000/10000的训练/测试数据划分，28×28的灰度图片，如图10.4所示。它一般直接用于测试机器学习和深度学习算法性能，且不需要改动任何的代码。

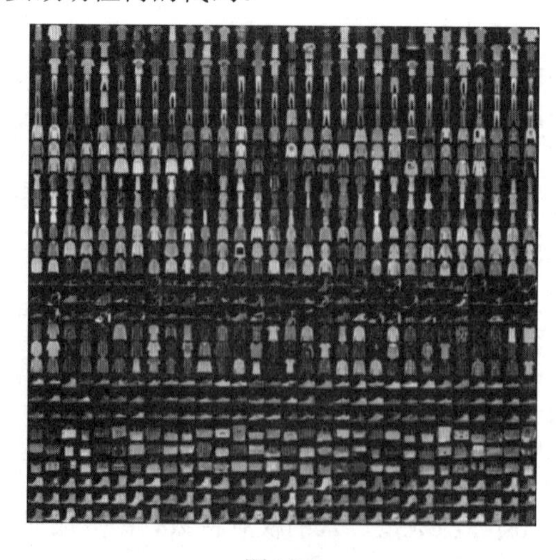

图 10.4

10.2.1 FashionMNIST 数据集的下载与展示

通过搜索"FashionMNIST"关键字，可以很容易地下载到相应的数据集。同样，TensorFlow中也自带了相应的FashionMNIST数据集，可以通过如下代码将数据集下载到本地：

```
import tensorflow_datasets as tfds
dataset,metadata = tfds.load('fashion_mnist',as_supervised=True,with_info=True)
train_dataset,test_dataset = dataset['train'],dataset['test']
```

首先是导入tensorflow_datasets库作为下载的辅助库，load()函数中定义了所需要下载的数据集的名称，在这里只需将其定义成本例中的目标数据库"fashion_mnist"。该函数需要特别注意一个参数as_supervised，该参数设置为as_supervised=True，这样函数就会返回一个二元组(input, label)，而不是返回FeaturesDict，因为二元组的形式更方便理解和使用。接下来，指定with_info=True，这样就可以得到函数处理的信息，以便加深对数据的理解。

下载过程如图10.5所示。

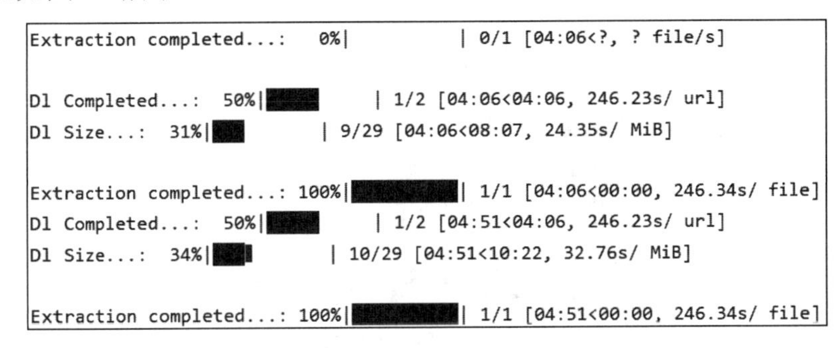

图 10.5

下面根据下载的数据创建出对应的标签。标注编号描述如下：

```
0: T-shirt/top（T恤）
1: Trouser（裤子）
2: Pullover（套衫）
3: Dress（裙子）
4: Coat（外套）
5: Sandal（凉鞋）
6: Shirt（汗衫）
7: Sneaker（运动鞋）
8: Bag（包）
9: Ankle boot（踝靴）
```

接下来查看训练样本的个数，代码如下：

```
num_train_examples = metadata.splits['train'].num_examples
num_test_examples = metadata.splits['test'].num_examples
print("训练样本个数:{}".format(num_train_examples))
print("测试样本个数:{}".format(num_test_examples))
```

结果如下：

```
训练样本个数：60000
测试样本个数：10000
```

最后是对样本的展示，这里输出前 25 个样本，代码如下：

```
import matplotlib.pyplot as plt
plt.figure(figsize=(10,10))
i = 0
for (image, label) in test_dataset.take(25):
    image = image.numpy().reshape((28,28))
    plt.subplot(5,5,i+1)
    plt.xticks([])
    plt.yticks([])
    plt.grid(False)
    plt.imshow(image, cmap=plt.cm.binary)
    plt.xlabel(class_names[label])
    i += 1
plt.show()
```

结果如图10.6所示，可以看到图中显示了数据集前25个图片的内容，并用[5,5]的矩阵将其展示了出来。

图 10.6

10.2.2 模型的建立与训练

模型的建立非常简单，在这里使用TensorFlow 2.0中的顺序结构建立一个基本的四层判别模型，即一个输入层、两个隐藏层、一个输出层的模型结构，代码如下：

```
model = tf.keras.Sequential([
    tf.keras.layers.Flatten(input_shape=(28,28,1)),          # 输入层
    tf.keras.layers.Dense(256,activation=tf.nn.relu),        # 隐藏层1
    tf.keras.layers.Dense(128,activation=tf.nn.relu),        # 隐藏层2
    tf.keras.layers.Dense(10,activation=tf.nn.softmax)       # 输出层
])
```

模型的说明如下：

- 输入层：tf.keras.layers.Flatten，这一层将图像从二维数组转换为 28×28=784 个像素的一维数组。将这一层想象为将图像中的像素逐行拆开，并将它们排列起来。该层没有需要学习的参数，因为它只是重新格式化数据。

- 隐藏层：tf.keras.layers.Dense，由128个神经元组成的密集连接层。每个神经元（或节点）从前一层的所有784个节点获取输入，根据训练过程中将学习到的隐藏层参数对输入进行加权，并将单个值输出到下一层。
- 输出层：tf.keras.layers.Dense，10节点Softmax层，每个节点表示一组服装。与前一层一样，每个节点从其前面层的128个节点获取输入。每个节点根据学习到的参数对输入进行加权，然后在此范围内输出一个[0, 1]区间内的值，表示图像属于该类的概率。10个节点值之和为1。

接下来定义优化器和损失函数。

TensorFlow提供了多种优化器供用户使用，一般常用的是SGD与ADAM，在这里不对SGD和ADAM的具体内容做介绍，而直接使用ADAM作为本例中的优化器，也推荐读者在后续的实验中将其作为默认的优化器。

另外就是损失函数的选择，对于本例中的FashionMNIST分类，可以按模型计算的结果将其分解到不同的类别分布中，因此选择交叉熵作为对应的损失函数，代码如下：

```
model.compile(optimizer='adam', loss='sparse_categorical_crossentropy',
metrics=['accuracy'])
```

有读者会注意到，在compile函数中，优化器的定义是adam，而损失函数的定义则为sparse_categorical_crossentropy，不是传统的categorical_crossentropy，这是因为sparse_categorical_crossentropy函数能够将输入的序列转化成与模型对应的分布函数，而无须手动调节，这样可以在数据的预处理过程中，较好地减少显存的占用和数据交互的时间。

当然，读者也可以使用categorical_crossentropy函数作为损失函数的定义，不过需要在数据的预处理过程中加上tf.one_hot函数对标签的分布做出预处理。本书推荐使用sparse_categorical_crossentropy作为损失函数的定义。

下面就是设置样本的轮次和batch_size的大小，在这里根据不同的硬件配置对其进行不同的设置，代码如下：

```
batch_size = 256
train_dataset = train_dataset.repeat().shuffle(num_train_examples).batch(batch_size)
test_dataset = test_dataset.batch(batch_size)
```

最后一步就是模型对样本的训练，代码如下：

```
model.fit(train_dataset, epochs=5, steps_per_epoch=math.ceil(num_train_examples/
batch_size))
```

完整代码见程序10-1。

【程序 10-1】

```
import tensorflow_datasets as tfds
import tensorflow as tf
import math
dataset,metadata = tfds.load('fashion_mnist',as_supervised=True,with_info=True)
train_dataset,test_dataset = dataset['train'],dataset['test']
model = tf.keras.Sequential([
        tf.keras.layers.Flatten(input_shape=(28,28,1)),          # 输入层
        tf.keras.layers.Dense(256,activation=tf.nn.relu),        # 隐藏层1
        tf.keras.layers.Dense(128,activation=tf.nn.relu),        # 隐藏层2
```

```
        tf.keras.layers.Dense(10,activation=tf.nn.softmax)      # 输出层
    ])
    model.compile(optimizer='adam', loss='sparse_categorical_crossentropy',
metrics=['accuracy'])
    batch_size = 256
    train_dataset = train_dataset.repeat().shuffle(50000).batch(batch_size)
    test_dataset = test_dataset.batch(batch_size)
    model.fit(train_dataset, epochs=5, steps_per_epoch=math.ceil(50000//batch_size))
```

最终结果请读者自行完成。

10.3 使用 Keras 对 FashionMNIST 数据集进行处理

FashionMNIST数据集作为MNIST的升级版正在被广泛使用，本节将采用Keras包下载FashionMNIST数据集，并采用model结构建立模型，并对数据进行处理。

10.3.1 获取数据集

获取数据集的代码如下：

```
    import tensorflow as tf
    fashion_mnist = tf.keras.datasets.fashion_mnist
    (train_images, train_labels), (test_images, test_labels) =
fashion_mnist.load_data()
    print("The shape of train_images is ",train_images.shape)
    print("The shape of train_labels is ",train_labels.shape)
    print("The shape of test_images is ",test_images.shape)
    print("The shape of test_labels is ",test_labels.shape)
```

Keras中的datasets函数包括fashion_mnist数据集，因此直接导入即可。与tenesorflow_dataset数据集类似，也是直接从网上下载数据并将其存储在本地，打印结果如图10.7所示。

```
The shape of train_images is  (60000, 28, 28)
The shape of train_labels is  (60000,)
The shape of test_images is  (10000, 28, 28)
The shape of test_labels is  (10000,)
```

图 10.7

10.3.2 数据集的调整

前面章节介绍了卷积的计算方法，目前来说，对于图形图像的识别和分类问题，卷积神经网络是最为优选的算法，因此在将数据输入到模型之前，需要将其修正为符合卷积模型输入条件的格式，代码如下：

```
    train_images = tf.expand_dims(train_images,axis=3)
    test_images = tf.expand_dims(test_images,axis=3)
    print(train_images.shape)
    print(test_images.shape)
```

打印结果如下：

```
(60000, 28, 28, 1)
(10000, 28, 28, 1)
```

10.3.3　使用 Python 类函数建立模型

在上一节中分辨模型的建立是将图进行flatten处理，即将输入数据“拉平（flatten）”后再使用全连接层参数来对结果进行分类和识别。本节将使用Keras API中的二维卷积层对图像进行分类，代码如下：

```
self.cnn_1 = tf.keras.layers.Conv2D(32,3,padding="SAME", activation=tf.nn.relu)
self.batch_norm_1 = tf.keras.layers.BatchNormalization()
self.cnn_2 = tf.keras.layers.Conv2D(64,3,padding="SAME", activation=tf.nn.relu)
self.batch_norm_2 = tf.keras.layers.BatchNormalization()
self.cnn_3 = tf.keras.layers.Conv2D(128,3,padding="SAME", activation=tf.nn.relu)
self.batch_norm_3 = tf.keras.layers.BatchNormalization()
self.last_dense = tf.keras.layers.Dense(10)
```

tf.keras.layers. Conv2D是由若干个卷积层组成的二维卷积层。层中的每个卷积核从前一层的[3,3]大小的节点中获取输入，在训练过程中将学习到的隐藏层参数对输入进行加权，并将单个值输出到下一层。而padding是补全操作，由于经过卷积运算后输入的图形大小维度发生了变化，因此通过一个padding可以对其进行补全。当然可以对其不进行补全，这个由读者自行确定。

tf.keras.layers.Dense的作用是对生成的图像进行分类，按要求分成10个部分。可能有读者会注意到，这里使用全连接层做分类器是不可能实现的，因为输入数据经过卷积计算后，结果是一个四维的矩阵模型，而分类器实际上是对二维的数据进行计算，这一点请读者自行参考模型的建立代码。

使用Python类函数建立模型的完整代码如下：

【程序 10-2】

```
class FashionClassic:
    def __init__(self):
        self.cnn_1=tf.keras.layers.Conv2D(32,3,activation=tf.nn.relu)# 第一个卷积层
        self.batch_norm_1 = tf.keras.layers.BatchNormalization()    # 正则化层
        self.cnn_2=tf.keras.layers.Conv2D(64,3,activation=tf.nn.relu)# 第二个卷积层
        self.batch_norm_2 = tf.keras.layers.BatchNormalization()    # 正则化层
        self.cnn_3=tf.keras.layers.Conv2D(128,3,activation=tf.nn.relu)# 第三个卷积层
        self.batch_norm_3 = tf.keras.layers.BatchNormalization()# 正则化层
        self.last_dense=tf.keras.layers.Dense(10 ,activation=tf.nn.softmax) # 分类层
    def __call__(self, inputs):
        img = inputs
        img = self.cnn_1(img)                                 # 使用第一个卷积层
        img = self.batch_norm_1(img)                          # 正则化
        img = self.cnn_2(img)                                 # 使用第二个卷积层
        img = self.batch_norm_2(img)                          # 正则化
        img = self.cnn_3(img)                                 # 使用第三个卷积层
        img = self.batch_norm_3(img)                          # 正则化
        img_flatten = tf.keras.layers.Flatten()(img)          # 将数据拉平重新排列
```

```
        output = self.last_dense(img_flatten)                 # 使用分类器进行分类
        return output
```

在这里使用了3个卷积层和3个batch_normalization作为正则化层，之后使用了Flatten函数将数据拉平并重新排列以提供给分类器使用，这也解决了分类器数据输入的问题。

注意： 这里使用了正统的模型类的定义方式，首先生成一个FashionClassic类名，在__init__函数中对所有需要用到的层进行定义，而在__call__函数中对各个层进行了调用。Python类的定义和使用，如果读者不是很熟悉，请自行查阅Python类中__call__函数和__init__函数的用法。

10.3.4 Model 的查看和参数打印

TensorFlow 2.x提供了将模型进行组合和建立的函数，代码如下：

```
img_input = tf.keras.Input(shape=(28,28,1))
output = FashionClassic()(img_iput)
model = tf.keras.Model(img_iptut,output)
```

与传统的TensorFlow类似，这里的Input函数创建了一个占位符，提供了数据的输入口，然后直接调用分类函数获取占位符的输出结果，从而虚拟达成了一个类的完整形态，之后的Model函数建立了输入与输出连接，从而建立了一个完整的TensorFlow模型。

下面一步是对模型的展示，TensorFlow 2.x通过调用Keras作为高级API，可以打印模型的大概结构和参数，代码如下：

```
print(model.summary())
```

打印结果如图10.8所示。

```
Layer (type)                 Output Shape              Param #
=================================================================
input_1 (InputLayer)         [(None, 28, 28, 1)]       0
_________________________________________________________________
conv2d (Conv2D)              (None, 26, 26, 32)        320
_________________________________________________________________
batch_normalization (BatchNo (None, 26, 26, 32)        128
_________________________________________________________________
conv2d_1 (Conv2D)            (None, 24, 24, 64)        18496
_________________________________________________________________
batch_normalization_1 (Batch (None, 24, 24, 64)        256
_________________________________________________________________
conv2d_2 (Conv2D)            (None, 22, 22, 128)       73856
_________________________________________________________________
batch_normalization_2 (Batch (None, 22, 22, 128)       512
_________________________________________________________________
flatten (Flatten)            (None, 61952)             0
_________________________________________________________________
dense (Dense)                (None, 10)                619530
=================================================================
Total params: 713,098
Trainable params: 712,650
```

图 10.8

从模型层次的打印和参数的分布上来看，与在模型类中定义的分布一致，首先是输入端，然后分别接了3个卷积层和3个batch_normalization层作为特征提取的工具，之后flatten层将数据拉平，全连接层对输入的数据进行分类处理。

除此之外，TensorFlow中还提供了图形化模型输入输出的函数，代码如下：

```
tf.keras.utils.plot_model(model)
```

输出的结果如图10.9所示。

该函数将画出模型结构图，并保存为图片，除了输入使用TensorFlow中Keras创建的模型外，plot_model函数还接收额外的两个参数：

- show_shapes：指定是否显示输出数据的形状，默认为 False。
- show_layer_names：指定是否显示层名称，默认为 True。

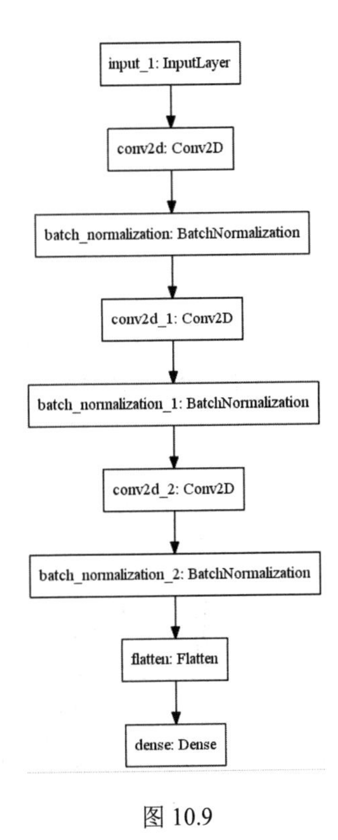

图 10.9

10.3.5　模型的训练和评估

本小节讲解模型的训练和评估，模型使用和上一节类似的模型参数进行设置，唯一区别就是自定义学习率，因为随着模型的变化，学习率也会跟随变化，代码如下：

```
    img_input = tf.keras.Input(shape=(28,28,1))
    output = FashionClassic()(img_input)
    model = tf.keras.Model(img_input,output)
    model.compile(optimizer=tf.keras.optimizers.Adam(1e-4),
loss=tf.losses.sparse_categorical_crossentropy, metrics=['accuracy'])
    model.fit(x=train_images,y=train_labels, epochs=10,verbose=2)
    model.evaluate(x=test_images,y=test_labels,verbose=2)
```

在这里，训练数据和测试数据被分别用来进行训练和验证，epoch为训练的轮数，而verbose=2设置了显示结果。完整代码参见程序10-3。

【程序 10-3】

```
    import tensorflow as tf
    fashion_mnist = tf.keras.datasets.fashion_mnist
    (train_images, train_labels), (test_images, test_labels) =
fashion_mnist.load_data()
    train_images = tf.expand_dims(train_images,axis=3)
    test_images = tf.expand_dims(test_images,axis=3)

    class FashionClassic:
        def __init__(self):
            self.cnn_1 = tf.keras.layers.Conv2D(32,3,activation=tf.nn.relu)
            self.batch_norm_1 = tf.keras.layers.BatchNormalization()
            self.cnn_2 = tf.keras.layers.Conv2D(64,3,activation=tf.nn.relu)
            self.batch_norm_2 = tf.keras.layers.BatchNormalization()
            self.cnn_3 = tf.keras.layers.Conv2D(128,3,activation=tf.nn.relu)
```

```
            self.batch_norm_3 = tf.keras.layers.BatchNormalization()
            self.last_dense = tf.keras.layers.Dense(10,activation=tf.nn.softmax)
        def __call__(self, inputs):
            img = inputs
            img = self.cnn_1(img)
            img = self.batch_norm_1(img)
            img = self.cnn_2(img)
            img = self.batch_norm_2(img)
            img = self.cnn_3(img)
            img = self.batch_norm_3(img)
            img_flatten = tf.keras.layers.Flatten()(img)
            output = self.last_dense(img_flatten)
            return output
    if __name__ == "__main__":
        img_input = tf.keras.Input(shape=(28,28,1))
        output = FashionClassic()(img_input)
        model = tf.keras.Model(img_input,output)
        model.compile(optimizer=tf.keras.optimizers.Adam(1e-4),
loss=tf.losses.sparse_categorical_crossentropy, metrics=['accuracy'])
        model.fit(x=train_images,y=train_labels, epochs=10,verbose=2)
        model.evaluate(x=test_images,y=test_labels)
```

训练和验证输出如图10.10所示。

```
Train on 60000 samples
Epoch 1/10
60000/60000 - 15s - loss: 0.5301 - accuracy: 0.8537
Epoch 2/10
60000/60000 - 14s - loss: 0.2843 - accuracy: 0.9176
Epoch 3/10
60000/60000 - 14s - loss: 0.1899 - accuracy: 0.9425
Epoch 4/10
60000/60000 - 14s - loss: 0.1326 - accuracy: 0.9578
Epoch 5/10
60000/60000 - 14s - loss: 0.0994 - accuracy: 0.9676
Epoch 6/10
60000/60000 - 14s - loss: 0.0789 - accuracy: 0.9740
Epoch 7/10
60000/60000 - 14s - loss: 0.0597 - accuracy: 0.9809
Epoch 8/10
60000/60000 - 14s - loss: 0.0501 - accuracy: 0.9837
Epoch 9/10
60000/60000 - 14s - loss: 0.0399 - accuracy: 0.9865
Epoch 10/10
60000/60000 - 15s - loss: 0.0424 - accuracy: 0.9865
10000/10000 - 1s - loss: 0.5931 - accuracy: 0.9023
```

图 10.10

可以看到训练的准确率上升得很快，仅仅经过10个周期后，在验证集上的准确率就达到了0.9023，这是一个较好的成绩。

10.4　使用 TensorBoard 可视化训练过程

TensorBoard是TensorFlow自带的一个强大的可视化工具，也是一个Web应用程序套件。在众多机器学习库中，TensorFlow是目前唯一自带可视化工具的库，这也是TensorFlow的一个优点。学会使用TensorBoard，有助于TensorFlow的用户构建复杂模型。

TensorBoard集成在TensorFlow中自动安装，基本上安装完TensorFlow 1.x或者2.x，TensorBoard也已经默认安装好了，而且无论是1.x版本的TensorBoard还是2.x版本的TensorBoard，都可以在TensorFlow 2.x下直接使用而无须做出调整。

TensorBoard官方定义的tf.keras.callbacks.TensorBoard函数说明如下：

- TensorBoard 类。
- 继承自 Callback。
- 定义在 tensorflow/python/keras/callbacks.py。
- TensorBoard 基本可视化。
- TensorBoard 是由 TensorFlow 提供的一个可视化工具。
- 此回调为 TensorBoard 编写日志，该日志允许我们可视化训练和测试度量的动态图形，也可以可视化模型中不同层的激活直方图。

10.4.1　TensorBoard 的文件夹的设置

在使用TensorBoard之前，需要知道的是，TensorBoard实际上是将训练过程的数据存储并写入硬盘的类，因此需要按TensorFlow官方的定义生成存储文件夹。

图10.11所示是TensorBoard文件的存储架构，可以看到logs文件夹下的train文件夹中存放着以“events”开头的文件，这也是TensorBoard存储的文件类型。

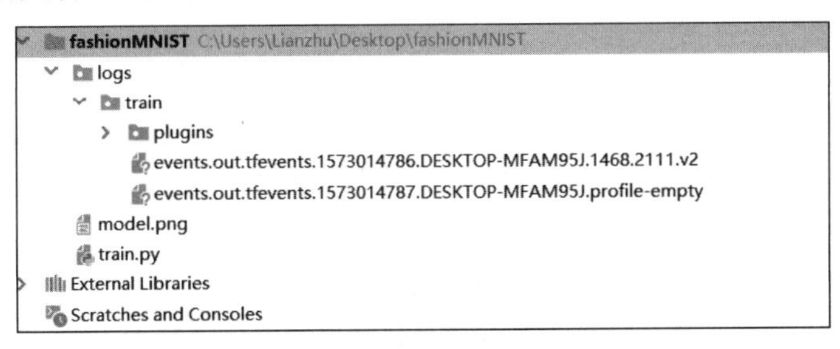

图 10.11

在真实的模型训练中，logs中的train文件夹是在TensorBoard函数初始化的过程中创建的，因此读者只需要在与训练代码“平行”的位置创建一个logs文件夹即可，如图10.12所示。

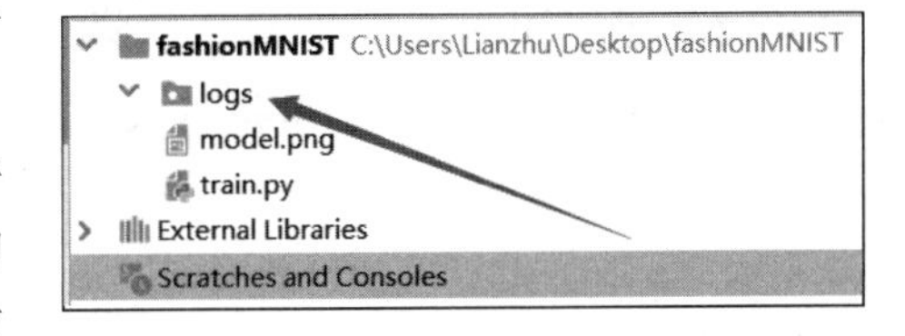

图 10.12

可以看到logs文件夹是与train.py文件平行的文件夹，专用于存放TensorBoard在程序运行过程中产生的数据文件。而进一步的train文件和更深文件夹中的数据文件都是在模型的运行过程中产生。

10.4.2 TensorBoard 的显式调用

在TensorFlow 1.x版本中，如果用户需要使用TensorBoard对训练过程进行监督，需要显式地调用TensorBoard对数据进行加载，即TensorBoard通过一些操作将数据记录到文件中，然后再读取文件来完成作图。

而TensorFlow 2.x中，为了结合Keras高级API的数据调用和使用方法，TensorBoard被集成在callbacks函数中，用户可以自由地将其加载到训练过程中，并直观地观测模型的训练情况。

在TensorFlow 2.x中调用TensorBoard callbacks的代码如下：

```
tensorboard=tf.keras.callbacks.TensorBoard(log_dir='logs',histogram_freq=0,write
_graph=True,write_grads=False,batch_size=32,write_images=True,embeddings_freq='epoch
',embeddings_layer_names="None",embeddings_metadata=None,embeddings_data=None,update
_freq='epoch')
```

函数的参数说明如下：

- log_dir：用来保存被 TensorBoard 分析的日志文件的文件名。
- histogram_freq：对于模型中各个层计算激活值和模型权重直方图的频率（在训练轮数中）。如果设置成 0 ，则直方图不会被计算。对于直方图可视化的验证数据（或分离数据）一定要明确地指出。
- write_graph：是否在 TensorBoard 中可视化图像。如果 write_graph 被设置为 True，日志文件会变得非常大。
- write_grads：是否在 TensorBoard 中可视化梯度值直方图。histogram_freq 必须大于 0。
- batch_size：用于直方图计算的传入神经元网络输入批的大小。
- write_images：是否在 TensorBoard 中将模型权重以图片形式可视化。
- embeddings_freq：被选中的嵌入层会被保存的频率（在训练轮数中）。
- embeddings_layer_names：一个列表，会被监测的层的名字。如果是 None 或空列表，那么所有的嵌入层都会被监测。
- embeddings_metadata：一个字典，对应层的名字到保存有这个嵌入层元数据文件的名字。
- embeddings_data：要嵌入在 embeddings_layer_names 指定的层的数据。NumPy 数组（如果模型有单个输入）或 NumPy 数组列表（如果模型有多个输入）。
- update_freq：batch 或 epoch 或整数。当使用 batch 时，在每个 batch 之后将损失和评估值写入到 TensorBoard 中。同样的情况应用到 epoch 中。如果使用整数，例如 10000，这个回调会在每 10000 个样本之后，将损失和评估值写入到 TensorBoard 中。注意，频繁地写入到 TensorBoard 会减缓我们的训练过程。

调用好的TensorBoard函数依旧需要显式地在模型训练过程中被调用，此时TensorBoard通过继承Keras中的Callbacks类，直接被插入训练模型中使用，代码如下：

```
    model.fit(x=train_images,y=train_labels,epochs=10,verbose=2,
callbacks=[tensorboard])
```

这里借用了上一节中FashionMNIST训练过程的fit函数，callbacks将实例化的一个Callbacks类显式地传递到训练模型中。

顺便说一句，Callbacks类的使用和实现不止TensorBoard一个，本例中读者只需要记住有这个类即可。

完整代码参见程序10-4。

【程序 10-4】

```
import tensorflow as tf
fashion_mnist = tf.keras.datasets.fashion_mnist
(train_images, train_labels), (test_images, test_labels) = fashion_mnist.load_data()
train_images = tf.expand_dims(train_images,axis=3)
test_images = tf.expand_dims(test_images,axis=3)
class FashionClassic:
    def __init__(self):
        self.cnn_1 = tf.keras.layers.Conv2D(32,3,activation=tf.nn.relu)
        self.batch_norm_1 = tf.keras.layers.BatchNormalization()
        self.cnn_2 = tf.keras.layers.Conv2D(64,3,activation=tf.nn.relu)
        self.batch_norm_2 = tf.keras.layers.BatchNormalization()
        self.cnn_3 = tf.keras.layers.Conv2D(128,3,activation=tf.nn.relu)
        self.batch_norm_3 = tf.keras.layers.BatchNormalization()
        self.last_dense = tf.keras.layers.Dense(10,activation=tf.nn.softmax)
    def __call__(self, inputs):
        img = inputs
        conv_1 = self.cnn_1(img)
        conv_2 = self.batch_norm_1(conv_1)
        conv_2 = self.cnn_2(conv_2)
        conv_3 = self.batch_norm_2(conv_2)
        conv_3 = self.cnn_3(conv_3)
        conv_4 = self.batch_norm_3(conv_3)
        img_flatten = tf.keras.layers.Flatten()(conv_4)
        output = self.last_dense(img_flatten)
        return output
if __name__ == "__main__":
    img_input = tf.keras.Input(shape=(28,28,1))
    output = FashionClassic()(img_input)
    model = tf.keras.Model(img_input,output)
    model.compile(optimizer=tf.keras.optimizers.Adam(1e-4),
loss=tf.losses.sparse_categorical_crossentropy, metrics=['accuracy'])
    tensorboard = tf.keras.callbacks.TensorBoard(histogram_freq=1) # 初始化
TensorBoard
    model.fit(x=train_images,y=train_labels, epochs=10,verbose=2,
callbacks=[tensorboard])
    model.evaluate(x=test_images,y=test_labels)              # 显式调用TensorBoard
```

请读者参考上一节的程序运行示例参看结果，这里不再说明。

10.4.3 TensorBoard 的使用

TensorBoard的使用需要分成3步：

- 确认 TensorBoard 生成完毕。
- 终端输入 TensorBoard 启动命令。
- 根据终端返回值打开网页客户端。

1. 第一步：确认 TensorBoard 生成完毕

模型训练完毕或者在训练的过程中，TensorBoard会在logs文件夹下生成对应的数据存储文件，如图10.13所示，可以通过查阅相应的文件确定其是否产生。

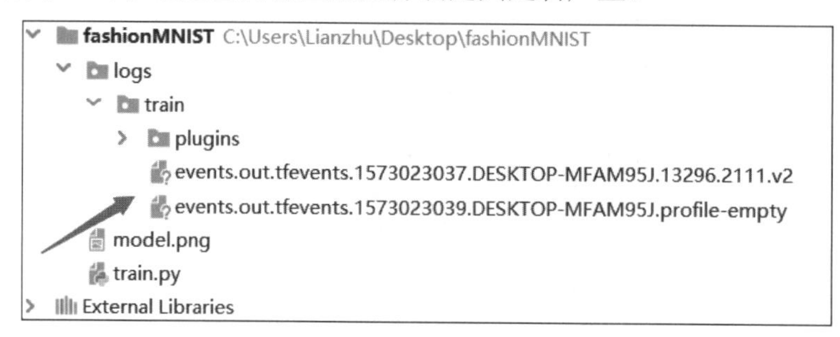

图 10.13

2. 第二步：终端输入 TensorBoard 启动命令

在CMD终端上打开终端控制端口，如图10.14所示。

```
(C:\anaconda3) C:\Users\Lianzhu>
```

图 10.14

键入如下内容：

```
tensorboard --logdir=/full_path_to_your_logs/train
```

也就是显式地调用TensorBoard，在对应的位置（见图10.15）打开存储的数据文件，如图10.16所示。

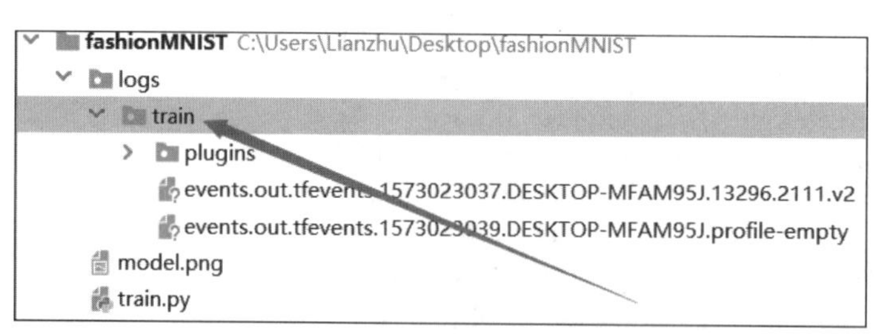

图 10.15

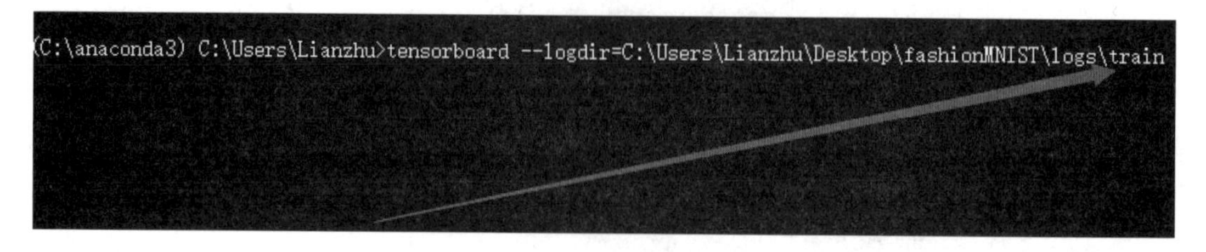

图 10.16

在核对完终端的TensorBoard启动命令后，终端显示如图10.17所示的值，即可确定TensorBoard启动完毕。

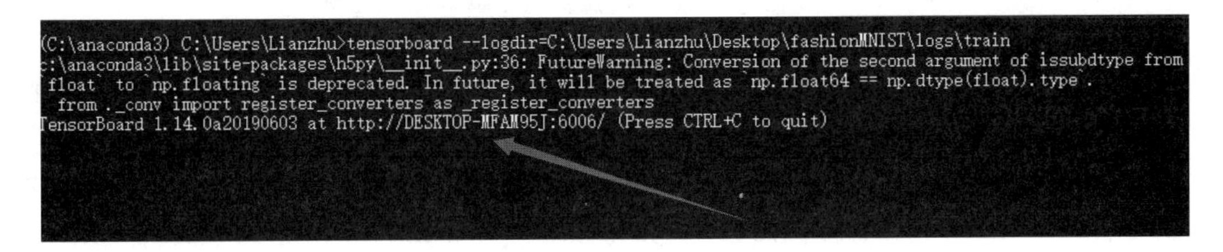

图 10.17

可以看到，此时TensorBoard自动启动了一个端口为6006的HTTP地址，而地址名就是本机地址，可以用localhost代替。

3. 第三步：在浏览器中查看 TensorBoard

一般使用Chrome核心的浏览器都可以打开TensorBoard管理界面，笔者使用QQ浏览器打开TensorBoard，输入网址“http://localhost:6006”，打开的页面如图10.18所示。

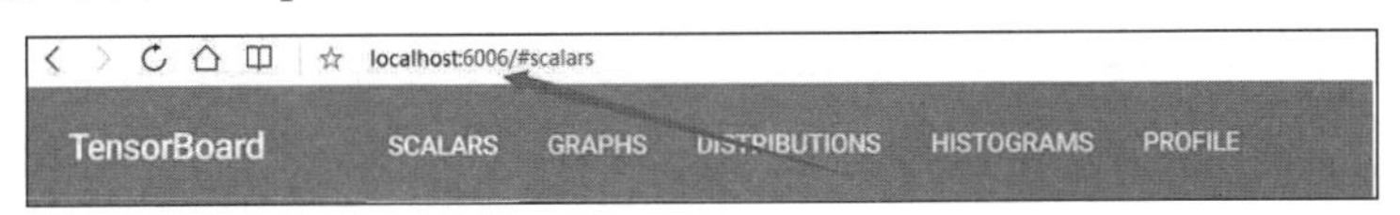

图 10.18

在打开的页面中有若干个标题，分别为SCALARS、GRAPHS、DISTPIBUTIONS、HISTOGRAMS、PROFILE等一系列标签。SCALARS是按命名空间划分的监控数据，形式如图10.19所示。

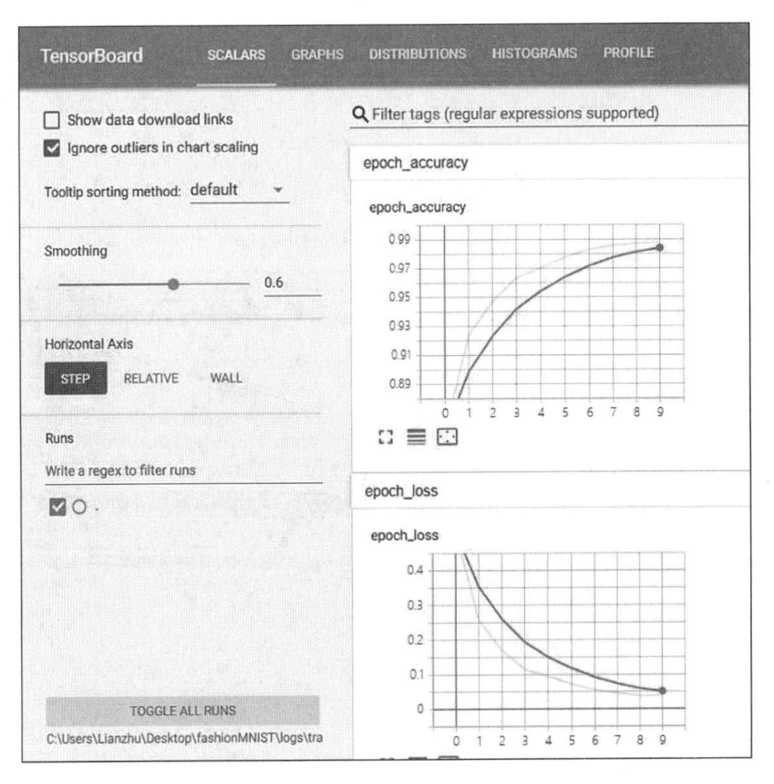

图 10.19

可以看到这里展示了在程序代码段中的两个监控指标：epoch_loss和epoch_accuracy。图中横坐标表示训练次数，纵坐标表示该标量的具体值，从这幅图上可以看出，随着训练次数的增加，epoch_loss线性地减少，而epoch_accuarcy线性地增加。

TensorBoard左侧的工具栏上的Smoothing，表示在作图的时候对图像进行平滑处理，这样做是为了更好地展示参数的整体变化趋势。如果做不平滑处理的话，则有些曲线波动很大，难以看出趋势。Smoothing取值为0就是不平滑处理，为1就是最平滑处理，默认是0.6。

GRAPHS是整个模型的图的架构展示，如图10.20所示。

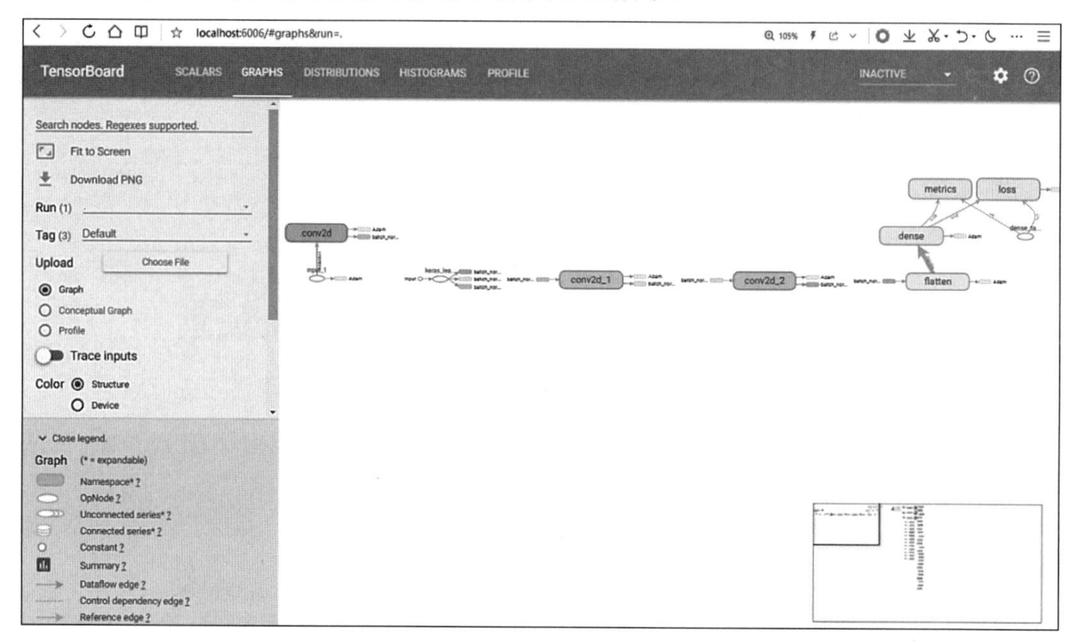

图 10.20

相对于Keras中的模型图和参数展示，TensorBoard能够将模型架构更为细节地展示出来，单击每个模型的节点，可以展开看到该个节点的输入和输出数据，如图10.21所示。

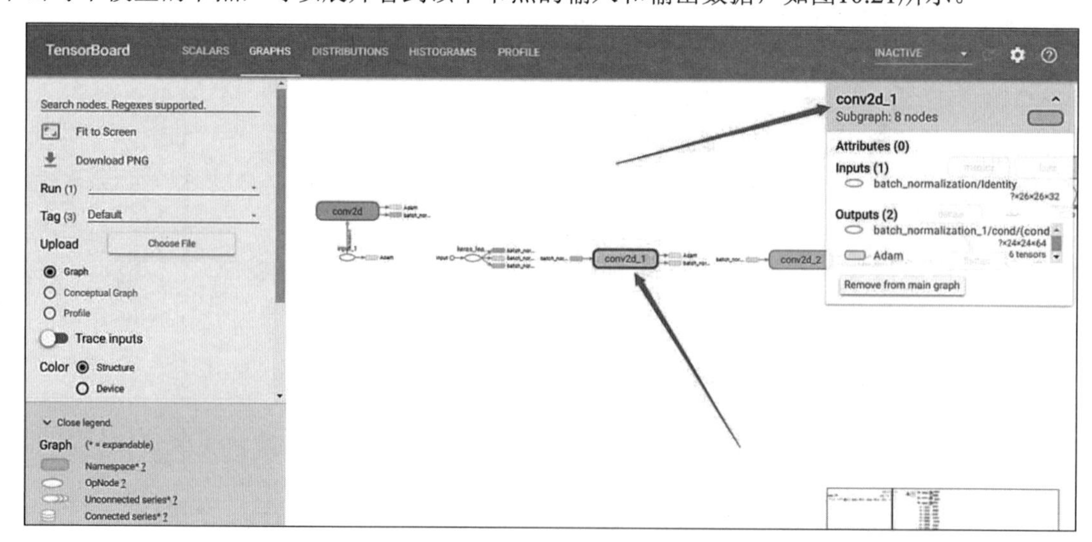

图 10.21

另外还可以选择图像颜色的两种模型：基于结构的模型，相同的节点会有相同的颜色；基于预算硬件的模型，同一个硬件上的颜色相同。

DISTRIBUTIONS这里查看的是神经元输出的分布，有激活函数之前的分布、激活函数之后的分布等，如图10.22所示。

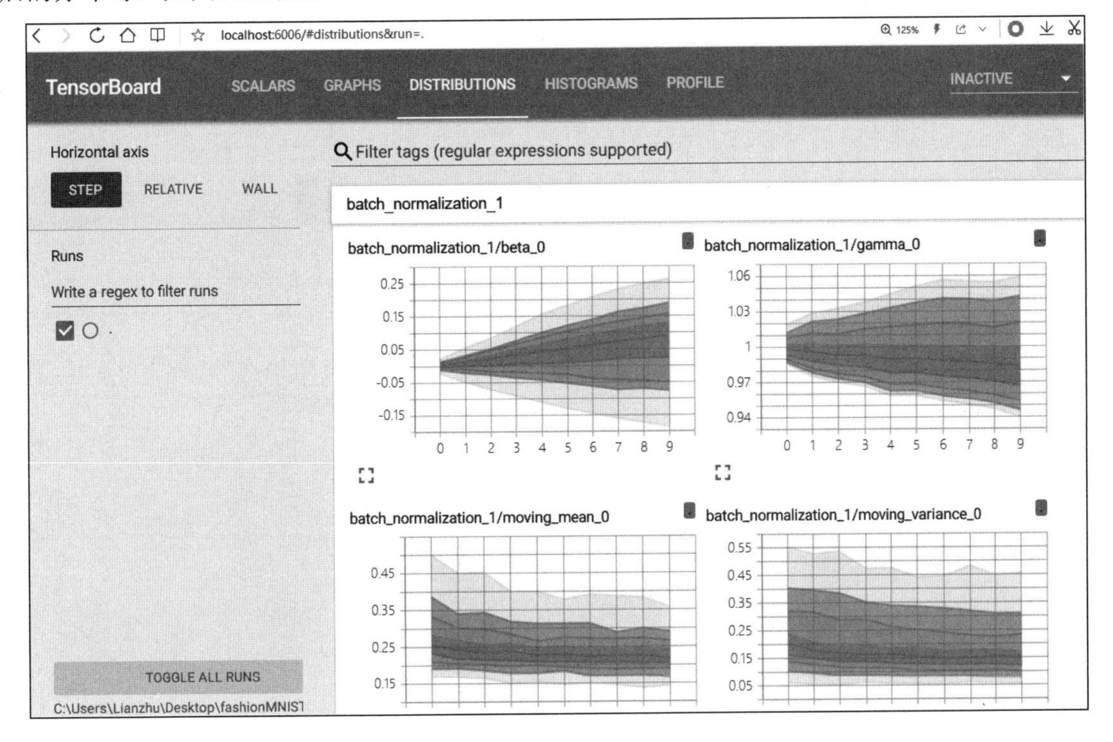

图 10.22

TensorBoard中剩下的标签分别是分布和统计方面的一些模型信息，这里就不再过多解释，请有兴趣的读者自行查阅相关内容。

10.5　本 章 小 结

本章主要介绍了TensorFlow 2.x中两个新的高级API。TensorFlow Datasets简化了数据集的获取与使用，而且TensorFlow Datasets中的数据集还在不停地增加中。TensorBoard是可视化模型训练过程的利器，通过其对模型训练过程中不同维度的观测，可以帮助用户更好地对模型进行训练。